# 流体エンジン
# アーキテクチャ

DOYUB KIM 著

中本 浩 翻訳
高瀬 紗月 監訳

Born Digital, Inc.

## ダウンロードデータと書籍情報について

本書のウェブページでは、ダウンロードデータ、追加・更新情報、発売日以降に判明した誤植（正誤）などを掲載しています。また本書に関するお問い合わせの際は、事前に下記ページをご確認ください。

https://www.borndigital.co.jp/book/9784862466365/

# 目次

# 序文

流体のアニメーションは複雑な問題です。流体の動力学を解くのは数学で最も困難な問題の1つとみなされていますが [58]、同時にその複雑さの美は映画の視覚効果 [22]、インタラクティブゲーム、AR/VRアプリケーション、さらにはメディアアートを含む様々な領域の開発者と研究者に影響を与えてきました。しかし流体力学の複雑さに多くの初学者は圧倒されます。優れたプログラミングの技術と数学の知識を持つ人でも、方程式の中で迷い、取っ掛かりを見つけるのに苦労することがよくあります。

本書の目標は、初心者が流体シミュレーションエンジンを構築するための出発点を提供することです。本書の主要な読者は、数値解析やコンピュータ流体力学の深い知識や経験がない視覚効果技術者、ゲーム開発者、メディアアーティスト、そして好奇心のある学生/ハッカーです。興味を持つ人が流体力学を学んで独自のエンジンを書くのに役立つよう、本書は最も古典的で広く使われる技術をコードを付けて説明します。流体の動力学をシミュレートする考え方に慣れてしまえば、読者はコードベースを拡張し、洗練されたユニークな問題を解けるようになるでしょう。

核となるアルゴリズムの大半を、開発者の観点から説明します。抽象的な理論ではなく、実践的で具体的なコード例を与えます。必要不可欠な数学は省略せず、必要な場合には詳細を説明します。本書を読み終えた読者は、エンジンの各部の働きを理解し、実際に動作する流体シミュレーションエンジンを書けるようになります。しかし本書はコードのコレクションでも、アプリケーションプログラミングインターフェイス(API)のドキュメントでもありません。この開発者フレンドリーな体裁の目的は、流体エンジンアルゴリズムの考え方を可能な限り簡単に届けることであり、ブラックボックスライブラリーの提供ではありません。

本書は4つの主要な章からなります。最初の章は基礎です。そこではベクトルと行列の演算や物理アニメーションの概念などのシミュレーションコードを書く上での主要なステップを説明します。そして次の2つの章では、流体をシミュレートする2つの主要なパラダイム、粒子と格子を紹介します。この2つの手法には相異なる特徴と明確な長所と短所があり、それらのトピックを2つの章で様々な種類のモデルとソルバと一緒に論じます。最終章では、その2つのフレームワークを組み合わせる考え方を、様々なハイブリッド手法と一緒に紹介します。

本書が読者に着想を与え、独自の流体エンジンを構築したり、付属のコードベースを自分のアプリケーションに利用するのに役立つことが我々の望みです。本書の出版後も、そのソースコードは機能追加と改良により進化を続けます。http://github.com/doyubkim/fluid-engine-devのコードリポジトリーが、読者が交流しアイデアを共有する場所となれば幸いです。

# 1 基礎

本章では、本書全体で頻繁に参照される最も基本的なトピックを説明します。まず、シミュレーションエンジンの構築の基本を理解してもらうため、最小限の流体シミュレーターを紹介します。それから本書でよく使う数学操作と幾何学操作の基礎の構築します。また本章では、コンピュータ生成アニメーションの中核概念と、最終的に物理ベースのアニメーションに進化する実装も示します。そして章の最後に、流体の流れをシミュレートするための一般的なプロセスを紹介します。

## 1.1 初めての流体シミュレーター

このセクションでは、本書で最も単純な流体シミュレーターを実装します。この最小の例はパッとしないかもしれませんが、流体シミュレーションエンジンの鍵となる考え方を隅々までカバーします。それは自己完結していて、標準C++ライブラリー以外のライブラリーに依存しません。まだシミュレーションについて何も論じていませんが、この最初の例は流体エンジンのコードを書くためのアプローチへの洞察を提供します。そのための前提となる条件は、C++の多少の知識と、それをコマンドラインツールで実行できることだけです。

この例の目的は単純で、図1.1に示すように、一次元(1D)の世界を進む2つの波をシミュレートすることです。容器の端にぶつかった波は、反対方向に跳ね返ります。

### 1.1.1 状態の定義

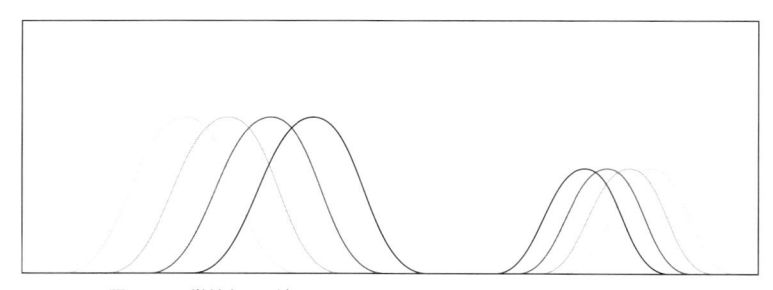

図1.1: 単純な1D波アニメーション。2つの異なる波が往復する。

コーディングを始める前に、少し戻って波をコードでどのように表現するかを考えてみます。図1.2に描かれるように、与えられた時刻で、波はある位置にあり、速さを持ちます。また図に示すように、その最終的な形は波の位置から構築できます。したがって、波の状態は単純に位置と速さのペアで定義できます。2つの波があるので、2つの状態のペアが必要です。単純明快で、複雑なことは何もありません。

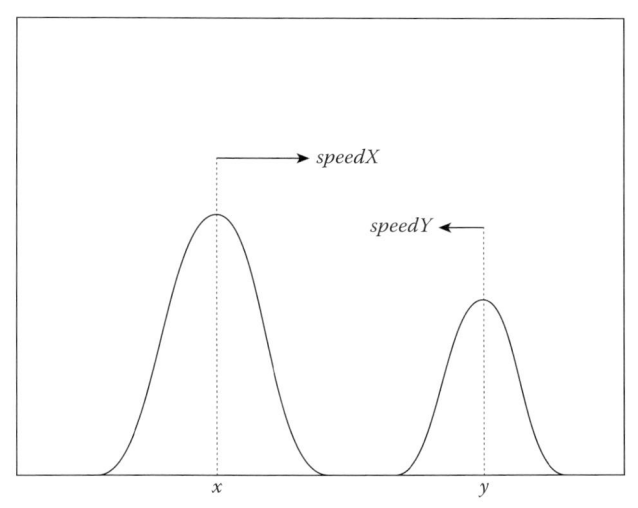

図 1.2: 2 つの波の状態は、その位置と速さで記述される。

コーディングの時間です。次のものを考えます：

```
 1 #include <cstdio>
 2
 3 int main() {
 4     double x = 0.0;
 5     double y = 1.0;
 6     double speedX = 1.0;
 7     double speedY = -0.5;
 8
 9     return 0;
10 }
```

波の1つをX、もう1つをYとします。コードに示すように、それらの変数に代入する初期値から、波Xが左端で始まり（ double x = 0.0）、1.0の速さで右に動く（ double speedX = 1.0）ことが分かります。同様に、波Yは右端で始まり（ double y = 1.0）、波Xの半分の速さで左に動きます（ double speedY = -0.5）。

ここではシミュレーションエンジンの設計で最も必要不可欠な4つの変数を使い、シミュレーションの「状態」を定義したことに注意してください。この特定の例では、シミュレーションの状態は単純に波の位置と速度です。しかし複雑な系では、状態が様々なデータ構造のコレクションで実装されます。そのためシミュレーション中に追跡する量の識別と、そのデータを格納する正しいデータ構造を見極めることが非常に重要です。データモデルを定義したら、次のステップはそれに命を吹き込むことです。

## 1.1.2 動きの計算

波を動かすには、「時間」を定義しなければなりません。次のコードを見てください：

```
 1 #include <cstdio>
```

```
 2
 3 int main() {
 4     double x = 0.0;
 5     double y = 1.0;
 6     double speedX = 1.0;
 7     double speedY = -0.5;
 8
 9     const int fps = 100;
10     const double timeInterval = 1.0 / fps;
11
12     for (int i = 0; i < 1000; ++i) {
13         // 波を更新
14     }
15     return 0;
16 }
```

コードの長さは倍になっていますが、非常に明快です。まず新たな変数 `fps` は「フレーム/秒(FPS)」を表し、1秒あたりに描画するフレーム数を定義します。このFPS値の逆数をとりフレームあたりの秒数にすると、2フレームの時間間隔が得られます。今はコード中で `fps` を100に設定しています。これは2フレームの間隔が0.01秒であることを意味し、それを別の変数 `timeInterval` に格納します。

それらの変数を初期化した後、1,000回繰り返すループを行12で定義します。このループ内で、実際に波XとYを動かします。しかし、ループの中身を埋める前に、main関数のすぐ上に次の関数を書くことにします。

```
1 void updateWave(const double timeInterval, double* x, double* speed) {
2     (*x) += timeInterval * (*speed);
3 }
```

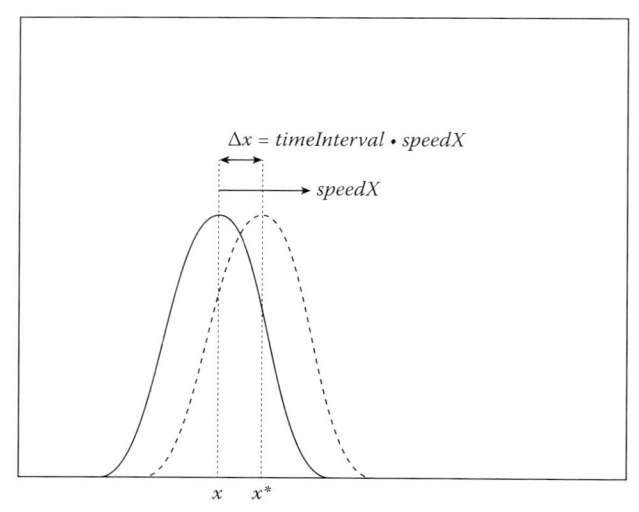

図 1.3：短い時間間隔の後、$x$ から $x^*$ への波の平行移動を示すイメージ。変位 $\triangle x$ は時間間隔 × 速さに等しい。

この関数は1行しかありませんが興味深いことを行っています。それは時間間隔と波の現在の中心位置

をパラメータにとります。波の速さもとり、それを乗じて波の位置を更新します。したがって図1.3に示すように、このコードは与えられた時間で波の位置 x を少し平行移動し、その更新の量はどれほど速く（speed）、そしてどれだけの時間に動いた（timeInterval）かに依存します。また運動方向は speed の符号に依存します。

この逐次的な更新が、ほとんどの物理シミュレーションが系の状態を時間で進めるやり方です。コードに示すように、それは蓄積的に、つまり積分により状態を更新します。関数呼び出しあたりの積分量は、物理的な量の変化率に時間間隔を乗じたものです。これは実際、微分方程式をコンピュータで解く最も単純な方法の1つで、多くの物理系が微分方程式で記述できます。この1行のコードの背後にある考え方を本書を通じて一貫するものです。

### 1.1.3 境界処理

波を動かす方法は分かりましたが、波が壁に当たったらどうなるでしょうか？次のコードは上のコードを拡張し、そのような壁に当たる場合を波を反対方向に反射して処理します。

```
1  void updateWave(const double timeInterval, double* x, double* speed) {
2      (*x) += timeInterval * (*speed);
3
4      // 境界反射
5      if ((*x) > 1.0) {
6          (*speed) *= -1.0;
7          (*x) = 1.0 + timeInterval * (*speed);
8      } else if ((*x) < 0.0) {
9          (*speed) *= -1.0;
10         (*x) = timeInterval * (*speed);
11     }
12 }
```

関数の頭で候補位置を計算した後、その新しい位置が壁を越えたら、コードは最初に速さの符号を反転します。次に壁の位置から新たな位置を再計算します。これは壁反射を処理する最も単純なな方法の1つですが、より洗練されたロジックを設計して衝突を検出し、解決することもできます。このコードは、その問題へのアプローチの仕方に関する一般的な考え方を示すためのものです。いずれにせよ関数updateWaveはメインループから次のように呼び出せます：

```
1  #include <cstdio>
2
3  void updateWave(const double timeInterval, double* x, double* speed) {
4      (*x) += timeInterval * (*speed);
5
6      // 境界反射
7      if ((*x) > 1.0) {
8          (*speed) *= -1.0;
9          (*x) = 1.0 + timeInterval * (*speed);
10     } else if ((*x) < 0.0) {
11         (*speed) *= -1.0;
12         (*x) = timeInterval * (*speed);
```

```
13      }
14 }
15
16 int main() {
17     double x = 0.0;
18     double y = 1.0;
19     double speedX = 1.0;
20     double speedY = -0.5;
21
22     const int fps = 100;
23     const double timeInterval = 1.0 / fps;
24
25     for (int i = 0; i < 1000; ++i) {
26         // 波を更新
27         updateWave(timeInterval, &x, &speedX);
28         updateWave(timeInterval, &y, &speedY);
29     }
30     return 0;
31 }
```

これでシミュレーションの実行に必要なすべてのパーツを書き終えました。では可視化しましょう。

### 1.1.4 可視化

シミュレーションは実行するだけでは不十分で、欲しいのはアニメーションで結果を「見る」ことです。それがコンピュータグラフィックスの本質です。そこでこのクールな流体シミュレーターに何らかの可視化コードを追加し、コードを仕上げることにします。手の込んだOpenGLやDirectXのレンダラーを書くわけではありません。Matplotlib[54]などのサードパーティーのデータ可視化ツールを使ってデータを見ることもできますが、コードはなるべく簡単に保つことにしましょう。この例では、単にターミナルの画面上に表示します。

```
 1 #include <array>
 2 #include <cstdio>
 3
 4 const size_t kBufferSize = 80;
 5
 6 using namespace std;
 7
 8 void updateWave(const double timeInterval, double* x, double* speed) {
 9     ...
10 }
11
12 int main() {
13     const double waveLengthX = 0.8;
14     const double waveLengthY = 1.2;
15
16     const double maxHeightX = 0.5;
17     const double maxHeightY = 0.4;
```

```
18
19      double x = 0.0;
20      double y = 1.0;
21      double speedX = 1.0;
22      double speedY = -0.5;
23
24      const int fps = 100;
25      const double timeInterval = 1.0 / fps;
26
27      array<double, kBufferSize> heightField;
28
29      for (int i = 0; i < 1000; ++i) {
30          // 波を更新
31          updateWave(timeInterval, &x, &speedX);
32          updateWave(timeInterval, &y, &speedY);
33      }
34      return 0;
35 }
```

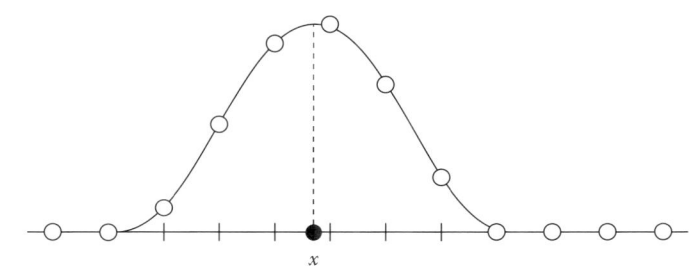

図 1.4：波の位置 $x$ から高さ場を構築する。

設定が前のコードから更新されています。5 つの変数 waveLengthX、waveLengthY、maxHeightX、maxHeightY、heightFieldを追加しています。heightFieldを除き、これらの変数はの形状の特性（プロパティ）を定義します。しかし、変数 heightFieldは特別なものです。配列の $0$、$1$ ... $N-1$ の各要素は、それぞれ図 1.4 に示す $0.5/N$、$1.5/N$ ... $N-0.5/N$ の場所の波の高さを格納します。この設定を使うと、$x$ と $y$ の両位置が波長と最大高プロパティによって配列 heightFieldにマッピングされます。図 1.5 は、波の形が余弦（コサイン）だと仮定した場合に、このマッピングの期待される結果を示しています。このマッピングを実装するため、main関数の上に、もう 1 つ関数をコードに追加します。

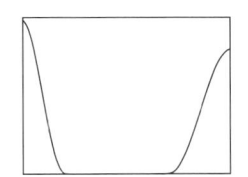 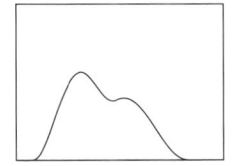 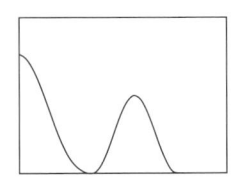

図 1.5：重なり合う波のアニメーション シーケンス。

```
1 #include <cmath>
2
```

```
 3 void accumulateWaveToHeightField(
 4     const double x,
 5     const double waveLength,
 6     const double maxHeight,
 7     array<double, kBufferSize>* heightField) {
 8     const double quarterWaveLength = 0.25 * waveLength;
 9     const int start = static_cast<int>((x - quarterWaveLength) * kBufferSize);
10     const int end = static_cast<int>((x + quarterWaveLength) * kBufferSize);
11
12     for (int i = start; i < end; ++i) {
13         int iNew = i;
14         if (i < 0) {
15             iNew = -i - 1;
16         } else if (i >= static_cast<int>(kBufferSize)) {
17             iNew = 2 * kBufferSize - i - 1;
18         }
19
20         double distance = fabs((i + 0.5) / kBufferSize - x);
21         double height = maxHeight * 0.5
22             * (cos(min(distance * M_PI / quarterWaveLength, M_PI)) + 1.0)
23         (*heightField)[iNew] += height;
24     }
25 }
```

この新たな関数は波の位置、長さ、最大高をとります。関数の頭で2つのローカル変数を定義してから、クランプした余弦関数を波が接触する入力高さ場に蓄積する for ループを作ります。これを統合したコードは次のように書けます。

```
 1 #include <array>
 2 #include <cmath>
 3 #include <cstdio>
 4
 5 const size_t kBufferSize = 80;
 6
 7 using namespace std;
 8
 9 void accumulateWaveToHeightField(
10     const double x,
11     const double waveLength,
12     const double maxHeight,
13     array<double, kBufferSize>* heightField) { ... }
14
15 void updateWave(const double timeInterval, double* x, double* speed) {
16     ...
17 }
18
19 int main() {
20     const double waveLengthX = 0.8;
21     const double waveLengthY = 1.2;
```

```
22
23      const double maxHeightX = 0.5;
24      const double maxHeightY = 0.4;
25
26      double x = 0.0;
27      double y = 1.0;
28      double speedX = 1.0;
29      double speedY = -0.5;
30
31      const int fps = 100;
32      const double timeInterval = 1.0 / fps;
33
34      array<double, kBufferSize> heightField;
35
36      for (int i = 0; i < 1000; ++i) {
37          // 時間を行進
38          updateWave(timeInterval, &x, &speedX);
39          updateWave(timeInterval, &y, &speedY);
40
41          // 高さ場をクリア
42          for (double& height : heightField) {
43              height = 0.0;
44          }
45
46          // 中心点ごとに波を蓄積
47          accumulateWaveToHeightField(x, waveLengthX, maxHeightX, &heightField);
48          accumulateWaveToHeightField(y, waveLengthY, maxHeightY, &heightField);
49      }
50
51      return 0;
52 }
```

ここで作ったのは、可視化できる実際の高さ場に波の点をマップするコードです。この処理はビットマップスクリーン上でデータを可視化するための点のラスタライズとよく似ていますが、1次元です。本当にビットマップ上に描くわけではないので、最終的なコードは単純なASCIIコードで1D高さ場をターミナル画面に表示します[1]。これを含めた最終コードを以下に示します。

```
 1 #include <algorithm>
 2 #include <array>
 3 #include <chrono>
 4 #include <cmath>
 5 #include <cstdio>
 6 #include <string>
 7 #include <thread>
 8
 9 using namespace std;
10 using namespace chrono;
11
```

```
12  const size_t kBufferSize = 80;
13  const char* kGrayScaleTable = "␣.:-=+*#%@";
14  const size_t kGrayScaleTableSize = sizeof(kGrayScaleTable)/sizeof(char);
15
16  void updateWave(const double timeInterval, double* x, double* speed) {
17      (*x) += timeInterval * (*speed);
18
19      // 境界反射
20      if ((*x) > 1.0) {
21          (*speed) *= -1.0;
22          (*x) = 1.0 + timeInterval * (*speed);
23      } else if ((*x) < 0.0) {
24          (*speed) *= -1.0;
25          (*x) = timeInterval * (*speed);
26      }
27  }
28
29  void accumulateWaveToHeightField(
30      const double x,
31      const double waveLength,
32      const double maxHeight,
33      array<double, kBufferSize>* heightField) {
34      const double quarterWaveLength = 0.25 * waveLength;
35      const int start
36          = static_cast<int>((x - quarterWaveLength) * kBufferSize);
37      const int end
38          = static_cast<int>((x + quarterWaveLength) * kBufferSize);
39
40      for (int i = start; i < end; ++i) {
41          int iNew = i;
42          if (i < 0) {
43              iNew = -i - 1;
44          } else if (i >= static_cast<int>(kBufferSize)) {
45              iNew = 2 * kBufferSize - i - 1;
46          }
47
48          double distance = fabs((i + 0.5) / kBufferSize - x);
49          double height = maxHeight * 0.5
50              * (cos(min(distance * M_PI / quarterWaveLength, M_PI)) + 1.0);
51          (*heightField)[iNew] += height;
52      }
53  }
54
55  void draw(
56      const array<double, kBufferSize>& heightField) {
57      string buffer(kBufferSize, '␣');
58
59      // 高さ場をグレイスケールに変換
60      for (size_t i = 0; i < kBufferSize; ++i) {
```

```
61          double height = heightField[i];
62          size_t tableIndex = min(
63              static_cast<size_t>(floor(kGrayScaleTableSize * height)),
64              kGrayScaleTableSize - 1);
65          buffer[i] = kGrayScaleTable[tableIndex];
66      }
67
68      // 以前の出力を消去
69      for (size_t i = 0; i < kBufferSize; ++i) {
70          printf("\b");
71      }
72
73      // 新しいバッファを描く
74      printf("%s", buffer.c_str());
75      fflush(stdout);
76 }
77
78 int main() {
79      const double waveLengthX = 0.8;
80      const double waveLengthY = 1.2;
81
82      const double maxHeightX = 0.5;
83      const double maxHeightY = 0.4;
84
85      double x = 0.0;
86      double y = 1.0;
87      double speedX = 1.0;
88      double speedY = -0.5;
89
90      const int fps = 100;
91      const double timeInterval = 1.0 / fps;
92
93      array<double, kBufferSize> heightField;
94
95      for (int i = 0; i < 1000; ++i) {
96          // 時間を進める
97          updateWave(timeInterval, &x, &speedX);
98          updateWave(timeInterval, &y, &speedY);
99
100         // 高さ場を消去
101         for (double& height : heightField) {
102             height = 0.0;
103         }
104
105         // 各中心点に波を蓄積
106         accumulateWaveToHeightField(
107             x, waveLengthX, maxHeightX, &heightField);
108         accumulateWaveToHeightField(
109             y, waveLengthY, maxHeightY, &heightField);
```

```
110
111        // 高さ場を描く
112        draw(heightField);
113
114        // 待つ
115        this_thread::sleep_for(milliseconds(1000 / fps));
116    }
117
118    printf("\n");
119    fflush(stdout);
120
121    return 0;
122 }
```

行115で、さらに1行のコードが draw 呼び出しの後に追加されていることに注意してください。これは次の行に進む前にアプリケーションを与えられた時間待機させる、単なるスリープ関数の呼び出しです。この場合、それによってループの各イテレーション(反復)は 1000/fps ミリ秒ずつかかります。

### 1.1.5 最終結果

ついに最初の流体シミュレーション コードを書き終えました! ソースコードリポジトリーのルートから

```
1 bin/hello_fluid_sim
```

でアプリケーションを実行できます。ソースコードはsrc/examples/hello_fluid_sim/main.cppです。

この最初の例の目標は流体エンジンの開発に必要な、核となる考え方を提供することでした。そのコードはシミュレーションの状態を定義し、その状態を時間で更新し、非流体オブジェクトとの相互作用を処理し、最後に結果を可視化する方法を示しました。様々な現象のための様々なタイプのシミュレーションテクニックを本書で見ることになりますが、基本となる考え方は同じです。

## 1.2 本書の読み方

このセクションでは、本書を読んで理解するのに役立つコードと数式の基本的な規約を述べます。

### 1.2.1 コードのダウンロード

本書のコードはGitHub (https://github.com/doyubkim/fluid-engine-dev)にあります。バグの修正や機能追加が含まれるかもしれないので、コードの最新バージョンをリポジトリーからクローンすることを推奨します。リポジトリーは次のgitコマンドでクローンできます:

```
1 git clone https://github.com/doyubkim/fluid-engine-dev
```

コードベースはいくつかのサードパーティライブラリーに依存し、中にはHomebrewやapt-getのようなパッケージマネージャーでは入手できないものもあります。それらのライブラリーはgitサブモジュールに入っています。そのためメインリポジトリーをクローンした後、次のようにサブモジュールを初期化しなければなりません：

```
1 git submodule init
2 git submodule update
```

コードのビルドに、macOSとLinuxプラットフォームではSCons[73]を使います。Windowsでは、Microsoft Visual Studioを使います。最新のビルドの取り扱い説明は、リポジトリー中のREADME.mdと INSTALL.mdを参照してください。

## 1.2.2 コードの読み方

既に最初の流体シミュレーションの例で見たように、コードやファイルパスを示すテキストはfixed-width（固定幅）書体で書きます。複数行のコードは次のように書きます：

```
1 void foo() {
2     printf("bar\n");
3 }
```

## 1.2.3 プログラミング言語

ビルド ツールとPythonで書かれたユーティリティスクリプトを除き、コードは主にC++11で書かれています。例えば、ラムダ関数、エイリアステンプレート、可変引数テンプレート、範囲for文、auto、std::arrayなどは、コードで使用するC++11の機能です。しかし、本書は手の込んだ不可解なコードを避け、コードをなるべく読みやすくするように努めています。C++11に関する詳しい情報[128]は、Bjarne StroustrupのWebページ[114]とScott Meyersの本[84]で詳細を参照してください。

## 1.2.4 ソースコードの構成

特に指定がない限り、ほとんどのコードはクラス名から見つけらます。例えば、クラス Collider3のヘッダーとソースファイルはinclude/jet/collider3.hと src/jet/collider3.cppです。ファイルとディレクトリーは、path_to/my/awesome_code.cppのように小文字とアンダースコア(_)で名前が付いています。グローバル関数や定数などの非クラスコードは、機能ごとにグループ化されています。例えば、数学ユーティリティ関数はinclude/jet/math_utils.hにあります。

テンプレートクラスや関数の場合、その宣言はinclude/jetの下にあり、その定義はinclude/jet/detailの下にあります。その定義はインライン実装なので、ファイル名の終わりは-inl.hです。例えば、テンプレートクラス Vector3の宣言はinclude/jet/vector3.h、実装はinclude/jet/vector3-inl.hにあります。

## 1.2.5 命名規約

コードはクラス名に大文字で始まるキャメルケース(例えば CamelCase)、関数/変数には小文字で始まるキャメルケース(例えば camelCase)、マクロには大文字(例えば MACRO_NAME)を使います。

型を次元と値の型で区別する必要がある場合、コードは対応する接尾辞を追加して記述します。例えば:

```
1 template <typename T, size_t N>
2 class Vector { ... };
```

の場合、特定の値の型と次元のための型エイリアスを定義できます。

```
1 template <typename T> using Vector3 = Vector<T, 3>;
2 typedef Vector3<float> Vector3F
3 typedef Vector3<double> Vector3D
```

接尾辞 3 を使い、このベクトルクラスの次元を 3 と示していることに注意してください。また、接尾辞 F と D を使い、それぞれ値の型に float と double を使っていることを伝えます。

非公開(private)と限定公開メンバー変数(protected)の名前は、アンダースコアで始まります。

```
1 class MyClass {
2   ...
3
4   private:
5     double _data;
6 };
```

コード、特に API は可能であれば冗長にします。例えば dt ではなく timeIntervalInSeconds、mu ではなく viscosityCoefficient を選択します。

## 1.2.6 定数

よく使う定数は jet/include/constants.h ヘッダーファイルに置かれています。定数の名前は k で始まり、その後にキャメルケース命名規約の値と型が続きます。例えば、符号なしサイズ型のゼロ定数は次のように定義されます:

```
1 const size_t kZeroSize = 0;
```

同様に倍精度浮動小数点 π は次のように定義されます:

```
1 const double kPiD = 3.14159265358979323846264338327950288;
```

物理定数もあります:

```
1 // 重力
2 const double kGravity = -9.8;
3
```

```
4 // 20℃の水中の音速
5 const double kSpeedOfSoundInWater = 1482.0;
```

### 1.2.7 配列

配列はコードベースで最もよく使うプリミティブです。1D、2D、3Dの配列にアクセスするいくつか
のデータ型を提供します。それらはNumPy[118]のように極度に汎用のクラスではありませんが、ユ
ースケースの大半をサポートします。

1Dデータを格納するため、次のクラスを定義します:

```cpp
 1 template <typename T, size_t N>
 2 class Array final {};
 3
 4 template <typename T>
 5 class Array<T, 1> final {
 6  public:
 7     Array();
 8
 9     ...
10
11     T& operator[](size_t i);
12     const T& operator[](size_t i) const;
13
14     size_t size() const;
15
16     ...
17
18  private:
19     std::vector<T> _data;
20 };
21
22 template <typename T> using Array1 = Array<T, 1>;
```

この新たなデータ型 Array<T, 1>は、いくつかの追加機能を持つ std::vectorのラッパーです。詳細
はjet/include/array1.hを参照してください。これは2Dと3Dの配列に拡張できます:

```cpp
 1 template <typename T>
 2 class Array<T, 2> final {
 3  public:
 4     Array();
 5
 6     ...
 7
 8     T& operator()(size_t i, size_t j);
 9     const T& operator()(size_t i, size_t j) const;
10
11     Size3 size() const;
```

```
12    size_t width() const;
13    size_t height() const;
14
15    ...
16
17  private:
18    Size2 _size;
19    std::vector<T> _data;
20 };
21
22 template <typename T> using Array2 = Array<T, 2>;
```

と

```
1 template <typename T>
2 class Array<T, 3> final {
3  public:
4    Array();
5
6    ...
7
8    T& operator()(size_t i, size_t j, size_t k);
9    const T& operator()(size_t i, size_t j, size_t k) const;
10
11   Size3 size() const;
12   size_t width() const;
13   size_t height() const;
14   size_t depth() const;
15
16    ...
17
18  private:
19    Size3 _size;
20    std::vector<T> _data;
21 };
22
23 template <typename T> using Array3 = Array<T, 3>;
```

ここで Size2 と Size3 は、多次元配列のサイズを表す2つと3つの size_tを保持するタプルです。$i$の範囲は $[0, width)$、$j$ は $[0, height)$、$k$ は $[0, depth)$ です[*1]。どちらのクラスも2Dでは $(i, j)$、3Dでは $(i, j, k)$ の配列要素を返す演算子 () を定義していることに注意してください。データは1Dの std::vectorに格納されますが、以下のように2Dや3Dにマップされます:

```
1 template <typename T>
2 T& Array<T, 2>::operator()(size_t i, size_t j) {
3    return _data[i + _size.x * j];
4 }
```

---

[*1] 記号 [ は包括を意味し、) は排他を意味する。したがって $[0, width)$ は 0 から $width - 1$ を意味する。

```
 5
 6 template <typename T>
 7 const T& Array<T, 2>::operator()(size_t i, size_t j) const {
 8     return _data[i + _size.x * j];
 9 }
10
11 template <typename T>
12 T& Array<T, 3>::operator()(size_t i, size_t j, size_t k) {
13     return _data[i + _size.x * (j + _size.y * k)];
14 }
15
16 template <typename T>
17 const T& Array<T, 3>::operator()(size_t i, size_t j, size_t k) const {
18     return _data[i + _size.x * (j + _size.y * k)];
19 }
```

$i$優先順をとることに注意してください。したがって3次元配列のイテレートは次のように書けます：

```
1 Array3<double> data = ...
2
3 for (size_t k = 0; k < data.depth(); ++k) {
4     for (size_t j = 0; j < data.height(); ++j) {
5         for (size_t i = 0; i < data.width(); ++i) {
6             data(i, j, k) = ...
7         }
8     }
9 }
```

最内ループが$i$を反復するのは、それがキャッシュヒットを最大化するからです。3つの for ループを書くのが手間であれば、コードを短くするヘルパー関数があります：

```
 1 template <typename T>
 2 class Array<T, 3> final {
 3  public:
 4     Array();
 5
 6     ...
 7
 8     void forEachIndex(
 9         const std::function<void(size_t, size_t, size_t)>& func) const;
10
11     void parallelForEachIndex(
12         const std::function<void(size_t, size_t, size_t)>& func) const;
13
14     ...
15 };
```

関数 forEachIndex は関数オブジェクトをとり、すべての$i$、$j$、$k$を$i$優先順で反復します。関数

parallelForEachIndexは同じ反復を行いますが、複数のスレッドを使い並列に行います[*2]。この2つのユーティリティ関数は次のように使えます：

```
1 Array3<double> data = ...
2
3 data.forEachIndex([&] (size_t i, size_t j, size_t k) {
4     data(i, j, k) = ...
5   });
6
7 data.parallelForEachIndex([&] (size_t i, size_t j, size_t k) {
8     data(i, j, k) = ...
9   });
```

ここでは、ラムダ関数を使って関数オブジェクトをインライン化しています。このコードがよく分からなければC++11のラムダ機能を参照してください[114]。

コードベースでよく使う配列に関連する別の型が配列アクセサです。これはランダムアクセスイテレーターとよく似た単純な配列ラッパーです。ヒープメモリーを割り当てたり解放する能力は持たず、単純に配列ポインタを持ち運び、同じ $(i, j, k)$ インデックス処理を提供します。例えば、3次元配列アクセサクラスは次のように定義されます：

```
1 template <typename T>
2 class ArrayAccessor<T, 3> final {
3  public:
4     ArrayAccessor();
5     explicit ArrayAccessor(const Size3& size, T* const data);
6
7     ...
8
9     T& operator()(size_t i, size_t j, size_t k);
10    const T& operator()(size_t i, size_t j, size_t k) const;
11
12    Size3 size() const;
13    size_t width() const;
14    size_t height() const;
15    size_t depth() const;
16
17    ...
18
19  private:
20    Size3 _size;
21    T* _data;
22 };
23
24 template <typename T> using ArrayAccessor3 = ArrayAccessor<T, 3>;
25
```

---

[*2] 並列処理に std::thread を利用する。実装は include/jet/parallel.h と include/jet/detail/parallel-inl.h を参照。

```
26 template <typename T>
27 class ConstArrayAccessor<T, 3> {
28  public:
29     ConstArrayAccessor();
30     explicit ConstArrayAccessor(const Size3& size, const T* const data);
31
32     ...
33
34     const T& operator()(size_t i, size_t j, size_t k) const;
35
36     Size3 size() const;
37     size_t width() const;
38     size_t height() const;
39     size_t depth() const;
40
41     ...
42
43  private:
44     Size3 _size;
45     const T* _data;
46 };
47
48 template <typename T> using ConstArrayAccessor3 = ConstArrayAccessor<T,3>;
```

この2つのクラスはメモリーの割り当てと解放を行わずにデータを交換するため使われます。特に2つ目のクラス ConstArrayAccessor<T, 3>は、C++ STLの const iterators と同じく読み込み操作専用です。コードベースでは、すべての多次元配列型が配列アクセサを返します。例えば Array<T, 3>は、そのようなメンバー関数を提供します:

```
 1 template <typename T>
 2 class Array<T, 3> final {
 3  public:
 4     ...
 5
 6     ArrayAccessor3<T> accessor();
 7     ConstArrayAccessor3<T> constAccessor() const;
 8
 9     ...
10 };
11
12 template <typename T>
13 ArrayAccessor3<T> Array<T, 3>::accessor() {
14     return ArrayAccessor3<T>(size(), data());
15 }
16
17 template <typename T>
18 ConstArrayAccessor3<T> Array<T, 3>::constAccessor() const {
19     return ConstArrayAccessor3<T>(size(), data());
```

```
20 }
```

このコーディング パターンは格子ベースの流体シミュレーションコードでよく現れます。

### 1.2.8 数式の読み方

数式は $e = mc^2$ のような書体で書かれ、長い式や複数の式は次のように書かれます：

$$\frac{\partial \mathbf{u}}{\partial t} + \mathbf{u} \cdot \nabla \mathbf{u} = \nu \nabla^2 \mathbf{u} + \mathbf{g}$$
$$\nabla \cdot \mathbf{u} = 0$$

$$(1.1)$$

### 1.2.9 スカラー/ベクトル/行列

ベクトルと行列が何であるかは後のセクションで取り上げますが、簡単に言えばベクトルは点や方向を表す数のリストです。一方、スカラーは単一の数です。スカラー値は $c$ のように無装飾スタイルで書かれ、ベクトルは $\mathbf{f}$ のように太字の小文字で書きます。行列は $\mathbf{M}$ のように太字の大文字を使います。

## 1.3 数学

このセクションでは最もよく使われる数学演算、データ構造、本書を通じて使う概念を紹介します。既に線形代数とベクトル解析に精通している人は、このセクションをスキップしてもかまいません。

### 1.3.1 座標系

座標系は、何らかの指定された方法で測定した座標を使って点を指定するためのシステムです[119]。デカルト座標として知られる最も単純な座標系は、互いに垂直な向きの座標軸からなります。極座標などといった他の座標系もありますが、本書ではデカルト座標しか使いません。

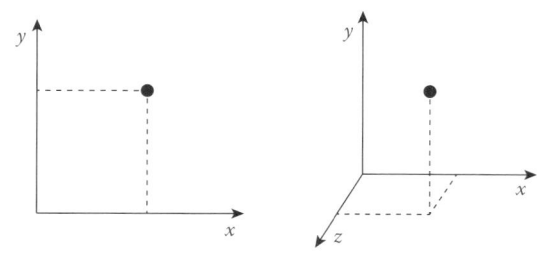

図1.6：2Dと3Dのデカルト座標。

図1.6は2次元(2D)と3次元(3D)両方の空間と座標軸を表す矢印を示し、各軸に $x$、$y$、$z$ のラベルが付いています。図は $x$ が右を指す軸にタグ付けされ、$y$ と $z$ がそれぞれ上と前方の軸に置かれることを示しています。これと異なる $x$、$y$、$z$ のラベル付けも可能です。しかし本書では、図1.6に示す規約に従います。これは右手を使い、親指、人差し指、中指で、それぞれ $x$、$y$、$z$ の方向を指せるので、右手座標系と呼ばれます。

## 1.3.2 ベクトル

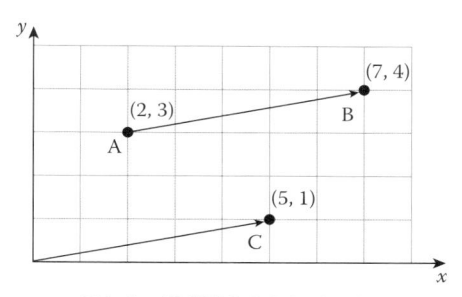

図 1.7：2D 空間の 3 点 A，B，C。

空間の軸を定義したので、点についての話をします。図 1.7 から、図中の点 A は $x$ 軸と $y$ 軸の両方の上に直交投影でき、投影される値は数のペアを使って書けます。この特定の例では $(2, 3)$ になります。

同様に、2 点間の差も数のペアで記述できます。図 1.7 で、A から B を指す矢印を見てください。点 B は $(7, 4)$ にあるので、点 A から $x$ 方向に 2 単位、$y$ 方向に 4 単位離れています。この差（デルタ）もペア形式 $(5, 1)$ で書くことができ、図から見える点として表現できます（点 C）。

この考え方を一般化してベクトルを導入します。前の例から分かるように、ベクトルとは原点からその数の座標を指す数のセットにすぎません。例えば 3D の場合、ベクトル $(2, 3, 7)$ は点 $(0, 0, 0)$ で始まり点 $(2, 3, 7)$ で終わる矢印です。ベクトルは点の座標の記述に使え、変異を表すのにも使えます。例えば $x$ 座標を-1、$y$ を 5、$z$ を 4 平行移動して点を動かしたければ、その平行移動をベクトル $(-1, 5, 4)$ で記述できます。1 から $N$ 次元の任意の次元のベクトルm可能です。

では、どのようにベクトルを表すクラスを定義できるか見てみましょう。次のクラスを考えます。

```cpp
 1 template <typename T, size_t N>
 2 class Vector final {
 3  public:
 4     static_assert(
 5         N > 0,
 6         "静的なサイズのベクトルのサイズはゼロより大きくなければならない。");
 7     static_assert(
 8         std::is_floating_point<T>::value,
 9         "ベクトルは浮動小数点型でしかインスタンス化できない。");
10
11  private:
12     std::array<T, N> _elements;
13 };
```

このクラスは 2 つのテンプレートパラメータ、要素のデータ型 T とベクトルの次元 N をとります。このベクトルクラスは数学計算にだけ使いたいので、値の型 T に任意の型ではなく、浮動小数点（ float か double）しか格納できないことに注意してください[*3]。

---

[*3] 任意の値のセットを格納する汎用のデータ型は std::tuple。N の範囲もゼロより大きいものに制限されている。

いくつかのコンストラクタ、セッター、ゲッター、ユーティリティオペレーターを追加すると、コードは
以下のようになります：

```
 1 template <typename T, std::size_t N>
 2 class Vector final {
 3  public:
 4     // 静的asserts
 5     ...
 6
 7
 8     Vector();
 9
10     template <typename... Params>
11     explicit Vector(Params... params);
12
13     explicit Vector(const std::initializer_list<T>& lst);
14
15     Vector(const Vector& other);
16
17     void set(const std::initializer_list<T>& lst);
18
19     void set(const Vector& other);
20
21     Vector& operator=(const std::initializer_list<T>& lst);
22
23     Vector& operator=(const Vector& other);
24
25     const T& operator[](std::size_t i) const;
26
27     T& operator[](std::size_t);
28
29  private:
30     std::array<T, N> _elements;
31
32     // 非公開ヘルパー関数
33     ...
34 };
```

完全な実装はinclude/vector.hとinclude/detail/vector-inl.hにあります。その基本的な使い方の
例はsrc/tests/unit_tests/vector_tests.cppにあるユニットテストにあります。

コンピュータグラフィックスで、最もよく使われるベクトルは2D、3D、そして4次元（4D）のベクトル
です。それらの次元に対してテンプレートクラスを特殊化し、頻繁な利用にもっと役立つ構造とヘルパー
関数を持つことができます。それにより、内部ロジックを複雑にしすぎる可能性がある、過剰なベクト
ルクラスの一般化も防げます。3Dベクトルを例にとると、特殊化クラスは次のように書けます：

```
 1 template <typename T>
 2 class Vector<T, 3> final {
 3  public:
```

```
 4      ...
 5
 6      T x;
 7      T y;
 8      T z;
 9  };
10
11  template <typename T> using Vector3 = Vector<T, 3>;
12
13  typedef Vector3<float> Vector3F;
14  typedef Vector3<double> Vector3D;
```

最も顕著な変化は、新しいクラスが配列を定義する代わりに、明示的に x、y、zを宣言することです。これは小さな変更に見えますが、多くの状況でとても便利な座標への簡単なアクセスポイントを提供します。Vector<T, N>のようなサイズ3の配列と、$x$、$y$、$z$成分専用のゲッターとセッター関数でも実装できます。いずれにせよ、やはり頻繁に使う型をインスタンス化するときに役立つエイリアスも、クラス定義の後に定義されています。Vector<T, 3>の最終的実装はinclude/vector3.hとinclude/detail/vector3-inl.hにあります。Vector<T, N>と同じく、サンプルはsrc/tests/unit_tests/vector3_tests.cppにあります。

ここまでベクトルの基本的な考え方と、ベクトルデータを表現するいくつかのコードを見てきました。ここからは、ベクトルで頻繁に使う操作とそれらの実装を取り上げます。

### 1.3.2.1 基本操作

まずは最も基本的なもの–算術演算から始めます。スカラー値と同じく、ベクトルと別のベクトルの加算、減算、乗算、除算も可能です。以前のコードを拡張して次のように書けます:

```
 1  template <typename T>
 2  class Vector<T, 3> final {
 3   public:
 4      ...
 5
 6      // 二項演算: 新しいインスタンス = this (+) v
 7      Vector add(T v) const;
 8      Vector add(const Vector& v) const;
 9      Vector sub(T v) const;
10      Vector sub(const Vector& v) const;
11      Vector mul(T v) const;
12      Vector mul(const Vector& v) const;
13      Vector div(T v) const;
14      Vector div(const Vector& v) const;
15  };
```

このコードはスカラー型との算術演算も適用できることを示しています。例えば add関数は次のように書けます:

```
 1  template <typename T>
```

```
2 Vector<T,3> Vector<T,3>::add(T v) const {
3     return Vector(x + v, y + v, z + v);
4 }
5
6 template <typename T>
7 Vector<T,3> Vector<T,3>::add(const Vector& v) const {
8     return Vector(x + v.x, y + v.y, z + v.z);
9 }
```

また次のようなクラスが使えるように、演算子をオーバーロードすると便利です：

```
1 Vector3D a(1.0, 2.0, 3.0), b(4.0, 5.0, 6.0):
2 Vector3D c = a + b;
```

そのような機能は、以下の追加で簡単に実装できます：

```
1 template <typename T>
2 Vector<T,3> operator+(const Vector<T,3>& a, T b) {
3     return a.add(b);
4 }
5
6 template <typename T>
7 Vector<T,3> operator+(T a, const Vector<T,3>& b) {
8     return b.add(a);
9 }
10
11 template <typename T>
12 Vector<T,3> operator+(const Vector<T,3>& a, const Vector<T,3>& b) {
13     return a.add(b);
14 }
```

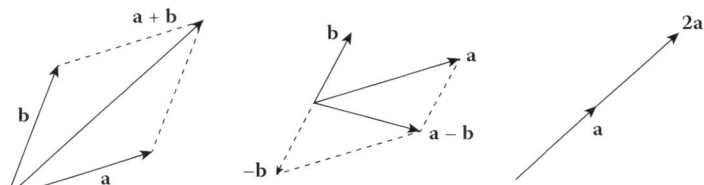

図 1.8：左：ベクトル **a** と **b** の加算。中：ベクトル **a** から **b** の減算。右：ベクトル **a** へのスカラー 2 の乗算。

加算、減算、乗算の幾何学的な意味が図 1.8 に示されています。

### 1.3.2.2 内積と外積

ドットとクロスの演算は両方とも二項演算で、どちらも幾何学的な意味を持ちます。内積（ドット積）はベクトルを別のベクトルに投影し、投影されたベクトルの長さを返します。余弦関数の定義により、2つの単位サイズのベクトルの内積をとると、2つの間の余弦角が与えられます。外積（クロス積）は入力された2つのベクトルが定義する平行四辺形に垂直なベクトルを生成し、その大きさはその平行四辺形の面積で決まります。図 1.9 が2つの演算の動作を示しています。

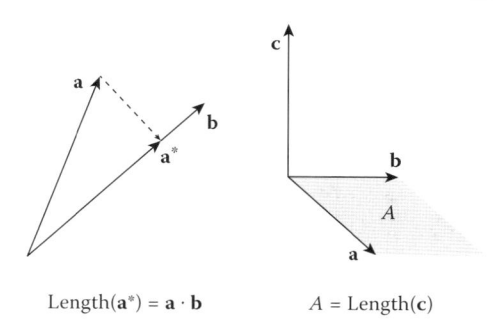

$$\text{Length}(\mathbf{a}^*) = \mathbf{a} \cdot \mathbf{b} \qquad A = \text{Length}(\mathbf{c})$$

図1.9：左：ベクトル $\mathbf{a}^*$ は $\mathbf{a}$ の $\mathbf{b}$ への投影。$\mathbf{a}^*$ の長さは $\mathbf{a}$ と $\mathbf{b}$ の内積（$\mathbf{b}$ が単位長の場合）。右：ベクトル $\mathbf{c}$ は $\mathbf{a}$ と $\mathbf{b}$ の外積。$\mathbf{c}$ の長さは面積 $A$ に等しい。

内積の数学的定義は

$$\mathbf{a} \cdot \mathbf{b} = a_x b_x + a_y b_y + a_z b_z \tag{1.2}$$

外積は

$$\mathbf{a} \times \mathbf{b} = (a_y b_z - a_z b_y)\mathbf{i} + (a_z b_x - a_x b_z)\mathbf{j} + (a_x b_y - a_y b_x)\mathbf{k} \tag{1.3}$$

と定義されます。

$\mathbf{i}$、$\mathbf{j}$、$\mathbf{k}$は、それぞれ$x$、$y$、$z$軸を表します。その等価なコードはインターフェイスの定義で始まります：

```
1 template <typename T>
2 class Vector<T, 3> final {
3  public:
4      ...
5      T dot(const Vector& v) const;
6      Vector cross(const Vector& v) const;
7 };
```

そして背後にある実装は次のようなものです：

```
1 template <typename T>
2 T Vector<T,3>::dot(const Vector& v) const {
3      return x * v.x + y * v.y + z * v.z;
4 }
5
6 template <typename T>
7 Vector<T,3> Vector<T,3>::cross(const Vector& v) const {
8      return Vector(y*v.z - v.y*z, z*v.x - v.z*x, x*v.y - v.x*y);
9 }
```

内積が2つのベクトルからスカラー値を返し、外積は結果としてベクトルを与えることは言及する価値があります。しかし2Dでは、外積もスカラー値を生成します。2D空間を3D中の$xy$平面と再解釈し、その平面上で外積を実行すると、$+z$と$-z$どちらかの方向を指すベクトルが与えられます。2Dの世界では、これは符号の問題にすぎません。そのため外積のコードは単純になります。

```
1 template <typename T>
2 Vector<T,2> Vector<T,2>::cross(const Vector& v) const {
3     return x*v.y - v.x*y;
4 }
```

### 1.3.2.3 その他の操作

ベクトル操作でよく使うヘルパー関数も、これまで見てきた基本演算子を使って実装できます。

**ベクトルの長さ**

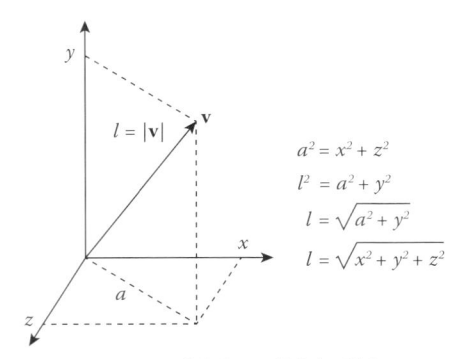

図 1.10: ベクトル **v** の長さ *l* の測定。

ベクトルの長さ $l = |\mathbf{v}|$ は、図1.10に示すようにピタゴラスの定理を使って測定できます。3Dベクトルでは、次のような関数を実装できます:

```
1 template <typename T>
2 T Vector<T,3>::length() const {
3     return std::sqrt(x * x + y * y + z * z);
4 }
```

このコードは単純な公式 $\sqrt{x^2 + y^2 + z^2}$ を実装します。長さの代わりに長さ$^2$を持つほうが、特に2つのベクトルの間で長さを比べるときに少し効率的なことがあります。これは加算のような単純な演算よりも多くの操作が必要な std::sqrt を呼び出さずにすみ、$a < b$なら$a^2 < b^2$も成り立つからです。したがって追加のヘルパー関数は次のように書けます:

```
1 template <typename T>
2 T Vector<T,3>::lengthSquared() const {
3     return x * x + y * y + z * z;
4 }
```

**正規化**

長さが1に等しいベクトルは単位ベクトルと呼ばれ、ベクトルを単位ベクトルにするのは正規化(ノーマライズ)と呼ばれます。つまりベクトルの長さが$l$なら、そのサイズを$1/l$をスケールして正規化ベクトルを得られます。したがって、コードは次のように書けます:

```
 1 template <typename T>
 2 void Vector<T,3>::normalize() {
 3     T l = length();
 4     x /= l;
 5     y /= l;
 6     z /= l;
 7 }
 8
 9 Vector<T,3> Vector<T,3>::normalized() const {
10     T l = length();
11     return Vector(x / l, y / l, z / l);
12 }
```

最初の関数 normalize() は与えられたベクトルを単位ベクトルに変え、2番目の関数 normalized() は与えられたものの単位ベクトルである、新たなベクトルを生成します。

**投影**

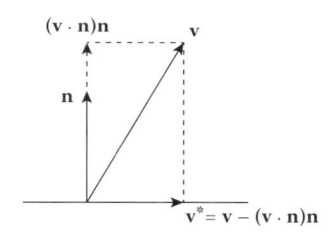

図1.11：ベクトル v は法線 n の面上に投影され、ベクトル v* を生じる。

次の操作は少し幾何学的センスが必要です。図1.11に示すように、面法線ベクトルで定義される面の上にベクトルを投影（プロジェクション）したいとします。既にセクション1.3.2.2で知ったように、内積を使ってベクトルを別のベクトル上に投影できます。しかしこの場合、ベクトルを投影したいのは面の上です。それを行うには、まずベクトルを面法線に平行なベクトルと、知りたい投影ベクトルである別のベクトルに分解する必要があります。したがって元のベクトルから法線成分を引けば、投影ベクトルが得られます。これは**n**を面法線ベクトルとして、式

$$\mathbf{v}^* = \mathbf{v} - (\mathbf{v} \cdot \mathbf{n})\mathbf{n} \tag{1.4}$$

と書き出せます。この式はそのまま実装できます：

```
1 template <typename T>
2 Vector<T, 3> Vector<T, 3>::projected(const Vector<T, 3>& normal) const {
3     return sub(dot(normal) * normal);
4 }
```

**反射**

同じアプローチで反射（リフレクション）を計算できます。図1.12に示すように、やはり入力ベクトルを面法線と接線の成分に分解します。次にスケールした入力ベクトルの法線成分を引くと反射ベクトル

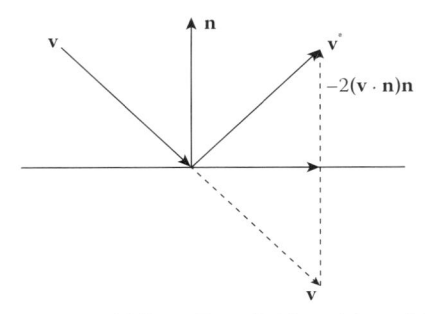

図 1.12：ベクトル **v** が法線 **n** の面で反射され、ベクトル **v**\* を生じる。

が得られます。この式を書き出すと

$$\mathbf{v}^* = \mathbf{v} - 2\mathbf{v} \cdot \mathbf{nn} \tag{1.5}$$

が得られ、コードは次のように書けます：

```
1 template <typename T>
2 Vector<T, 3> Vector<T, 3>::reflected(const Vector<T, 3>& normal) const {
3     return sub(normal.mul(2 * dot(normal)));
4 }
```

**接ベクトル**

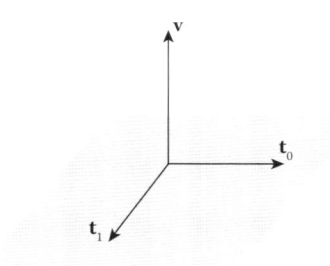

図 1.13：ベクトル **v** は 2 つの接ベクトル $\mathbf{t}_0$ と $\mathbf{t}_1$ を持つ。

与えられたベクトルが面の法線方向を定義するなら、法線から接ベクトル（タンジェントベクトル）を計算することも考えられますこれは面法線で定義される面上の点を生成したい場合に役立ちます。しかし図1.13に示すように、面上には2つの垂直なベクトルを選ぶ無数の接ベクトルがあり得ます。定義により、この2つの接ベクトルは法線ベクトルにも直交します。したがって、その3つのベクトルは面上に座標系を構築します。

2つの接ベクトルの計算は、次のコードを見てください。

```
1 template <typename T>
2 std::tuple<Vector<T, 3>, Vector<T, 3>> Vector<T, 3>::tangential() const {
3     Vector<T, 3> a = ((std::fabs(y) > 0 || std::fabs(z) > 0) ?
4         Vector<T, 3>(1, 0, 0) :
5         Vector<T, 3>(0, 1, 0)).cross(*this).normalized();
6     Vector<T, 3> b = cross(a);
```

```
7        return std::make_tuple(a, b);
8 }
```

thisベクトルが面法線ベクトルであることに注意してください。最初に法線が$x$軸に平行でなければ$x$方向のベクトル$(1, 0, 0)$を選びますが、平行なら$y(0, 1, 0)$を選びます。この選ぶベクトルは法線ベクトルに平行でなければ何でもかまいません。一時的に面法線に垂直なベクトルを計算するのに必要なだけです。選んだベクトルと面法線の外積をとって新たなベクトル a を計算します。それから法線ベクトルに再び外積を適用してベクトル b を取得し、a と b の両方をタプルとして返します。

### その他のヘルパー関数

演算子オーバーロードなど、他のヘルパー関数も追加できます。その詳細には深入りしませんが、以下のコードが実装可能なものの一覧です。3Dベクトルの詳細はinclude/vector3.hとinclude/detail/vector3-inl.hにあります。2Dと4Dの実装もinclude/detail/vector2-inl.hとinclude/detail/vector4-inl.hにあります。

```
 1 template <typename T>
 2 class Vector<T, 3> final {
 3  public:
 4     ...
 5
 6     // コンストラクタ
 7     Vector();
 8     explicit Vector(T x, T y, T z);
 9     explicit Vector(const Vector2<T>& pt, T z);
10     Vector(const std::initializer_list<T>& lst);
11     Vector(const Vector& v);
12
13     ...
14
15     // 演算子
16     T& operator[](std::size_t i);
17     const T& operator[](std::size_t i) const;
18
19     Vector& operator=(const std::initializer_list<T>& lst);
20     Vector& operator=(const Vector& v);
21     Vector& operator+=(T v);
22     Vector& operator+=(const Vector& v);
23     Vector& operator-=(T v);
24     Vector& operator-=(const Vector& v);
25     Vector& operator*=(T v);
26     Vector& operator*=(const Vector& v);
27     Vector& operator/=(T v);
28     Vector& operator/=(const Vector& v);
29
30     bool operator==(const Vector& v) const;
31     bool operator!=(const Vector& v) const;
32 };
```

```
33
34
35 template <typename T> using Vector3 = Vector<T, 3>;
36
37 template <typename T>
38 Vector3<T> operator+(const Vector3<T>& a);
39
40 template <typename T>
41 Vector3<T> operator-(const Vector3<T>& a);
42
43 template <typename T>
44 Vector3<T> operator+(T a, const Vector3<T>& b);
45
46 template <typename T>
47 Vector3<T> operator+(const Vector3<T>& a, const Vector3<T>& b);
48
49 template <typename T>
50 Vector3<T> operator-(const Vector3<T>& a, T b);
51
52 template <typename T>
53 Vector3<T> operator-(T a, const Vector3<T>& b);
54
55 template <typename T>
56 Vector3<T> operator-(const Vector3<T>& a, const Vector3<T>& b);
57
58 template <typename T>
59 Vector3<T> operator*(const Vector3<T>& a, T b);
60
61 template <typename T>
62 Vector3<T> operator*(T a, const Vector3<T>& b);
63
64 template <typename T>
65 Vector3<T> operator*(const Vector3<T>& a, const Vector3<T>& b);
66
67 template <typename T>
68 Vector3<T> operator/(const Vector3<T>& a, T b);
69
70 template <typename T>
71 Vector3<T> operator/(T a, const Vector3<T>& b);
72
73 template <typename T>
74 Vector3<T> operator/(const Vector3<T>& a, const Vector3<T>& b);
75
76 template <typename T>
77 Vector3<T> min(const Vector3<T>& a, const Vector3<T>& b);
78
79 template <typename T>
80 Vector3<T> max(const Vector3<T>& a, const Vector3<T>& b);
81
```

```
82 template <typename T>
83 Vector3<T> clamp(const Vector3<T>& v, const Vector3<T>& low,
84                  const Vector3<T>& high);
85
86 template <typename T>
87 Vector3<T> ceil(const Vector3<T>& a);
88
89 template <typename T>
90 Vector3<T> floor(const Vector3<T>& a);
91
92 typedef Vector3<float> Vector3F;
93 typedef Vector3<double> Vector3D;
```

### 1.3.3 行列

行列は各行と列に数を格納する2次元配列です。例えば$M$行と$N$列の行列、つまり$M \times N$行列は次のように書けます：

$$\mathbf{A} = \begin{bmatrix} a_{11} & a_{12} & a_{13} & \cdots & a_{1N} \\ a_{21} & a_{22} & a_{23} & \cdots & a_{2N} \\ \vdots & \vdots & \vdots & \ddots & \vdots \\ a_{M1} & a_{M2} & a_{M3} & \cdots & a_{MN} \end{bmatrix} \tag{1.6}$$

ここで$a_{ij}$は$i$行目の$j$列目にある行列要素を表します。$M \times N$行列は$M$行のベクトル、または$N$列のベクトルのセットと解釈できます。

#### 1.3.3.1 基本行列操作

次に最もよく使う行列を見てみましょう。

**行列–ベクトル積**

最初に取り上げる演算は行列–ベクトル積です。$M \times N$行列$\mathbf{A}$と$N$次元ベクトル$\mathbf{x}$があるとします。ベクトルの行列への乗算は次で示されます。

$$\mathbf{y} = \mathbf{Ax} \tag{1.7}$$

要素ごとの演算は

$$\begin{bmatrix} y_1 \\ y_2 \\ \vdots \\ y_M \end{bmatrix} = \begin{bmatrix} a_{11} & a_{12} & a_{13} & \cdots & a_{1N} \\ a_{21} & a_{22} & a_{23} & \cdots & a_{2N} \\ \vdots & \vdots & \vdots & \ddots & \vdots \\ a_{M1} & a_{M2} & a_{M3} & \cdots & a_{MN} \end{bmatrix} \begin{bmatrix} x_1 \\ x_2 \\ \vdots \\ x_N \end{bmatrix} \tag{1.8}$$

と書け、出力ベクトル$\mathbf{y}$は$M$次元ベクトルです。出力ベクトル$\mathbf{y}$は

$$y_i = \begin{bmatrix} a_{i1} & a_{i2} & a_{i3} & \cdots & a_{iN} \end{bmatrix} \cdot \begin{bmatrix} x_1 \\ x_2 \\ \vdots \\ x_N \end{bmatrix} \tag{1.9}$$

のように行列の$i$列目と入力ベクトルの内積で計算でき

$$y_i = a_{i1}x_1 + a_{i2}x_2 + \cdots + a_{iN}x_N \tag{1.10}$$

です。

行列–ベクトル積の時間計算量は$O(M \times N)$です。

### 行列–行列積

行列–ベクトル積を拡張することで、2つの行列も乗算できます。例えば、行列$\mathbf{A}$と$\mathbf{B}$の乗算は：

$$\mathbf{C} = \mathbf{AB} \tag{1.11}$$

あるいは

$$\begin{bmatrix} c_{11} & c_{12} & \cdots & c_{1L} \\ c_{21} & c_{22} & \cdots & c_{2L} \\ \vdots & \vdots & \ddots & \vdots \\ c_{M1} & c_{M2} & \cdots & c_{ML} \end{bmatrix} = \begin{bmatrix} a_{11} & a_{12} & \cdots & a_{1N} \\ a_{21} & a_{22} & \cdots & a_{2N} \\ \vdots & \vdots & \ddots & \vdots \\ a_{M1} & a_{M2} & \cdots & a_{MN} \end{bmatrix} \begin{bmatrix} b_{11} & b_{12} & \cdots & b_{1L} \\ b_{21} & b_{22} & \cdots & b_{2L} \\ \vdots & \vdots & \ddots & \vdots \\ b_{N1} & b_{N2} & \cdots & b_{NL} \end{bmatrix}. \tag{1.12}$$

と書けます。

そのとき行列$\mathbf{C}$の各要素は

$$c_{ij} = \begin{bmatrix} a_{i1} & a_{i2} & \cdots & a_{iN} \end{bmatrix} \begin{bmatrix} b_{1j} \\ b_{2j} \\ \vdots \\ b_{Nj} \end{bmatrix} \tag{1.13}$$

または

$$c_{ij} = a_{i1}b_{1j} + a_{i2}b_{2j} + \cdots + a_{iN}b_{Nj} \tag{1.14}$$

のように行列$\mathbf{A}$の$i$行目と行列$\mathbf{B}$の$j$列目それぞれの内積で計算できます。

図1.14が各行と列でどのように内積をとるかを図で示しています。行列$\mathbf{A}$の列数が行列$\mathbf{B}$の行数と等しくなければならないことに注意してください。また$\mathbf{A}$と$\mathbf{B}$の次元が$M \times N$と$N \times L$なら、出力行列$\mathbf{C}$の次元は$M \times L$になります。行列–行列積の時間計算量は$O(L \times M \times N)$です。

最後に行列の反転の仕方を理解しましょう。行列$\mathbf{A}$があるとき、次を満たすその逆行列は$\mathbf{A}^{-1}$と書けます。

$$\mathbf{A}^{-1}\mathbf{A} = \mathbf{A}\mathbf{A}^{-1} = \mathbf{I} \tag{1.15}$$

ここで$\mathbf{I}$は、次のようにその対角要素がすべて1で他が0の単位行列です。

$$\begin{bmatrix} 1 & 0 & 0 & \cdots & 0 \\ 0 & 1 & 0 & \cdots & 0 \\ 0 & 0 & 1 & \cdots & 0 \\ \vdots & \vdots & \vdots & \ddots & \vdots \\ 0 & 0 & 0 & \cdots & 1 \end{bmatrix} \tag{1.16}$$

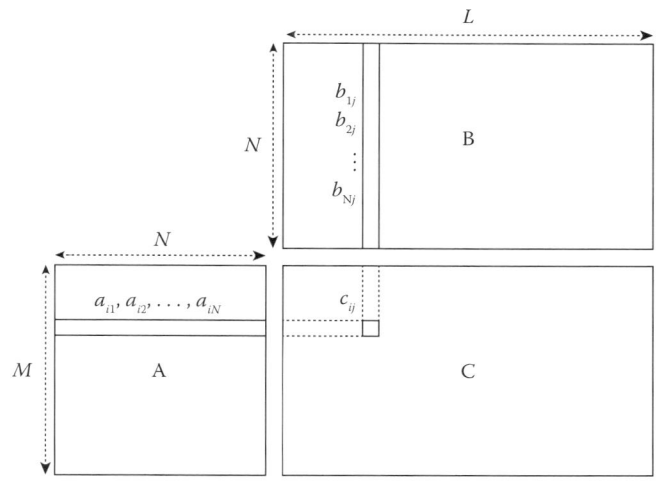

図 1.14：行列–行列積、$\mathbf{C} = \mathbf{AB}$ の可視化。$\mathbf{A}$ の 1 行と $\mathbf{B}$ の 1 列で $c_{ij}$ を構築する。

入力行列 $\mathbf{A}$ は正方行列であること、つまり行と列の数が同じでなければならないことに注意してください。

最も単純な逆行列の計算方法がガウス・ジョルダンの消去法です。まず元の行列 $\mathbf{A}$ を同じ次元の単位行列と結合します。例えば $3 \times 3$ 行列

$$\begin{bmatrix} 2 & -1 & 0 \\ -1 & 2 & -1 \\ 0 & -1 & 2 \end{bmatrix} \tag{1.17}$$

があれば、$3 \times 3$ 行列を右に結合して

$$\left[\begin{array}{ccc|ccc} 2 & -1 & 0 & 1 & 0 & 0 \\ -1 & 2 & -1 & 0 & 1 & 0 \\ 0 & -1 & 2 & 0 & 0 & 1 \end{array}\right] \tag{1.18}$$

が得られます。

次にガウス・ジョルダンの消去法は、この行列を行ごとに走査し、他の行の線型結合を加算して左の $3 \times 3$ 部分を単位行列にしようとします。次のステップを見てください：

$$\left[\begin{array}{ccc|ccc} 2 & -1 & 0 & 1 & 0 & 0 \\ -1 & 2 & -1 & 0 & 1 & 0 \\ 0 & -1 & 2 & 0 & 0 & 1 \end{array}\right] \rightarrow \left[\begin{array}{ccc|ccc} 1 & -1/2 & 0 & 1/2 & 0 & 0 \\ 0 & 3/2 & -1 & 1/2 & 1 & 0 \\ 0 & -1 & 2 & 0 & 0 & 1 \end{array}\right] \tag{1.19}$$

1 行目が $1/2$ でスケールされることが分かります。次に、その 1 行目を 2 行目に加算し、1 列目を打ち消してゼロにします。次のように同様の処理を 3 行目に続けます。

$$\left[\begin{array}{ccc|ccc} 1 & -1/2 & 0 & 1/2 & 0 & 0 \\ 0 & 3/2 & -1 & 1/2 & 1 & 0 \\ 0 & -1 & 2 & 0 & 0 & 1 \end{array}\right] \rightarrow \left[\begin{array}{ccc|ccc} 1 & 0 & 1 & 1 & 1 & 1 \\ 0 & 1 & -2/3 & 1/3 & 2/3 & 0 \\ 0 & 0 & 1 & 1/4 & 1/2 & 3/4 \end{array}\right] \tag{1.20}$$

ここで3行目を使い、上向きに伝搬して他の行の3列目をゼロにします。

$$\begin{bmatrix} 1 & 0 & 1 & 1 & 1 & 1 \\ 0 & 1 & -2/3 & 1/3 & 2/3 & 0 \\ 0 & 0 & 4/3 & 1/3 & 2/3 & 1 \end{bmatrix} \rightarrow \begin{bmatrix} 1 & 0 & 0 & 3/4 & 1/2 & 1/4 \\ 0 & 1 & 0 & 1/2 & 1 & 1/2 \\ 0 & 0 & 1 & 1/4 & 1/2 & 3/4 \end{bmatrix} \quad (1.21)$$

このステップを完了すると、行列の右の$3 \times 3$の部分が逆行列になります。$N \times N$行列のガウス・ジョルダンの消去法の時間計算量は$O(N^3)$です。

### 1.3.3.2 疎行列

拡散や圧力の問題の解決など、流体シミュレーションにおける行列の一般的なユースケースは、優に100万を超える非常に大きな次元を必要とします。正方行列の場合の操作の時間計算量は$O(N^2)$なので、これは単純な行列–ベクトル計算でさえ問題になる可能性があります。また行列の空間計算量も$O(N^2)$で、これも非常に高価です。しかし多くの場合、流体シミュレーションの行列の中身は、ほとんどゼロです。例えば、拡散方程式(セクション3.4.4)を計算する行列は、ゼロでない列は行あたり最大で7しかありません。そのような行列は「疎」(スパース)行列と呼ばれ、一般の行列は「密」(デンス)行列と呼ばれます。時間と空間両方の複雑さを改善するため、ゼロでない要素だけの格納を考えることができ、それが可能な場合、行列–ベクトル積の時間と空間の両方の計算量が$O(N)$に減らせる場合があります。

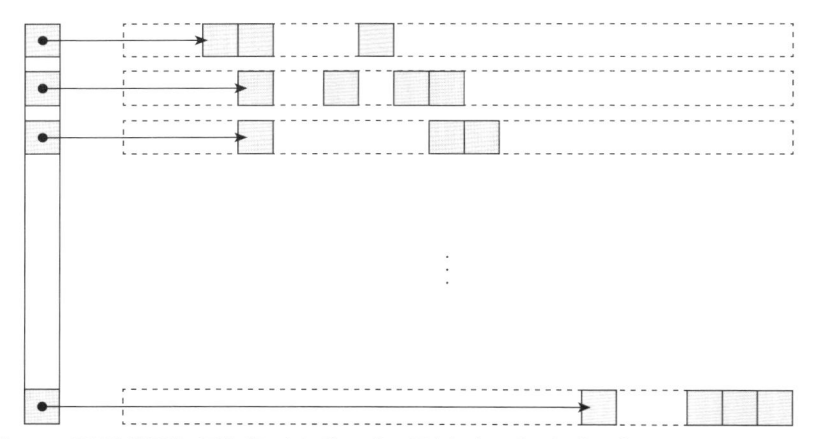

図1.15：圧縮疎行列の図解。行ごとにゼロでない要素(灰色のボックス)とポインタのリストを持つ。

疎行列を効率的に表現するデータ構造の1つは、ゼロでない要素とその列インデックスを行ごとに格納することです。次に各行を図1.15のようにリストとして格納します。このアプローチは圧縮疎行(CSR)行列と呼ばれます。圧縮を列単位で行う場合は、圧縮疎列(CSC)行列と呼ばれます。他の圧縮フォーマットについては、Saadの疎行列に関する技術論文[99]を参照してください。本書では、格子ベースの流体シミュレーターが線形システムを解くのに疎行列を使い、そのようなユースケースでは、さらに圧縮フォーマットを最適化できます。その詳細は付録C.1にあります。

### 1.3.4 線形方程式系

数値問題の計算では、しばしば線形方程式に遭遇します。例えば、格子ベースのシミュレーターの拡散や圧力の方程式は、しばしば線形システムを解いて計算します。その詳細は 3 章で取り上げますが、それらは制約が多い解を計算し、流体系の大きな全般的状況を知る必要がある問題です。

線形方程式のセットがあるとき、そのセット、すなわち系(システム)は行列を使って表せます。例えば次の線形方程式を考えます:

$$2x - y = 3$$
$$-x + 2y = 6 \tag{1.22}$$

1 行目で 2 を乗算し、それに 2 行目を加算して $y$ 項を消去してから、3 で除算すると $x = 4$ と $y = 5$ を得られ、この式は解けます。これは $xy$ 平面の 2 直線の交差を求めるという、幾何学的な解釈もできます。式を次のように行列とベクトルの形に変換することもできます。

$$\begin{bmatrix} 2 & -1 \\ -1 & 2 \end{bmatrix} \begin{bmatrix} x \\ y \end{bmatrix} = \begin{bmatrix} 3 \\ 6 \end{bmatrix} \tag{1.23}$$

そうすると、次のように式の両側に逆行列を乗算して解を計算できます。

$$\begin{bmatrix} x \\ y \end{bmatrix} = \begin{bmatrix} 2 & -1 \\ -1 & 2 \end{bmatrix}^{-1} \begin{bmatrix} 3 \\ 6 \end{bmatrix} = \frac{1}{3} \begin{bmatrix} 2 & 1 \\ 1 & 2 \end{bmatrix} \begin{bmatrix} 3 \\ 6 \end{bmatrix} = \begin{bmatrix} 4 \\ 5 \end{bmatrix} \tag{1.24}$$

この手続きを $N$ 次元系に一般化すると線形方程式は

$$\mathbf{Ax} = \mathbf{b} \tag{1.25}$$

と表現でき、ここで $\mathbf{A}$ は係数行列、$\mathbf{x}$ は未知の解、$\mathbf{b}$ は線形方程式の定数項のベクトルです。

#### 1.3.4.1 直接法

逆行列を使って解を計算する上の例が、線形システムの 1 つの解き方です。ここで鍵となるのが逆行列の計算方法で、ガウス・ジョルダンの消去法を使えることが前のセクションから分かります。そのような近似なしで解を直接計算する手法は[*4]「直接法」と呼ばれます。小さな系では、直接法が役立つことがあります。しかし多くの数値問題の大きな系では、時間計算量のため直接法はたいてい非実用的です。例えば $N$ を線形システムの次元とすると、ガウス・ジョルダンの消去法は $O(N^3)$ かかります。

#### 1.3.4.2 間接法

解を直接計算せずに解を得る代替手段が、初期推測を行い、複数回反復して答えを近似することです。事前に定義した閾値をもとに、近似解が十分によいことが示されれば反復を終了し、その時点での値を解として採用します。そのようなアプローチは「間接」法と呼ばれます。

#### ヤコビ法

---

[*4] まだコンピュータの浮動小数の扱い方に起因する丸め誤差があり得ることに注意 [25,117]。

係数行列 $\mathbf{A}$ が対角行列の場合を考えます。それはゼロでないのが対角要素 $a_{ii}$ だけで、他の対角外の要素がすべてゼロであることを意味します。そのような場合、$\mathbf{A}$ の逆行列を得るのは非常に容易で、$\mathbf{A}^{-1}$ の $i$ 番目の対角要素は単に $1/a_{ii}$ です。$\mathbf{A}$ が対角行列でなくても、その対角成分が支配的なら、$\mathbf{D}$ を行列 $\mathbf{A}$ の対角部分として、$\mathbf{A}^{-1}$ が $\mathbf{D}^{-1}$ に近いことが期待できます。それを念頭に式 1.25 を

$$(\mathbf{D} + \mathbf{R})\mathbf{x} = \mathbf{b} \tag{1.26}$$

と書き換えてみます（$\mathbf{R} = \mathbf{A} - \mathbf{D}$）。この式はさらに

$$\mathbf{D}\mathbf{x} = \mathbf{b} - \mathbf{R}\mathbf{x} \tag{1.27}$$

とできて、最終的に

$$\mathbf{x} = \mathbf{D}^{-1}(\mathbf{b} - \mathbf{R}\mathbf{x}) \tag{1.28}$$

と展開できます。

上の $\mathbf{x}$ が正しい解なら、この式は成り立ちます。しかし左辺の $\mathbf{x}$ と右辺が異なる場合、新たな $\mathbf{x}$ を右に置くと、左辺に異なる $\mathbf{x}$ が生じます。$k$ を反復の数として

$$\mathbf{x}^{k+1} = \mathbf{D}^{-1}(\mathbf{b} - \mathbf{R}\mathbf{x}^k) \tag{1.29}$$

のように、同じ式を要素ごとに書けば

$$x_i^{k+1} = \frac{1}{a_{ii}} \left( b_i - \sum_{j \neq i} a_{ij} x_j^k \right) \tag{1.30}$$

として、その結果の $\mathbf{x}$ を左辺から右辺に再び渡し、$\mathbf{x}$ が同じ値に達するまで反復を続けることができます。この手順がヤコビ反復と呼ばれ、手法はヤコビ法と呼ばれます。上の最後の式から、係数行列が純粋な対角行列なら $\mathbf{R}$ はゼロのはずです。したがって正しい解はただ 1 つの反復で得られます。対角行列 $\mathbf{D}$ が支配的でないほど、多くの非ゼロ値が $\mathbf{R}\mathbf{x}$ から流れ込み、収束に多くの反復が必要になります。一般には、ヤコビ法の時間計算量は $O(N^2)$ です[100]。

## ガウス・ザイデル法

ヤコビ法の収束を加速するため、式の右辺に対角より多くの情報を渡してみます。ヤコビ法と同様、式 1.25 は次のように書き直せます：

$$(\mathbf{L} + \mathbf{U})\mathbf{x} = \mathbf{b} \tag{1.31}$$

ここで $\mathbf{L}$ は対角を含む行列の下三角部分で、$\mathbf{U}$ は厳密な上三角部分です。例えば

$$\begin{bmatrix} 1 & 2 & 3 \\ 4 & 5 & 6 \\ 7 & 8 & 9 \end{bmatrix} = \begin{bmatrix} 1 & 0 & 0 \\ 4 & 5 & 0 \\ 7 & 8 & 9 \end{bmatrix} + \begin{bmatrix} 0 & 2 & 3 \\ 0 & 0 & 6 \\ 0 & 0 & 0 \end{bmatrix} \tag{1.32}$$

です。

ここでは右辺の最初の行列が $\mathbf{L}$ で、最後のものが $\mathbf{U}$ です。そうすると反復式は：

$$\mathbf{L}\mathbf{x} = \mathbf{b} - \mathbf{U}\mathbf{x} \tag{1.33}$$

と書けます。

対角行列と違い、三角行列$\mathbf{L}$の反転は簡単な仕事ではなく、直接法が必要です。しかし式を注意深く調べると、$\mathbf{x}$の最初の要素$x_1$が次で簡単に計算できることが分かります。

$$x_1^{k+1} = \frac{1}{a_{11}}\left(b_1 - \sum_{j>1} a_{1j}x_j^k\right) \tag{1.34}$$

$x_1^{k+1}$が得られるので、この解を次の式の2行目に代入できます:

$$x_2^{k+1} = \frac{1}{a_{22}}\left(b_2 - a_{21}x_1^{k+1} - \sum_{j>1} a_{1j}x_j^k\right) \tag{1.35}$$

この手順を一般化して反復式は:

$$x_i^{k+1} = \frac{1}{a_{ii}}\left(b_i - \sum_{j<i} a_{ij}x_j^{k+1} - \sum_{j>i} a_{ij}x_j^k\right) \tag{1.36}$$

と書けます。

したがって行列$\mathbf{L}$を反転さずに反復を実行できます。これはガウス・ザイデル法と呼ばれます。ガウス・ザイデル法とヤコビ法の違いが、上の式の項$\sum_{j>i} a_{ij}x_j^{k+1}$だけであるのことに注意してください。この項は反復を最新にする前の行からの解の寄与なので、ヤコビ反復より速く収束します。しかし手法の時間計算量は、やはりヤコビ法と同じ$O(N^2)$です。

### 勾配降下法

線形システムを解く別のアプローチは、最小化問題を解くことです。式1.25から

$$F(\mathbf{x}) = |\mathbf{Ax} - \mathbf{b}|^2 \tag{1.37}$$

となり、入力$\mathbf{x}$が解なら、この関数はゼロを返します。そうでなければ$F(\mathbf{x}) = 0$となる$\mathbf{x}$を反復して求められます。例えば、$F(\mathbf{x})$が図1.16のようにプロットできる2D系を考えます。$\mathbf{x}_1$を出発する点は各ステップで、等高線の垂直である最も急な方向(勾配)に従います[*5]。十分な反復の後、関数$F$を最小にする解に収束します。このプロセスは勾配降下法と呼ばれます。しかし収束が遅いので、流体シミュレーションで線形システムを解くときに、勾配降下法はめったに使われません。例えば図1.16の楕円の半軸の1つが他よりずっと長いと、最終解に達するのに数多くの反復が必要です。しかし、この手法は最もよく使われる手法の1つ、共役勾配法の基礎を与えます。

### 共役勾配法

実際には、共役勾配法(CG:Conjugate Gradient)と呼ばれる拡張手法がよく使われます。各反復で最も急な方向をとる代わりに、この手法は「共役」方向に従います。2つのベクトル$\mathbf{a}$と$\mathbf{b}$が

$$\mathbf{a} \cdot (\mathbf{Ab}) = 0 \tag{1.38}$$

---

[*5] 勾配の定義に関する詳細はセクション 1.3.5.2 を参照。

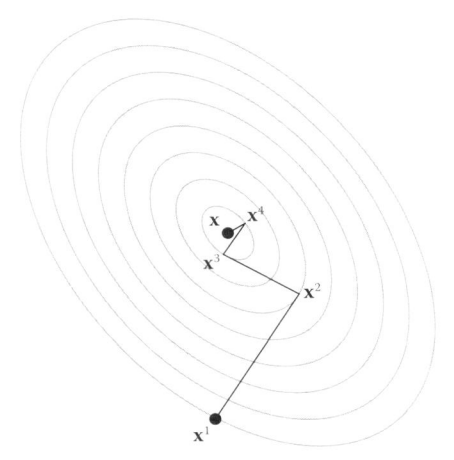

図 1.16：勾配降下プロセスの図解。灰色の線は関数 $F$ の等高線を表す。

を満たすとき、2つのベクトルは共役と言います。共役を決定するときに係数行列 $\mathbf{A}$ が関与することに注意してください。そのため方向ベクトルを求めるときに系の特徴が反映されます。$N$ 次元系でそれらの共役ベクトルの最大数は $N$ です。したがって CG 法は最大 $N$ のイテレーションで完全に解に収束します。図 1.17 が CG の手順を示しています。最も急な勾配と違い、同じ解が 2つの反復だけで求められます。CG 法のより深い洞察と実装の詳細は、Shewchuk のノート [107] を参照してください。我々のコードベースの実装は jet/include/cg.h と jet/include/detail/cg-inl.h にあります。

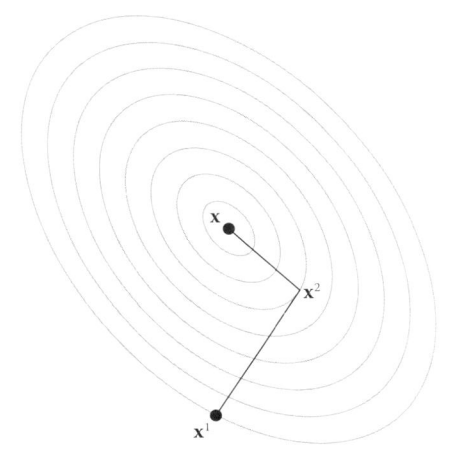

図 1.17：共役勾配プロセスの図解。灰色の線は関数 $F$ の等高線を表す。

計算をさらに加速する「前処理付き」共役勾配と呼ばれる手法があります。そのアルゴリズムの詳細も Shewchuk [107] で詳しく説明されていますが、その考え方は系に

$$\mathbf{M}^{-1}\mathbf{A}\mathbf{x} = \mathbf{M}^{-1}\mathbf{b} \tag{1.39}$$

のような前処理フィルタを適用することで、$\mathbf{M}$ は逆行列の計算が簡単でありながら $\mathbf{A}$ と似ている前処理行列です。そのような $\mathbf{M}$ によって項 $\mathbf{M}^{-1}\mathbf{A}$ は単位行列に近くなり、通常の CG 法より収束が速まり

ます。その実装は付録A.1やjet/include/detail/cg-inl.hを参照してください。

### 1.3.5 場

これまでは1つか2つのベクトルを扱ってきました。このセクションでは、スカラーやベクトルの値が空間のすべての点で定義される、空間全体に焦点を拡げます。そのような点から値へのマッピングを場（フィールド）と呼びます。点から温度や圧力などのスカラー値にマップするのはスカラー場です。点をベクトルにマップするとベクトル場になります。天気予報でよく見られるヒートマップはスカラー場、風や海流はベクトル場です。本書では、場を流体の物理的な量の記述に使います。しかし、色のように物理的な意味を持たない、任意の一般の量にも使えます。

その考え方をより意味のあるものにするため、コードを書いてみましょう。次がスカラー場とベクトル場の最小限のインターフェイスです：

```
 1 class Field3 {
 2  public:
 3     Field3();
 4
 5     virtual ~Field3();
 6 };
 7
 8 class ScalarField3 : public Field3 {
 9  public:
10     ScalarField3();
11
12     virtual ~ScalarField3();
13
14     virtual double sample(const Vector3D& x) const = 0;
15 };
16
17 class VectorField3 : public Field3 {
18  public:
19     VectorField3();
20
21     virtual ~VectorField3();
22
23     virtual Vector3D sample(const Vector3D& x) const = 0;
24 };
```

3D場を表す基底クラス Field3 があるのが分かります。それは何のデータも格納せず何も実行しない、ただの階層のルートです。それは特定のスカラー場とベクトル場のインターフェイスを定義する ScalarField3 と VectorField3 に継承されます。現在のところ、両方の抽象基底クラスに1つの仮想関数 sample があり、この関数は3Dの点をスカラーやベクトル値にマップする場を表します。

そうしたらこれらの基底クラスを拡張して実際の場を実装できます。例えばスカラー関数：

$$f(\mathbf{x}) = f(x, y, z) = \sin x \sin y \sin z \tag{1.40}$$

を定義し、ここでベクトル$\mathbf{x}$は$(x, y, z)$、$f(\mathbf{x})$は$\mathbf{x}$をスカラー値にマップするスカラー関数です。この関数がどのように見えるかを図1.18が示しています。この場は前に定義した純粋仮想関数をオーバーライドして実装できます：

図1.18：**スカラー場の例** $f(x, y, z) = \sin x \sin y \sin z$ at $z = \pi/2$ **の断面。**

```
1 class MyCustomScalarField3 final : public ScalarField3 {
2  public:
3     double sample(const Vector3D& x) const override {
4         return std::sin(x.x) * std::sin(x.y) * std::sin(x.z);
5     }
6 };
```

単純なベクトル場も同様に定義できます。

$$\mathbf{F}(\mathbf{x}) = \mathbf{F}(x, y, z) = (F_x, F_y, F_z) = (\sin x \sin y, \sin y \sin z, \sin z \sin x). \tag{1.41}$$

式eq39で、ベクトル場$\mathbf{F}$はベクトルを別のベクトルにマップするので、太字で書かれています。それは各要素がそれぞれ$\mathbf{F}(\mathbf{x})_x$、$\mathbf{F}(\mathbf{x})_y$、$\mathbf{F}(\mathbf{x})_z$に対応する拡張ベクトル形式$(F_x, F_y, F_z)$でも書かれています。この場がどのように見えるかを図1.19が示し、等価のコードは次で書けます：

```
1 class MyCustomVectorField3 final : public VectorField3 {
2  public:
3     Vector3D sample(const Vector3D& x) const override {
4         return Vector3D(std::sin(x.x) * std::sin(x,y),
5                         std::sin(x.y) * std::sin(x,z),
6                         std::sin(x.z) * std::sin(x,x));
7     }
8 };
```

ここまでは単純明快でした。与えられた点をスカラーやベクトル値にマップするスカラー場とベクトル場を定義しました。これからは、場で行える操作や測定を見ることにします。その操作は、与えられた場

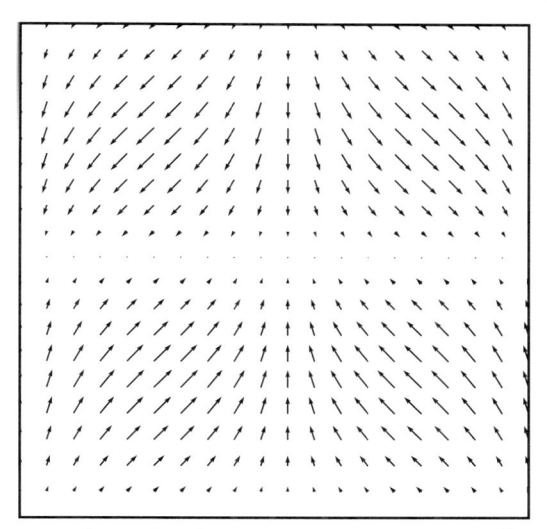

図 1.19：**ベクトル場の例** $\mathbf{F}(x, y, z) = (\sin x \sin y, \sin y \sin z, \sin z \sin x)$、$z = \pi/2$ **の断面。**

の様々な特徴を、別の測定量の場に変換します。最もよく使われる操作が勾配、ラプラシアン、発散、渦度です。前の2つの操作はもっぱらスカラー場に適用され、後の2つはベクトル場にだけ適用されます。これらの演算子の意味と実装方法を見ることにします。

### 1.3.5.1 偏微分

まず最初に、このセクションで取り上げるすべての演算子の定義と理解のための最も重要な構成要素である偏微分についての話をします。これに詳しい読者もいれば詳しくない読者もいるでしょう。そこで基本的な考え方を簡潔かつ砕けた言い方で説明しますが、もっと学びたい人は、ベクトル解析の教科書[82,101]の詳しい説明を参照してください。

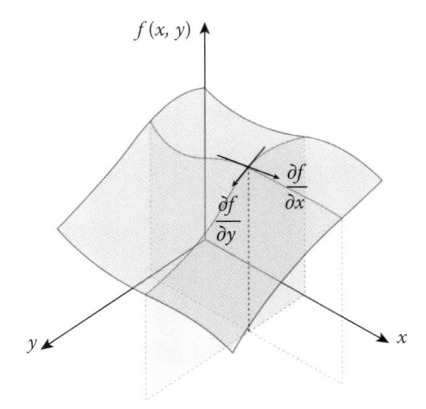

図 1.20：$x$ **軸と** $y$ **軸での偏微分が** 2D **場** $f(x, y)$ **に示されている。それぞれの微分は断面の傾き。**

偏微分は、与えられた場の接線を、与えられた位置で測定する方法にすぎません。しかし「偏」微分と呼ぶのは、与えられた多次元場の特定の方向で微分をとるからです。スカラー場 $f(\mathbf{x})$ があるとします。$x$軸

での傾きの$\mathbf{x} = (x, y, z)$での評価は、次の式で開始できます：

$$\frac{f(x + \Delta, y, z) - f(x, y, z)}{\Delta} \tag{1.42}$$

ここで$\Delta$は$x$方向の十分に小さな値です。式は少し左と右の点の場の値を使い、その差を間隔で除算するだけです。$\Delta$が非常に小さくなれば、近似接線は真の接線に収束し、それを点$\mathbf{x}$での$x$方向の偏微分と言います。この偏微分は

$$\frac{\partial f}{\partial x}(\mathbf{x}) \tag{1.43}$$

で示されます。

したがって、その処理は図1.20に示すように、$x$軸に並列な与えられたスカラー場をスライスし、その断面の接線を測定するのと同じです。同様に$y$と$z$方向の微分も

$$\frac{\partial f}{\partial y}(\mathbf{x}) \tag{1.44}$$

と

$$\frac{\partial f}{\partial z}(\mathbf{x}) \tag{1.45}$$

と書けます。

スカラー場$f(x, y, z) = xy + yz$があるとします。ある軸の偏微分をとるときには、単純に他の変数を常微分の定数と考えます。したがって、この場合の$\frac{\partial f}{\partial x}(\mathbf{x})$は、$(xy)' = y$かつ$(yz)' = 0$なので

$$\frac{\partial f}{\partial x}(\mathbf{x}) = y \tag{1.46}$$

になります。$y$と$z$では

$$\frac{\partial f}{\partial y}(\mathbf{x}) = x + z \tag{1.47}$$

と

$$\frac{\partial f}{\partial z}(\mathbf{x}) = y \tag{1.48}$$

を同じやり方を適用して得られます。

また、$f(x, y, z) = \sin x \sin y \sin z$である `MyCustomScalarField` の場の偏微分も

$$\frac{\partial f}{\partial x}(\mathbf{x}) = \cos x \sin y \sin z$$
$$\frac{\partial f}{\partial y}(\mathbf{x}) = \sin x \cos y \sin z \tag{1.49}$$

と

$$\frac{\partial f}{\partial z}(\mathbf{x}) = \sin x \sin y \cos z \tag{1.50}$$

と書けます。

これらの偏微分を重要な土台として、他の演算子をどう定義できるかを、まず勾配 (Gradient) から見ることにします。

### 1.3.5.2 勾配

図1.21に示すように、勾配演算子はスカラー場における変化の割合と方向を測定します。図の矢印が、等高線に垂直な「より高い」領域を指していることに注意してください。それらはサンプル位置で最も急な傾き方向です。

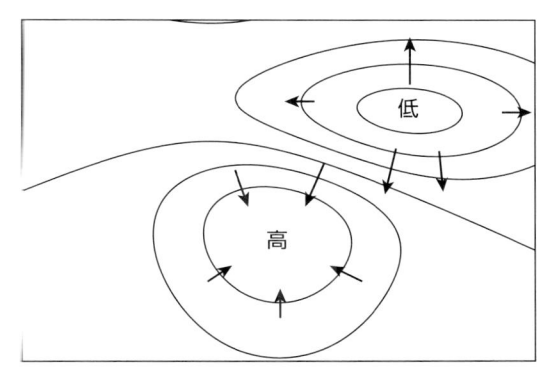

図1.21：等高線は高さを示し、勾配ベクトルは矢印で示される。高さ場は Matplotlib の例からのもの [54]。

勾配演算子は $\nabla$ （ナブラ）で示され、次で定義できます：

$$\nabla f(\mathbf{x}) = \left( \frac{\partial f}{\partial x}(\mathbf{x}), \frac{\partial f}{\partial y}(\mathbf{x}), \frac{\partial f}{\partial z}(\mathbf{x}) \right) \tag{1.51}$$

ここで $\partial/\partial x$、$\partial/\partial y$、$\partial/\partial z$ は以前に式1.43で見た偏微分です。したがって定義により、勾配演算子はすべての方向の偏微分を束ねたものにすぎません。

前のスカラー場の例に勾配の式 (1.51) を適用すると

$$\nabla f(\mathbf{x}) = (\cos x \sin y \sin z, \sin x \cos y \sin z, \sin x \sin y \cos z) \tag{1.52}$$

になります。

この機能を既存のクラスに追加するため、まず ScalarField3 を次のように更新します：

```
1 class ScalarField3 : public Field3 {
2  public:
3     ...
4     virtual Vectcr3D gradient(const Vector3D& x) const = 0;
5 };
```

クラス MyCustomScalarField3 も次のように更新できます：

```
1 class MyCustomScalarField3 : public ScalarField3 {
2  public:
```

```
3       ...
4       Vector3D gradient(const Vector3D& x) const {
5           return Vector3D(std::cos(x.x) * std::sin(x.y) * std::sin(x.z),
6                           std::sin(x.x) * std::cos(x.y) * std::sin(x.z),
7                           std::sin(x.x) * std::sin(x.y) * std::cos(x.z));
8       }
9   };
```

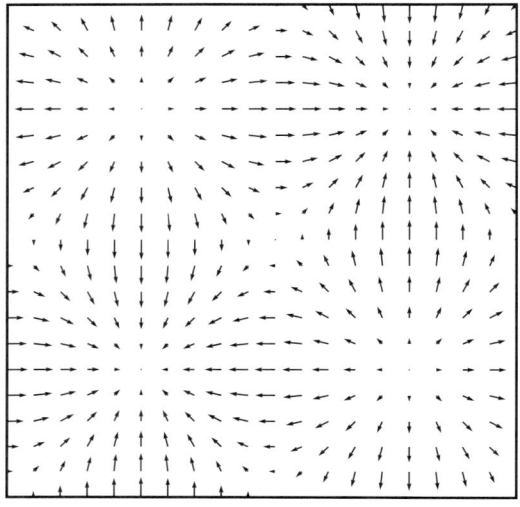

図 1.22: 勾配場の例の $z = \pi/2$ における断面。

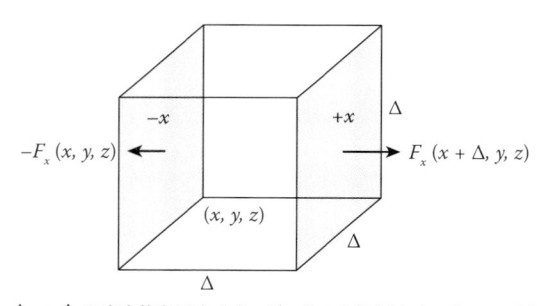

図 1.23: サイズ $\Delta \times \Delta \times \Delta$ の立方体を示すイメージ。2 つの矢印は $+x$ と $-x$ の面のベクトル場を表す。

そのコードの結果が図1.22です。矢印が勾配の定義から期待される図1.18の明るい領域を指していることが分かります。

勾配演算子はしばしばエネルギー場と一緒に使われます。例えば、凸凹の地面に置かれたボールは、高いレベルから低いレベルに転がります。そのボールに作用する力は、重力からの位置エネルギーを最小にすること、つまり近くで可能な最も低いレベルを見つけることを試みます。したがって、その力は地面の高さの勾配に比例します。別の例が天気予報でよく見られる圧力です。風は高気圧から低気圧の領域に流れることが知られています。これも圧力場の勾配に関係があります。流体力学を論じるセクション**1.7.2**で、このトピックを再訪します。

### 1.3.5.3 発散

ベクトル場に焦点を移しましょう。ベクトル場から計算される重要な値の1つが発散(Divergence)です。ベクトル場の与えられた点て、発散演算子はスカラー値を持つ流れの出入りを測定します。非常に小さな立方体を考え、立方体の各面で与えられたベクトル場のベクトルを測定すると仮定します。ベクトルの大きさの合計がゼロより大きければ、立方体内で何らかの流れが生じることを意味するので、それはソースです。合計がゼロより小さい場合は、何かが流れを吸い込んでいるので、それはシンクです。そして合計の大きさがやり取りの量です。図1.23がこの考え方を視覚的に説明しています。

発散を測定するため、図1.23の立方体から始めます。立方体の1辺の長さは$\Delta$なので、面の面積は$\Delta^2$になります。$+x$面を出入りする流れの総量は、$\mathbf{F} = (F_x, F_y, F_z)$を入力ベクトル場として

$$\Delta^2 F_x(x + \Delta, y, z) \tag{1.53}$$

です。したがって$F_x(x + \Delta, y, z)$は$+x$面での$x$方向のベクトル場です。$-x$面でも同様に行え、それは

$$-\Delta^2 F_x(x, y, z) \tag{1.54}$$

になります。

この場合には$+$が内向き方向になり、負の符号を付けることに注意してください。それらをすべての立方体の面で合計すると

$$\begin{aligned}
合計 = \Delta^2 ( & F_x(x + \Delta, y, z) - F_x(x, y, z) \\
+ & F_y(x, y + \Delta, z) - F_y(x, y, z) \\
+ & F_z(x, y, z + \Delta) - F_z(x, y, z))
\end{aligned} \tag{1.55}$$

が得られます。

上の式は立方体の発散を測定します。実際には立方体のボリューム全体での発散の合計です。したがってそれを立方体の体積$\Delta^3$で割ると

$$\begin{aligned}
\frac{合計}{体積} = & \frac{F_x(x + \Delta, y, z) - F_x(x, y, z)}{\Delta} \\
+ & \frac{F_y(x, y + \Delta, z) - F_y(x, y, z)}{\Delta} \\
+ & \frac{F_z(x, y, z + \Delta) - F_z(x, y, z)}{\Delta}
\end{aligned} \tag{1.56}$$

が得られます。

パターンに気が付きましたか?そう、これは$x$、$y$、$z$での近似偏微分(式1.42)の和とまるで同じです。したがって、$\Delta$が本当に小さくなれば、発散演算子が得られます:

$$\nabla \cdot \mathbf{F}(\mathbf{x}) = \frac{\partial F_x}{\partial x} + \frac{\partial F_y}{\partial y} + \frac{\partial F_z}{\partial z} \tag{1.57}$$

ここでは発散演算子は $\nabla\cdot$ で示されます。この式は与えられた点で演算子とベクトルの内積をとるのと同じです：

$$\nabla \cdot \mathbf{F}(\mathbf{x}) = \left( \frac{\partial}{\partial x}, \frac{\partial}{\partial y}, \frac{\partial}{\partial z} \right) \cdot \mathbf{F}(\mathbf{x}) \tag{1.58}$$

この発散演算子をサンプルのベクトル場 $F(x, y, z) = (\sin x \sin y, \sin y \sin z, \sin z \sin x)$ に適用すると、$\cos x \sin y + \cos y \sin z + \cos z \sin x$ になります。

この機能を VectorField3 に追加するため、もう1つ仮想関数をクラスに追加します：

```
1 class VectorField : public Field3 {
2  public:
3      ...
4      virtual double divergence(const Vector3D& x) const = 0;
5 };
```

そうするとサンプルのクラス MyCustomVectorField3 への関数の実装は、次のように書けます：

```
1 class MyCustomVectorField3 : public VectorField3 {
2  public:
3      ...
4      double divergence(const Vector3D& x) const {
5          return std::cos(x.x) * std::sin(x.y)
6               + std::cos(x.y) * std::sin(x.z)
7               + std::cos(x.z) * std::sin(x.x);
8      }
9 };
```

図 1.24： 発散場の例の $z = \pi/2$ における断面。

図1.24がコードの結果を示しています。元のベクトル場 $(\sin x \sin y, \sin y \sin z, \sin z \sin x)$ の内向きの点がシンクであることを、発散は伝えます。ベクトルが外向きの点も同様です。

### 1.3.5.4 渦度

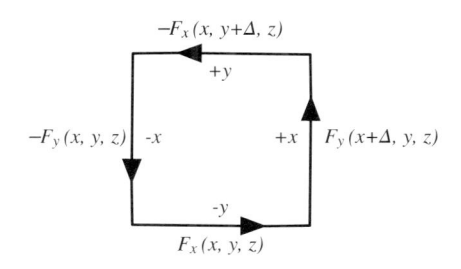

図 1.25：サイズ $\triangle \times \triangle$ の正方形と辺の速度場の図解。

発散がシンクとソースを測定するなら、渦度は与えられた点でベクトル場の回転流れを評価します。図 1.25 に示すような、$xy$ 平面の小さな正方形を考えます。その正方形の周りの回転を測定するため、まず $+y$ 面と $-y$ 面の間の $x$ 方向ベクトルの差を評価します。次に $+x$ 面と $-x$ 面の間の $y$ 方向ベクトルで、同じ差をとります。最後に、それらの差を反時計周り方向に沿って合計します。これは次の近似式で書けます：

$$\left( \frac{F_y(x + \Delta, y. z) - F_y(x, y, z)}{\Delta} - \frac{F_x(x, y + \Delta, z) - F_x(x, y, z)}{\Delta} \right) \mathbf{k} \qquad (1.59)$$

ここでも $\triangle$ は近似偏微分（式 **1.42**）で見た正方形の幅です。これを非近似バージョンに拡張すると[*6]、次になります：

$$回転_z = \left( \frac{\partial F_y}{\partial x} - \frac{\partial F_x}{\partial y} \right) \mathbf{k} \qquad (1.60)$$

この式は $z$ 軸での回転を測定します。この評価をさらに $x$ 軸と $y$ 軸に拡張すれば、渦度演算子を定義できます。

$$\nabla \times \mathbf{F}(\mathbf{x}) = \left( \frac{\partial F_z}{\partial y} - \frac{\partial F_y}{\partial z} \right) \mathbf{i} + \left( \frac{\partial F_x}{\partial z} - \frac{\partial F_z}{\partial x} \right) \mathbf{j} + \left( \frac{\partial F_y}{\partial x} - \frac{\partial F_x}{\partial y} \right) \mathbf{k} \qquad (1.61)$$

発散演算子と同様に、$\nabla \times$ 演算子は偏微分と場の外積と解釈できます。

$$\nabla \times \mathbf{F}(\mathbf{x}) = \left( \frac{\partial}{\partial x}, \frac{\partial}{\partial y}, \frac{\partial}{\partial z} \right) \times \mathbf{F}(\mathbf{x}) \qquad (1.62)$$

渦度演算子の結果はベクトルです。ベクトルの方向と大きさは、それぞれ回転軸と回転量に対応します。したがって、長い $+x$ 方向ベクトルが出力として求められたら、与えられた位置の周りのベクトル場が、$+x$ 軸の周りに多くの回転を持つことを意味します。例えば、次の単純なベクトル場を考えます。

$$\mathbf{F}(x, y, z) = (-y, x, 0) \qquad (1.63)$$

---

[*6] これは渦度演算子を説明する正式なやり方ではなく、渦度の概念を分かりやすく説明する試み。渦度と他の演算子の、より洗練された正式な説明は Matthews [82] を参照。

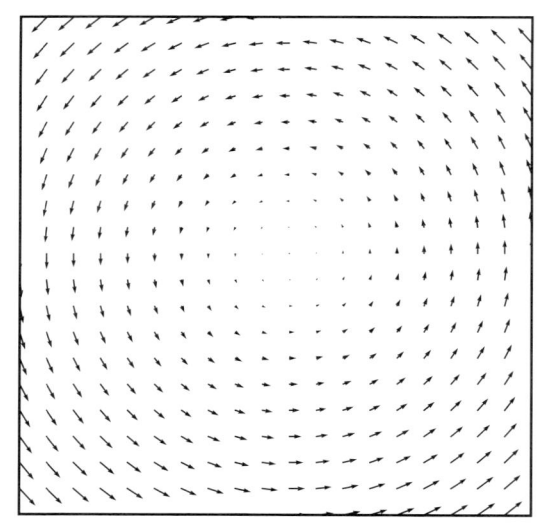

図 1.26：$z$ 軸の周りに回転する単純なベクトル場。

図 1.26 に示すように、この場は $z$ 軸の周りを反時計周りに回転します。この場の渦度は

$$\mathbf{F}(x, y, z) = (0, 0, 2) \tag{1.64}$$

で、$z$ 軸に平行です。渦度演算子を単純なベクトル場関数 $\mathbf{F}(x, y, z) = (\sin x \sin y, \sin y \sin z, \sin z \sin x)$ に適用すると、$(-\sin y \cos z, -\sin z \cos x, -\sin x \cos y)$ になります。これを実装するため、また新たな仮想関数を VectorField3 に追加し、それをサブクラスで実装します。例えば、サンプルのベクトル場クラス MyCustomVectorField3 は次のように実装できます：

```
1 class MyCustomVectorField3 : public VectorField3 {
2 public:
3     ...
4     Vector3D curl(const Vector3D& x) const {
5         return Vector3D(-std::sin(x.y) * std::cos(x.z),
6                         -std::sin(x.z) * std::cos(x.x),
7                         -std::sin(x.x) * std::cos(x.y));
8     }
9 };
```

このコードの結果は図 1.27 に示されています。

### 1.3.5.5 ラプラシアン

最後に出会うのがラプラシアンです。ラプラシアンは、与えられた位置でのスカラー場の値が、近くの平均の場の値とどれだけ異なるかを測定します。言い換えると、この演算子はスカラー場の「凹凸」を評価します。図 1.28 のスカラー場の例を見てください。それは地形のような 2D の高さ場を示しています。そしてラプラシアンの結果は、山頂と谷底が白黒のラプラシンの値でハイライトされることを示しています。曲率を持たない平面や斜面のラプラシンの値はゼロです（イメージの灰色の領域）。

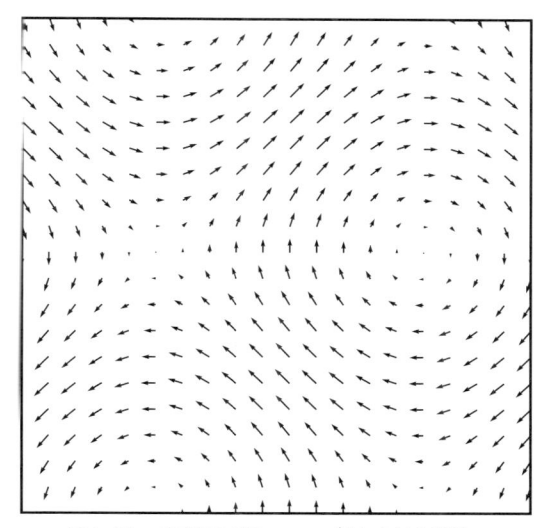

図 1.27：渦度場の例の $z = \pi/4$ における断面。

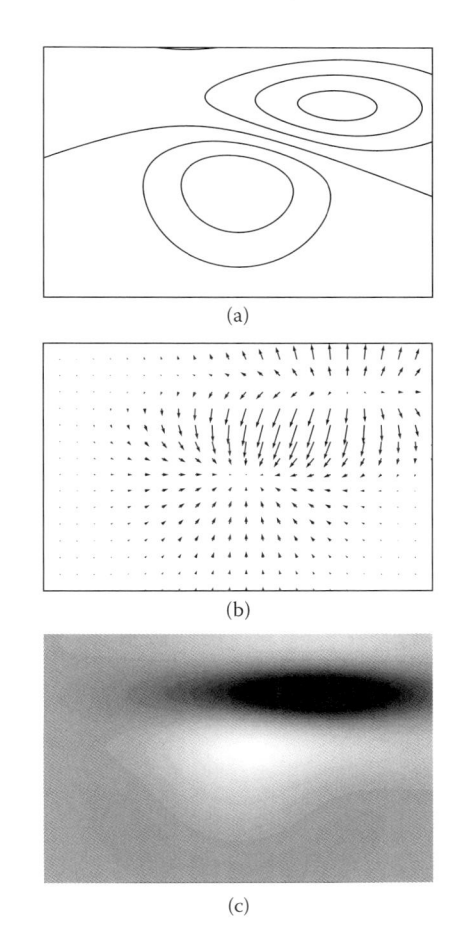

(a)

(b)

(c)

図 1.28：（a）元のスカラー場、（b）勾配場、（c）ラプラス場を示すイメージ。

より深く理解するため、勾配から始めましょう。再び前の例をとると、図1.28bは勾配場を示し、平坦でない特徴が存在する領域で、ベクトルは収束するか、拡大するかのどちらかであることが分かります。ベクトル場の収束や拡大の大きさを計算する演算子が、発散であることは既に分かっています。したがって、最初に元のスカラー場に勾配を適用して中間的なベクトル場を計算してから、発散を適用して入力場の凸凹さを記述する最終的なスカラー場を得ることができます。これがラプラシアンの定義で、次のように書けます。

$$\nabla^2 f(\mathbf{x}) = \nabla \cdot \nabla f(\mathbf{x}) = \frac{\partial^2 f(\mathbf{x})}{\partial x^2} + \frac{\partial^2 f(\mathbf{x})}{\partial y^2} + \frac{\partial^2 f(\mathbf{x})}{\partial z^2} \tag{1.65}$$

他の演算子と同様、ラプラシアンを測定するためのインターフェイスを含むように `ScalarField3` クラスを拡張できます：

```
1 class ScalarField3 : public Field3 {
2  public:
3     ...
4     virtual double laplacian(const Vector3D& x) const = 0;
5 };
```

そしてサンプルのクラスは次のように実装できます：

```
1 class MyCustomScalarField3 : public Field3 {
2  public:
3     ...
4     double laplacian(const Vector3D& x) const {
5        return -std::sin(x.x) * std::sin(x.y) * std::sin(x.z)
6               -std::sin(x.x) * std::sin(x.y) * std::sin(x.z)
7               -std::sin(x.x) * std::sin(x.y) * std::sin(x.z);
8     }
9 };
```

ラプラシアンはピークとエッジを測定し、出力はエッジの場所と、その急峻さを示すので、この演算子のよく使われる応用は与えられたスカラー場のエッジ検出です。さらに、その出力を元のスカラー場に加算・減算すれば、入力をぼかしたりシャープにできます。上の地形の例に戻ると、山頂は負のラプラシンの値を持ちます。そのラプラス場を元の地形場に加えると、山頂の最も鋭い点が下がるので、その特徴点は鈍くぼけたものになります。ラプラス場を引くと正反対が起きてシャープになります。図1.29がその例の結果を示しています。

### 1.3.6 補間

補間は既知のデータ値から道の値を評価する近似処理です。本書の目標はコンピュータによる物理のモデル化なので、連続な無限の実世界を有限のデータ点で表します。したがって、そのような離散サンプルで物理計算を行うため、しばしばデータが利用できない値を評価する必要があります。

図1.30に示すように$A$から$B$を通る車があり、その位置を2つのチェックポイントでしか記録しないとします。車がその2つの間のどこにいたかを推測する選択肢の1つは、ただ直線を引いて車がその上

図 1.29：ラプラス場の例の $z = \pi/2$ における断面。

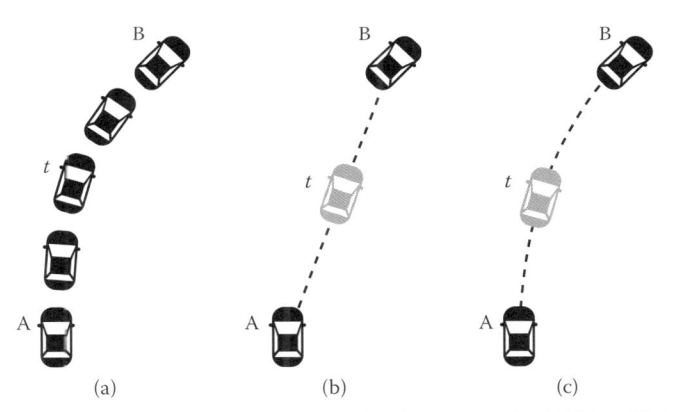

図 1.30：（a）実際の車の足跡、（b）直線近似、（c）曲線近似。灰色の車は 2 つの異なる近似法の時間 $t$ における近似位置を示す。

にいたと仮定することでしょう（図1.30b）。よりよい推測のため、図1.30cに示すように車の位置と向きに基づく曲線を使うことが考えられます。

補間の別の応用がビットマップイメージのスケールです。小さなイメージがあり、サイズを倍にしたいとします。車の例と同様に、低解像度イメージのピクセルを補間することにより、高解像度イメージのピクセル値を近似できます。図1.31に示すように、近くの低解像度ピクセルを調べて異なる重みで平均することにより、新たなピクセルの値を決定します。その重みを決める様々なテクニックがありますが、より近い近隣ピクセルほど加重平均に多く寄与することが、直感的に想像できます。

上の例は離散データの処理で遭遇する非常に一般的なシナリオを示し、他の計算にも適用できる汎用的な補間コードを書くことができます。もちろん、特徴が異なる様々なアルゴリズムがあります。しかし次のセクションでは、他の多くのデータ処理アプリケーションに使える、最も汎用的でよく使われる手法

図1.31：元のイメージ（a）からサイズ変更するとき、イメージ（b）の新しいピクセルは、その位置 $x$ の近くの A の古いピクセル値を補間する。

を取り上げます。

### 1.3.6.1 最近傍法

最も近いデータ点をとってランダムな位置の値を決めるのが、補間を行う最も単純な手法です。次のコードを考えます：

```
1 template<typename S, typename T>
2 inline S nearest(const S& f0, const S& f1, T t) {
3     return (t < 0.5) ? f0 : f1;
4 }
```

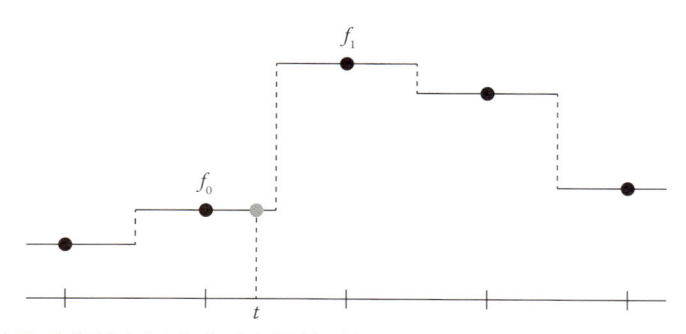

図1.32：水平の実線は与えられたデータ点（黒点）に対して最近傍法アプローチを使った補間結果を示す。

コードは3つのパラメータをとります。最初のパラメータ f0 は0、2番目のパラメータ f1 は1における値です。最後の引数 f は0と1の間の値です。この f が0.5より小さければ、最初のパラメータのほうが近いことを意味し、f0 を返します。そうでなければ f1 のほうが近く、それを返します。図1.32は、サンプルのデータ点で関数がどう見えるかを示しています。結果のグラフがバラバラな水平線分の集合で

あることに注意してください。この手法は補間に最も近いデータ点をとるので、線分は2つのデータサンプルの中点で始まって終わります。この不連続のため、この手法は滑らかな関数の補間には適しませんが、高速な評価に向いています。

### 1.3.6.2 線形補間法

しばしば縮めて「lerp」と呼ばれる線形補間法は単純で効率的でありながら、多くの応用でまあまあの結果を与えるので、おそらく最も人気のある手法です。図1.33に示すように、2つのデータ点を直線で結び、その間の値を近似します。

そのコードは単純明快です。実際のところ、この新しいコードには上の最近傍法近似のような条件文がないので、それよりも単純です。

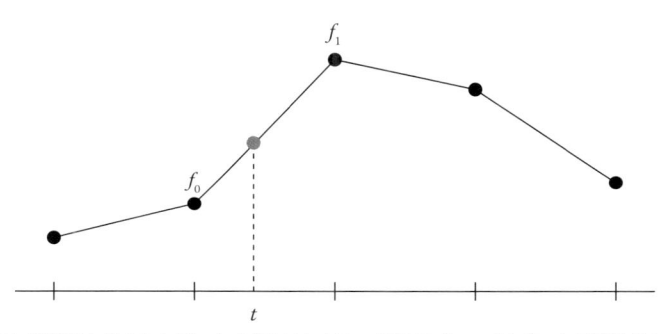

図 1.33：直線は与えられたデータ点(黒点)に対して線形アプローチを使った補間結果を示す。

```
1 template<typename S, typename T>
2 inline S lerp(const S& f0, const S& f1, T t) {
3     return (1 - t) * f0 + t * f1;
4 }
```

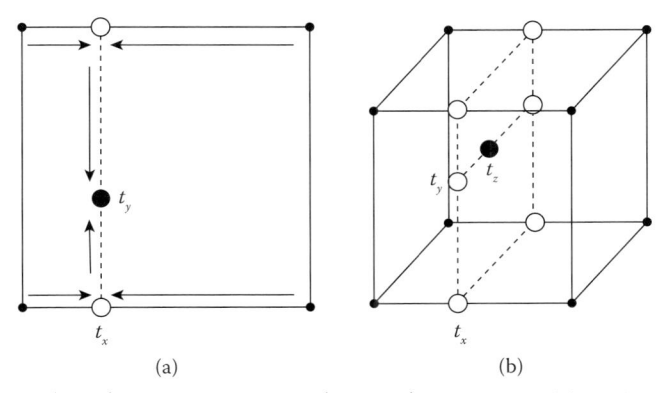

(a)　　　　　　　　(b)

図 1.34：点 $(t_x, t_y)$ でのバイリニア(a)と点 $(t_x, t_y, t_z)$ でのトリリニア(b)を示すイメージ。

ここで多次元の場合を考えてみましょう。長方形やボックスの内部で線形近似を行いたいとします。これは次元ごとに線形補間をカスケードすることで行えます。図1.34に示すように、最初に$x$軸沿いに補間を行ってから、残りの軸で補間を行います。2Dの線形補間はしばしばバイリニア補間と呼ばれ、次の

コードがその実装を示しています。

```
1 template<typename S, typename T>
2 inline S bilerp(
3     const S& f00,
4     const S& f10,
5     const S& f01,
6     const S& f11,
7     T tx, T ty) {
8     return lerp(
9         lerp(f00, f10, tx),
10         lerp(f01, f11, tx),
11         ty);
12 }
```

下に示すように、同じ考え方を3Dに拡張できます(トリリニアと呼ばれる)。

```
1 template<typename S, typename T>
2 inline S trilerp(
3     const S& f000,
4     const S& f100,
5     const S& f010,
6     const S& f110,
7     const S& f001,
8     const S& f101,
9     const S& f011,
10     const S& f111,
11     T tx,
12     T ty,
13     T tz) {
14     return lerp(
15         bilerp(f000, f100, f010, f110, tx, ty),
16         bilerp(f001, f101, f011, f111, tx, ty),
17         tz);
18 }
```

補間を行う順番に関係なく結果は同じであることは、簡単に検証できます。上のコードは最初に$x$軸をとり、$y$と$z$が続きます。しかし順番を逆にしても問題はありません。内側の関数をすべて展開して考えると、コーナーの値それぞれに補間点の反対側の面積(2D)や体積(3D)が乗算されることが分かります。図1.35は、これが2Dで何を意味するかを視覚的に示しています。

### 1.3.6.3 Catmull‒Rom スプライン補間
線形補間を行うのには、2つのデータ点しか必要ありません。しかし、より多くの情報を補間コードに供給できるように、多くのデータがあればどうでしょう? それはよりよい近似を提供するでしょうか?

Catmull‒Romスプライン補間は、中間値を補間するスプライン曲線を生成する古典的な補間法の1つです[27]。均一な間隔の4つのデータ点があるとすると、その点を通る三次多項式関数で開始できま

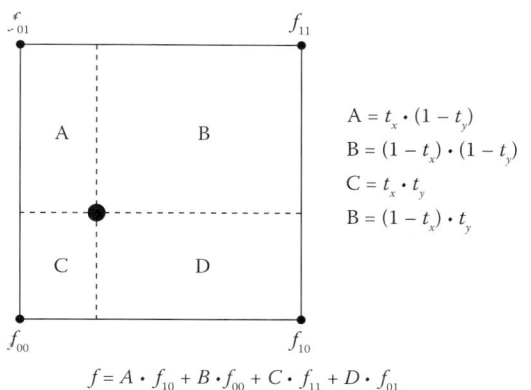

$$f = A \cdot f_{10} + B \cdot f_{00} + C \cdot f_{11} + D \cdot f_{01}$$

図 1.35： 加重平均で説明されるバイリニア補間。

す：

$$f(t) = a_3 t^3 + a_2 t^2 + a_1 t + a_0 \tag{1.66}$$

この関数の入力は0と1の間のパラメトリック変数$t$です。そのとき出力$f(t)$は、その多項式関数で定義されます。現在のところ$a_0$、$a_1$、$a_2$、$a_3$が何であるかは分かりませんが、4つの与えられた点$f_0$、$f_1$、$f_2$、$f_3$が$t = -1$、$0$、$1$、$2$の$v(t)$にそれぞれ対応するとします。したがって$a_0$が$f_1$にであることが分かります。

$v(t)$の微分もとれます：

$$v'(t) = d(t) = 3a_3 t^2 + 2a_2 t + a_1 \tag{1.67}$$

この$d(t)$を$t = 0$と1で近似します。

$$d(0) = d_1 = (f_2 - f_0)/2 \\ d(1) = d_2 = (f_3 - f_1)/2 \tag{1.68}$$

これは$d1$と$d2$が0と1で平均した傾きであることを意味します。これにより$a_1$の解も与えられ、$d1 = (f_2 - f_0)/2$です。これで残る未知の値は$a_2$と$a_3$です。それらの値は$t = 1$に設定して線形方程式を解くことで計算できます：

$$f_2 = a_3 + a_2 + a_1 + a_0 \\ d_2 = 3a_3 + 2a_2 + a_1 \tag{1.69}$$

これらの式を解くと次のコードが導かれます：

```cpp
template <typename S, typename T>
inline S catmullRomSpline(
    const S& f0,
    const S& f1,
    const S& f2,
    const S& f3,
```

```
 7      T f) {
 8      S d1 = (f2 - f0) / 2;
 9      S d2 = (f3 - f1) / 2;
10      S D1 = f2 - f1;
11
12      S a3 = d1 + d2 - 2 * D1;
13      S a2 = 3 * D1 - 2 * d1 - d2;
14      S a1 = d1;
15      S a0 = f1;
16
17      return a3 * cubic(f) + a2 * square(f) + a1 * f + a0;
18 }
```

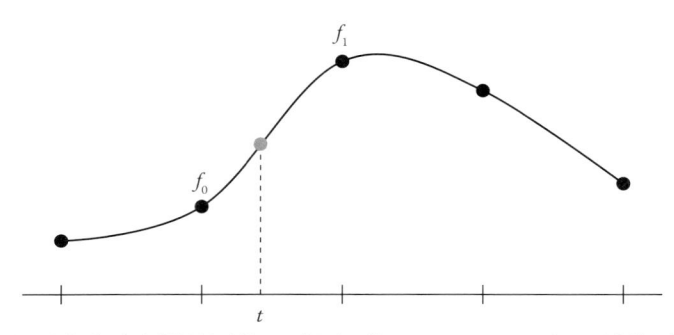

図 1.36：与えられたデータ点（黒点）に対し、スプラインが `Catmull-Rom` アプローチを使った補間結果。

図1.36から観察できるように、このコードは線形補間と比べて連続で滑らかな結果を与えます。もちろん線形法やCatmull–Romスプライン法の外にも、様々な種類の補間法があります。応用とデータセットの制約に応じて、より適切な補間法を選べます。補間に関する詳細は、Boorの本[18]を読むか、Bourkeのウェブサイト[19]を訪ねてください。

## 1.4 ジオメトリ

流体をシミュレートするときに、しばしば流体の初期形状を設定したり、流体と相互作用する固体オブジェクトを定義したいことがあります。このセクションでは、流体エンジンの開発時に頻繁に使われる、共通の幾何学（ジオメトリ）的データ型と操作を実装します。

### 1.4.1 面

本書で最上位のジオメトリ型が面（サーフェス）です。面がサポートする基本操作には、任意の点から面上で最も近い点の問い合わせ、点からの面法線の測定、レイ–面交差テストの実行などがあります。レイは図1.37に示すような1つの端点を持つ直線を表すデータ型です。

基本的な問い合わせをサポートするため、クラス `Surface3` を以下のように定義できます。

```
1 struct SurfaceRayIntersection3 {
2     bool isIntersecting;
```

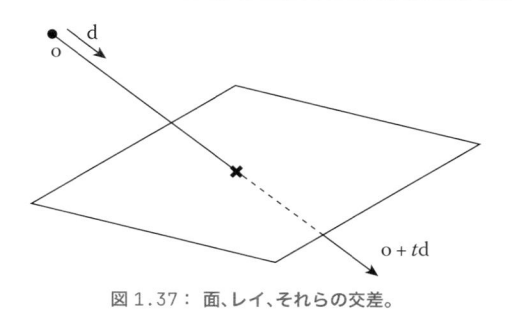

図 1.37：面、レイ、それらの交差。

```
 3      double t;
 4      Vector3D point;
 5      Vector3D normal;
 6 };
 7
 8 class Surface3 {
 9  public:
10      Surface3();
11
12      virtual ~Surface3();
13
14      virtual Vector3D closestPoint(const Vector3D& otherPoint) const = 0;
15
16      virtual Vector3D closestNormal(const Vector3D& otherPoint) const = 0;
17
18      virtual BoundingBox3D boundingBox() const = 0;
19
20      virtual void getClosestIntersection(
21          const Ray3D& ray,
22          SurfaceRayIntersection3* intersection) const = 0;
23
24      virtual bool intersects(const Ray3D& ray) const;
25
26      virtual double closestDistance(const Vector3D& otherPoint) const;
27 };
28
29 bool Surface3::intersects(const Ray3D& ray) const {
30      SurfaceRayIntersection3 i;
31      getClosestIntersection(ray, &i);
32      return i.isIrtersecting;
33 }
34
35 double Surface3::closestDistance(const Vector3D& otherPoint) const {
36      return otherPoint.distanceTo(closestPoint(otherPoint));
37 }
```

BoundingBox3は3D軸平行バウンディングボックス（AABB）で、本質的にはボックスの2つの角の

点のクラスです。クラス Ray3D はレイの原点と方向を持つ型です。最後に SurfaceRayIntersection3 は、交点、レイ原点から交点への距離( t)、交点での面法線などのレイ–面交差情報を保持する単純な構造体です。

この基底クラスは上に示した仮想関数をオーバーライドすることにより拡張可能です。例えば、球ジオメトリは以下のように実装できます:

```cpp
1 class Sphere3 final : public Surface3 {
2  public:
3     Sphere3(const Vector3D& center, double radius);
4
5     Vector3D closestPoint(const Vector3D& otherPoint) const override;
6
7     Vector3D closestNormal(const Vector3D& otherPoint) const override;
8
9     void getClosestIntersection(
10        const Ray3D& ray,
11        SurfaceRayIntersection3* intersection) const override;
12
13     BoundingBox3D boundingBox() const override;
14
15  private:
16     Vector3D _center;
17     double _radius = 1.0;
18 };
19
20 Vector3D Sphere3::closestPoint(const Vector3D& otherPoint) const {
21     return _radius * closestNormal(otherPoint) + _center;
22 }
23
24 Vector3D Sphere3::closestNormal(const Vector3D& otherPoint) const {
25     if (_center.isSimilar(otherPoint)) {
26         return Vector3D(1, 0, 0);
27     } else {
28         return (_center - otherPoint).normalized();
29     }
30 }
31
32 BoundingBox3D Sphere3::boundingBox() const {
33     Vector3D r(_radius, _radius, _radius);
34     return BoundingBox3D(_center - r, _center + r);
35 }
```

よく使われるもう1つの面が図1.38に示す三角形メッシュです。メッシュを使うことで、アーティストが作成したオブジェクトや、コンピュータビジョンアルゴリズムの再構成シーンなど、広範囲のジオメトリを与えられます。コードベースで三角形とそのメッシュは、それぞれ Triangle3 と TriangleMesh3 として実装されています。その2つのクラスの実装の詳細は本書に挙げませんが、その基本インターフェイスは次のようなものです:

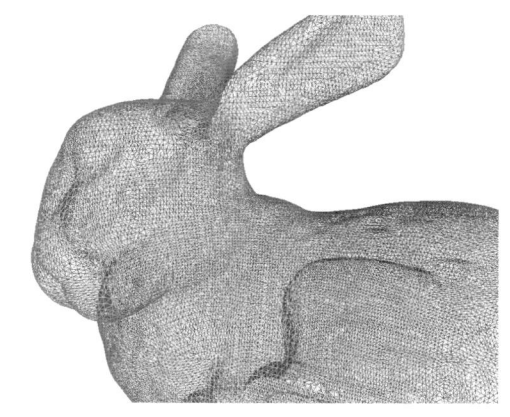

図 1.38： 三角形メッシュの例、Stanford Bunny モデル [6]。

```
1  class Triangle3 final : public Surface3 {
2   public:
3      std::array<Vector3D, 3> points;
4      std::array<Vector3D, 3> normals;
5      std::array<Vector2D, 3> uvs;
6
7      Triangle3();
8
9      Triangle3(
10         const std::array<Vector3D, 3>& newPoints,
11         const std::array<Vector3D, 3>& newNormals,
12         const std::array<Vector2D, 3>& newUvs);
13
14     Vector3D closestPoint(const Vector3D& otherPoint) const override;
15
16     Vector3D closestNormal(const Vector3D& otherPoint) const override;
17
18     void getClosestIntersection(
19         const Ray3D& ray,
20         SurfaceRayIntersection3* intersection) const override;
21
22     bool intersects(const Ray3D& ray) const override;
23
24     BoundingBox3D boundingBox() const override;
25
26     ...
27  };
28
29  class TriangleMesh3 final : public Surface3 {
30   public:
31     typedef Array1<Vector2D> Vector2DArray;
32     typedef Array1<Vector3D> Vector3DArray;
33     typedef Array1<Point3UI> IndexArray;
```

```
34
35     TriangleMesh3();
36
37     TriangleMesh3(const TriangleMesh3& other);
38
39     Vector3D closestPoint(const Vector3D& otherPoint) const override;
40
41     Vector3D closestNormal(const Vector3D& otherPoint) const override;
42
43     void getClosestIntersection(
44         const Ray3D& ray,
45         SurfaceRayIntersection3* intersection) const override;
46
47     BoundingBox3D boundingBox() const override;
48
49     bool intersects(const Ray3D& ray) const override;
50
51     double closestDistance(const Vector3D& otherPoint) const override;
52
53     ...
54
55 private:
56     Vector3DArray _points;
57     Vector3DArray _normals;
58     Vector2DArray _uvs;
59     IndexArray _pointIndices;
60     IndexArray _normalIndices;
61     IndexArray _uvIndices;
62
63     ...
64 };
```

Box3 や Plane3 などの他の面もコードベースから利用できます。詳しくはコードベースを参照してください。

## 1.4.2 陰関数曲面

平面や三角形メッシュのような面では面上の点が明示的に定義され、それは $t_i$ を入力パラメータ、$\mathbf{x}$ を面上の点として

$$\mathbf{x} = f(t_1, t_2, \cdots) \tag{1.70}$$

のような式を書けることを意味します。例えば球型の曲面の場合、2つのパラメータを使って点を位置付けられます。図1.39に示すような、地球上の地理座標定義できる緯度と経度のペアを考えます。そのような曲面はジオメトリのバウンディングボックスを測定したり、その形を可視化するような特定の操作には適しています。しかしそのような表現では、任意の点が曲面の内部にあるかどうかのテストや、最も近い面法線の測定のよな操作は容易でなかったり、しばしば非効率的です。

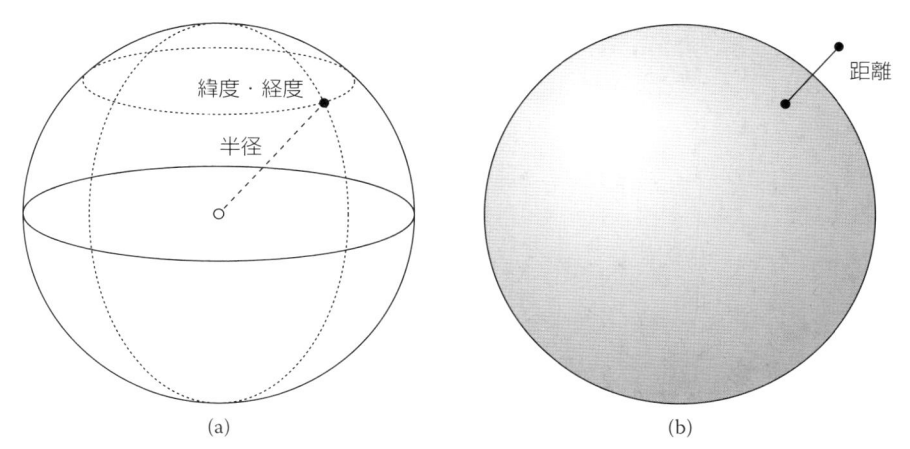

図 1.39：曲面のタイプが異なる 2 つの球。（a）半径、緯度、経度を使う球の陽関数表現。（b）距離場を使う陰関数表現。

そのような計算を効率よく扱う、別の曲面の定義方法が陰関数関数を使うことです。パラメータを面上の点に直接マップする代わりに、陰関数アプローチは入力点が面上にあるかどうかを教える関数を使います。例えば球は、$\mathbf{x}$を空間中の任意の点、$\mathbf{c}$を球の中心、$r$を球の半径として、距離関数

$$f(\mathbf{x}) = |\mathbf{x} - \mathbf{c}| - r \tag{1.71}$$

を使い表現できます。この関数は面への最短距離を測定し、したがって$f(\mathbf{x}) = 0$を満たす点のセットが球上にあります。$f(\mathbf{x}) < 0$なら点は曲面の**内部**、$f(\mathbf{x}) > 0$なら**外部**にあることを意味することに注意してください。そのため面の内部/外部の評価は極めて簡単です。そのような関数は「符号付き距離」関数/場（SDF）と呼ばれます。

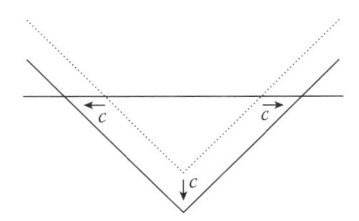

図 1.40：1D 符号付き距離場(SDF)の $c$ による押し出しは、定数値 $c$ の減算と等価。

陰関数曲面をSDFで定義するのは必須ではありませんが、SDFを使うと他にも多くの操作で多くの利点があります。例えば図1.40に示すように、SDFから定数を減じるだけで面が押し出されます。そのような操作の応用の1つがテキストのレンダリングで使われています。アウトラインやグロー効果を持つ素敵なスタイルのテキストを描くのに、ベクトルフォーマットのフォントをSDFに変換します[61]。

別の例が面法線の評価です。SDFは常に面上の最も近い点への距離を返すので、面上のSDFの勾配は次のような面法線です：

$$\mathbf{n} = \frac{\nabla f(\mathbf{x})}{|\nabla f(\mathbf{x})|} \tag{1.72}$$

これは勾配の大きさが常に1であることも意味します：

$$|\nabla f(\mathbf{x})| = 1 \tag{1.73}$$

最後に、2つのSDF間のブール演算は2つの関数の最小と最大をとるだけのことです。例えば $h = \min(f, g)$ は、2つのSDF、$f$ と $g$ の結合を意味します。$g$ を $f$ から引くのには $h = \max(f, -g)$ を使えます。

陰関数曲面の実装には、次の基底クラスを使えます：

```
1 class ImplicitSurface3 : public Surface3 {
2  public:
3     ImplicitSurface3();
4
5     virtual ~ImplicitSurface3();
6
7     virtual double signedDistance(const Vector3D& otherPoint) const = 0;
8 };
```

見ての通り、このクラスは抽象基底クラス Surface3 にもう1つの仮想関数 signedDistance を追加します。例えば、球の陰関数バージョンは次のように書けます：

```
1 class ImplicitSphere3 final : public ImplicitSurface3 {
2  public:
3     ImplicitSphere3(const Vector3D& center, double radius);
4
5     double signedDistance(const Vector3D& otherPoint) const override;
6
7     ...
8 };
9
10 double ImplicitSphere3::signedDistance(const Vector3D& otherPoint) const {
11     return _center.distanceTo(otherPoint) - _radius;
12 }
```

### 1.4.3 陰関数曲面から陽関数曲面

陽関数曲面と陰関数曲面はどちらも独自の強みがあるので、しばしば相互に変換する必要があります。例えば、陰関数曲面を直接的な可視化は、レイトレーシングを行うことによってのみ可能です [74]。しかし OpenGL® や DirectX® を含む古典的なラスタライズを使うパイプラインは、たいてい陽関数表現、特に三角形メッシュを使う必要があります。そのため、陰関数曲面を陽関数メッシュに変換する手段が必要です。

そのような変換で最もよく使われるアプローチがマーチングキューブ法です [76]。この手法は格子点ごとにサンプルされる陰関数を持つ格子で開始します。次にアルゴリズム格子セルを反復し、8つの格子セルのコーナー間の符号が異なれば三角形を作成します。

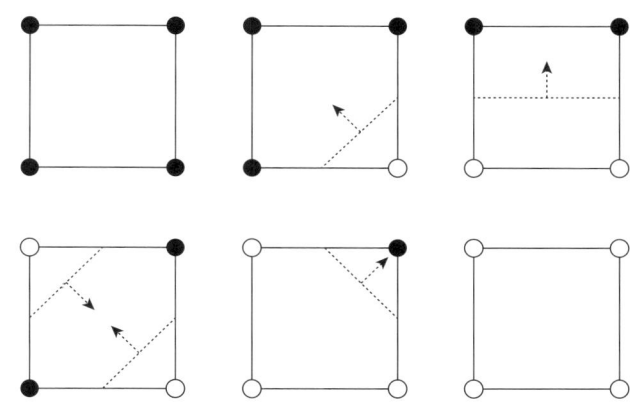

図 1.41：2D 陰関数場の 6 つのあり得るケース。コーナーの黒と白の点は、それぞれ正と負の値を表す。点線は再構成される陽関数曲面、矢印は面法線。

問題を単純化するため、2D の面を考えます。図1.41 は格子セルであり得るすべてのケースを示しています。それらの中で、他と異なる符号を持つ格子点があれば、その格子セルを面が通過することを意味することに注意してください。そのような場合、異なる符号を含む辺の間に直線（3D では三角形）を引くことができ、それらのすべての格子セルからの直線（やはり 3D では三角形）のコレクションが陰関数の陽関数表現になります。辺上に新たに作成する頂点の位置を決めるときには、線形近似

$$x = \frac{|\phi_{left}|}{|\phi_{left}| + |\phi_{right}|} \tag{1.74}$$

を変えます。図1.42 が陰関数曲面場の 2D マーチングキューブ（マーチングスクエア）の結果の例を示しています。

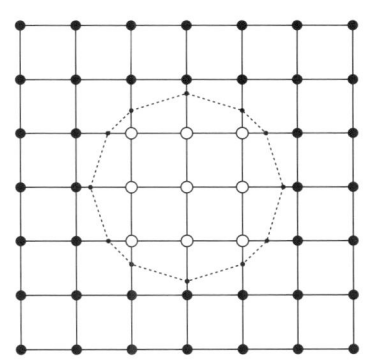

図 1.42：マーチングスクエアの結果の例。コーナーの黒と白の点は、それぞれ正と負の値を表す。小さな点と点線は再構成される陽関数曲面を表す。

## 1.4.4 陽関数曲面から陰関数曲面

一般の陽関数曲面から陰関数曲面への変換は簡単です。次のコードを考えます。

```
1 class SurfaceToImplicit3 final : public ImplicitSurface3 {
```

```
 2  public:
 3      explicit SurfaceToImplicit3(const Surface3Ptr& surface);
 4
 5      double signedDistance(const Vector3D& otherPoint) const override;
 6
 7      ...
 8
 9  private:
10      Surface3Ptr _surface;
11  };
12
13  double SurfaceToImplicit3::signedDistance(
14      const Vector3D& otherPoint) const {
15      Vector3D x = _surface->closestPoint(otherPoint);
16      Vector3D n = _surface->closestNormal(otherPoint);
17      if (n.dot(otherPoint - x) < 0.0) {
18          return -x.distanceTo(otherPoint);
19      } else {
20          return x.distanceTo(otherPoint);
21      }
22  }
```

アダプタークラス SurfaceToImplicit3 は陽関数曲面をとり、その符号付き距離を返します。与えられた点から、まず最も近い点と陽関数曲面への法線を測定します。最も近い点から与えられた点へのベクトルが面法線と反対方向を向いていたら、それは曲面の**内部**にあるので、負の距離を返します。そうでなければ、点は曲面の**外部**にあるので、正の距離を返します。しかし、このアプローチは closestPoint と closestNormal の計算コストがそれほど高くないことが前提です。

三角形メッシュへの最短距離の測定も同じです。符号の決定は、最も近い点の面法線を問い合わせ、内積を使ってその点が面の反対側かどうかを調べることもできます。格子を設定し、格子点ごとに測定した距離と符号を割り当てることもできます。しかし、最も問題になる部分は符号の決定です。特に曲面が完全に閉じていなかったり（穴がある）メッシュの面法線がきちんと定義されていないと、SDF の形成が保証されません（堅牢に生成できるのは距離場だけ）。そのような広範囲の任意の入力を扱う、堅牢な曲面再構成テクニックを考慮できます[106]。単純にするなら、入力メッシュに穴がないと仮定して[*7]、Bærentzen と Aanæs の角度加重法線法[8]を適用できます。

## 1.5 アニメーション

コンピュータグラフィックスでは、アニメーションは与えられた時間シーケンスに対する一連のイメージを生成して作られます[81]。例えば図1.43は、跳ね返るボールのアニメーションからのイメージを示しています。与えられた時間シーケンス0、1、2秒に対応するボールの位置と形をイメージに描きます。この特定の例では、2つの隣り合うイメージの時間間隔は1秒です。一般にはそのイメージシーケンスを同じ速さで再生したときに滑らかに見えるように、1/24、1/30、1/60などのずっと短い時

---

[*7] 穴がない完璧に閉じたメッシュは、しばしば「水密」メッシュとよばれる。

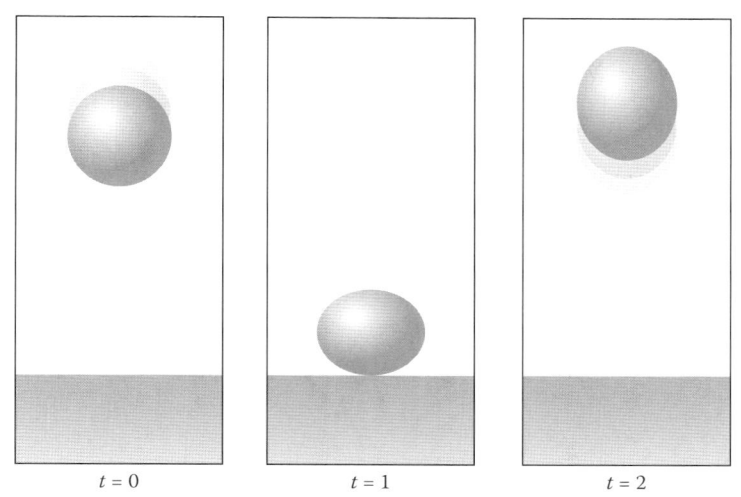

$t = 0$          $t = 1$          $t = 2$

図 1.43：跳ね返るボールのアニメーションからのイメージのシーケンス。

間間隔を使います。イメージシーケンスのタイムスタンプに言及するときには「フレーム」を使います。図1.43では、フレーム0が最初のイメージ、フレーム1が次のイメージに対応します。この例の時間間隔は1秒なので、その再生は秒あたり1フレームを表示、つまり1 FPSです。2つのフレームの時間間隔が1/60なら、アニメーションのフレームレートは60 FPSです。

再びコーディングの時間です。フレームデータを保持する非常に単純な構造体から始めましょう：

```cpp
 1 struct Frame final {
 2     unsigned int index = 0;
 3     double timeIntervalInSeconds = 1.0 / 60.0;
 4
 5     double timeInSeconds() const {
 6         return count * timeIntervalInSeconds;
 7     }
 8
 9     void advance() {
10         ++index;
11     }
12
13     void advance(unsigned int delta) {
14         index += delta;
15     }
16 };
```

このコードは単純明快です。この構造体に含まれる整数 index は、そのタイムラインでの時系列順を表します（図1.44）。また、メンバー変数 timeIntervalInSeconds はフレーム間の時間間隔を格納します。システムはアニメーション全体で決まった時間間隔を使うと仮定するので、現在時刻を秒単位で知りたければ、メンバー関数 timeInSeconds で示すように、変数 count と timeIntervalInSeconds を乗算するだけです。また最後の2つの関数は、このフレームクラスをフレームシーケンスの前進イテレ

ーターとして扱う、単純なヘルパー関数です。

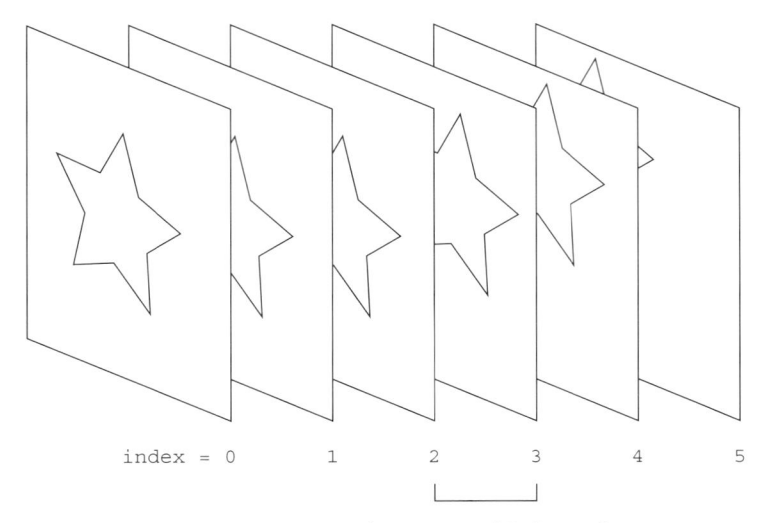

index = 0  1  2  3  4  5

timeIntervalInSeconds

図 1.44：**フレームのシーケンス、レームインデックス、時間間隔が示されている。**

図1.44に示すように、アニメーション処理の心臓部はフレームのシーケンスの表示です。そのような処理の擬似コードを書くと、次のように見えるでしょう：

```
1 Frame frame;
2
3 while (!quit) {
4     processInput();
5     updateScene(frame);
6     renderScene(frame);
7
8     frame.advance();
9 }
```

各フレームで、whileループは最初に入ってくるユーザー入力を処理し、シーンオブジェクトを更新してから、その結果をレンダーします。関数 updateScene は単純にすべてのシーンオブジェクトを反復し、それらの状態を現在のフレーム情報で更新します。本書ほ焦点は updateScene 関数にあり、それは次のように書けます：

```
1 void updateScene(const Frame& frame) {
2     for (auto& animation: animations) {
3         animation->update(frame);
4     }
5 }
```

シーン中のすべてのアニメーションはリストに格納されると仮定し、単純にそれを反復し、各アニメーションオブジェクトの内部データを更新すると思われる update関数を呼び出して個々のアニメーションを更新します。アニメーションオブジェクト型の定義は次のように書けます：

```
1  class Animation {
2   public:
3      ...
4
5      void update(const Frame& frame) {
6          // 何らかの前処理..
7
8          onUpdate(frame);
9
10         // 何らかの後処理..
11     }
12
13  protected:
14      virtual void onUpdate(const Frame& frame) = 0;
15 };
```

これが本書の中でアニメーションを定義するすべてのオブジェクトの抽象基底クラスです。見ての通り、1つの公開関数 update と、onUpdate と呼ばれる1つの限定公開ですが純粋仮想関数があります。update は、外部から呼び出されと、何らかの内部の前処理作業を行い(ロギングなど)、サブクラス固有の onUpdate を呼び出します。この onUpdate 関数の目的は、与えられたフレームで内部状態を「更新」することです。

例えば、次に示すようにクラス Animation を継承して独自のアニメーションクラスを定義できます:

```
1  class SineAnimation final : public Animation {
2   public:
3      double x = 0.0;
4
5   protected:
6      void onUpdate(const Frame& frame) override {
7          x = std::sin(frame.timeInSeconds());
8      }
9 };
```

見ての通り、このクラスには、現在のアニメーションの状態を格納する1つの double 型の変数があります。これはボールの中心位置を表すと想像できます。onUpdate の実装は、正弦(サイン)関数を使って現在時刻を位置にマップし、発振する動きを作り出します。SineAnimation クラスのインスタンスは次のようにテストできます。

```
1  SineAnimation sineAnim;
2  for (Frame frame; frame.index < 240; frame.advance()) {
3      sineAnim.update(frame);
4
5      // データをディスクに書き込む
6  }
```

このコードは src/manual_tests/animation_tests.cpp にあり、この単純なコードの結果は図

1.45aに示されています。コードが正弦波のアニメーションを生み出し、バネのような動きを生成するのに使えることが分かります。この最小の例を基に、コードに次に示すような調整を加えてみます。

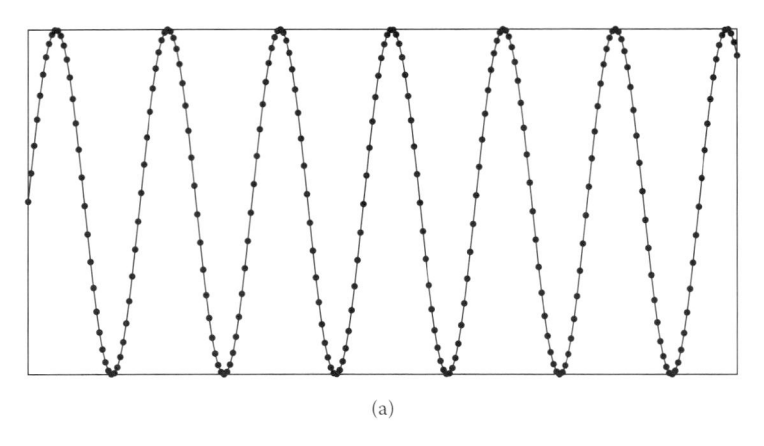

(a)

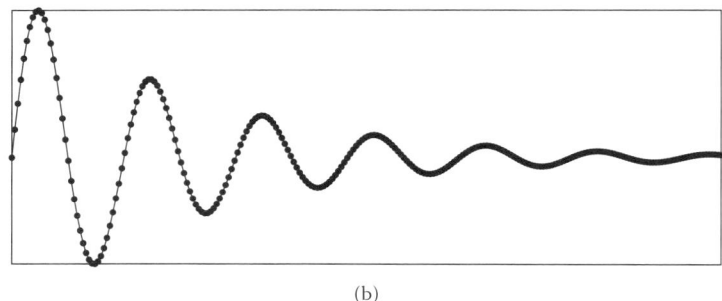

(b)

図 1.45: カスタムアニメーションクラスの状態の追跡。(a) SineAnimation テストと (b) SineWithDecayAnimation が示されている。水平軸は時間を表し、垂直軸は軸 x の値を表す。

```
1  class SineWithDecayAnimation final : public Animation {
2  public:
3      double x = 0.0;
4
5  protected:
6      void onUpdate(const Frame& frame) override {
7          double decay = 1.0 / frame.timeInSeconds();
8          x = std::sin(frame.timeInSeconds()) * decay;
9      }
10 };
```

図1.45bから分かるように、正弦関数が時間で減衰するようにしました。新しいアニメーションは減衰運動するバネのように見えます。

次のセクションから、流体シミュレーションエンジンの土台になる物理アニメーションを作成するため、この基本インターフェイスをどのように拡張できるかを見ることにします。

## 1.6 物理ベースのアニメーション

コンピュータグラフィックスで、物理ベースのアニメーションは火、煙、雨、風のような自然現象の模倣です。固体、水、気体、さらには織物や髪の毛のような様々な種類の素材をモデル化できます。そのため、流体アニメーションの背後にある考え方の大部分は、物理ベースのアニメーションから継承され、このセクションでは一般の物理ベースのアニメーションエンジンの実装方法を紹介します。

### 1.6.1 はじめに

最初のアニメーションの列 SineAnimation を思い出すと、正弦関数を使い入力時刻を位置の状態に直接マップしていました。それは他のデータや、どのフレームの状態にも依存しません。したがって時系列順に update 関数を呼び出すことなく、ランダムにフレームを選んで対応する位置を知ることができます。他にもキーフレームアニメーションなど、同じ特徴を持つアニメーションがあります。それとは逆に、物理ベースのアニメーションは以前のフレームの状態に依存します。詳細に入る前に、物理アニメーションで鍵となるインターフェイスを定義する、次のコードを見てみましょう:

```
 1 class PhysicsAnimation : public Animation {
 2  ...
 3
 4 protected:
 5     virtual void onAdvanceTimeStep(double timeIntervalInSeconds) = 0;
 6
 7 private:
 8     Frame _currentFrame;
 9
10     void onUpdate(const Frame& frame) final;
11
12     void advanceTimeStep(double timeIntervalInSeconds);
13 };
14
15 void PhysicsAnimation::onUpdate(const Frame& frame) {
16     if (frame.index > _currentFrame.index) {
17         unsigned int numberOfFrames = frame.index - _currentFrame.index;
18
19         for (unsigned int i = 0; i < numberOfFrames; ++i) {
20             advanceTimeStep(frame.timeIntervalInSeconds);
21         }
22
23         _currentFrame = frame;
24     }
25 }
```

見ての通り、Animation から onUpdate 関数をオーバーライドし、入力 frame が現在のフレームより新しければ 1 フレーム進める非公開メンバー関数 advanceTimeStep を呼び出します。しかし新しい入力フレームが以前のフレームより古い巻き戻しの状況では、何のシミュレーションも実行しません[8]。

---

[8] クラスインスタンスがアニメーションを巻き戻せるように、ここでキャッシュをロードするロジックを実装できるが、や

いくつかのコードに目を通せばより自然になりますが、以前の `SineAnimation` の例と違い、物理ベースのアニメーションは履歴に依存します—以前の状態が次の状態を定義します。ビリヤードの動力学について考えてみましょう。キューボールが他のボールに当たると、その出来事は他のボールに伝搬します。それは時間で進展する一連の因果関係です。これが主に力と動きの間の因果関係について語る動力学の基礎の1つです。`PhysicsAnimation` クラスが、その状態の更新に逐次的アプローチをとるのは、このためです。

入力フレームが最後にシミュレートしたフレームから2フレーム以上離れているとき（つまり早送りシナリオ）、単一の大きな時間ステップではなく、決められた時間間隔で複数のステップをとることにも注意してください。実際のシミュレーションコードの動作を見ればより明らかになりますが、一般に3つの小さな時間ステップをとることは、3倍の長さの1つの時間ステップをとるのと等価ではありません。そのためシミュレーション出力に一貫性があるよう、複数のステップを使います。

### 1.6.2　例題による物理アニメーション

基底クラス `PhysicsAnimation` は確かに物理アニメーションについての洞察を与えてくれますが、まだ抽象的すぎます。物理ベースのアニメーションをより理解する助けとして、単純でも完全に機能する物理ソルバを実装します。この実装は以下を扱います：

1. 物理的な状態の表現
2. 力の計算
3. 動きの計算
4. 制約（コンストレイント）の適用と障害物との相互作用

これらはまずどんな種類の物理エンジン開発でも必要になる中心的なトピックであり、本書を通じて発展させるコードも同じ考え方に従います。

#### 1.6.2.1　モデルの選択

まずはアニメートするシミュレーションモデルを最初に選択する必要があります。直ちに流体モデルの1つで開始できれば素晴らしいですが、もっと単純なもので始めることにしましょう。この特定の例では、質量-バネモデルを使い、これらの鍵となる考え方をどう実装するかを示します。そのモデルには、鎖のようにバネで接続された質点があり、この系は重力と空気の影響下にあります。それらのバネにより、各点は隣との相対距離を保てます。また、重力は質点を地面に向けて引っ張り、空気抵抗は点の動きを遅くします。質点は壁や床などの障害物を衝突することがあります。図1.46が、この構成を詳しく示しています。これは正確には流体シミュレーターではありませんが、変形可能な物体をシミュレートするのに最も広く使われる、最も単純なモデルの1つです。

#### 1.6.2.2　シミュレーションの状態

シミュレートするモデルが得られました。次のステップはシミュレーションの状態を定義することです。図1.46から分かるように、系は多くの運動中の質点からなります。したがって、点の位置と速度を

---

はりシミュレーションは実行されない。

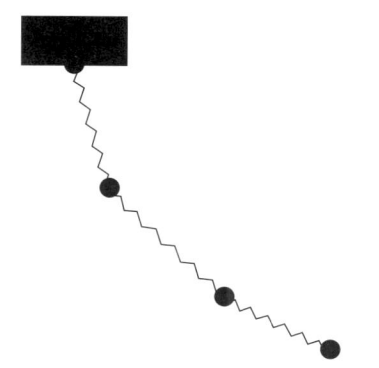

図1.46：単純な質量-バネ系の構成。黒点は質点でジグザグの線分がバネ。一番上の点が固定されたブロックに取り付けられていることに注意。

格納する配列がなければなりません。また、点は作用する力に応じて動きが加速や減速することがあり、力のデータを保持する別の配列を追加できます。最後に、グラフのエッジのように、2点間の接続性も格納しなければなりません。これらの要件に基づいた、新しいクラス SimpleMassSpringAnimation の最初の外見を次に示します。

```cpp
1  class SimpleMassSpringAnimation : public PhysicsAnimation {
2   public:
3      struct Edge {
4          size_t first;
5          size_t second;
6      };
7
8      std::vector<Vector3D> positions;
9      std::vector<Vector3D> velocities;
10     std::vector<Vector3D> forces;
11     std::vector<Edge> edges;
12
13     SimpleMassSpringAnimation(size_t numberOfPoints = 10) {
14         size_t numberOfEdges = numberOfPoints - 1;
15
16         positions.resize(numberOfPoints);
17         velocities.resize(numberOfPoints);
18         forces.resize(numberOfPoints);
19         edges.resize(numberOfEdges);
20
21         for (size_t i = 0; i < numberOfPoints; ++i) {
22             positions[i].x = static_cast<double>(i);
23         }
24
25         for (size_t i = 0; i < numberOfEdges; ++i) {
26             edges[i] = Edge{i, i + 1};
27         }
28     }
29
```

```cpp
30  protected:
31      void onAdvanceTimeStep(double timeIntervalInSeconds) override {
32          ...
33      }
34  };
```

このクラスでは位置、速度、力を3Dベクトルとして表します。配列の$i$番目の要素が$i$番目の質点を表し、バネの接続はインデックスペアの配列で表されます。これらの状態データはコンストラクタで初期化されます。この例では、コードは点を水平に連鎖しますが、任意の位置と接続を持たせられます。単位にはMKS—長さにメートル、質量にキログラム、時間に秒—を使います。メンバーデータの他に、クラスが PhysicsAnimation クラスの仮想関数 onAdvanceTimeStep をオーバーライドすることも分かります。これが質量-バネモデルの核となるロジックを実装する場所で、今定義したばかりの状態を毎フレーム更新します。

### 1.6.2.3 力と動き

状態を定義したので、動きについて話しましょう。ニュートンの運動の第2法則によれば、加速度は点の質量と、点に作用する力で決まります:

$$\mathbf{F} = m\mathbf{a} \tag{1.75}$$

ここで$\mathbf{F}$、$m$、$\mathbf{a}$はそれぞれ力、質量、加速度です。ほとんどの場合、力と加速度は入力で、加速度は計算される量です。したがって動きを追跡して状態を更新する処理は、系の中の力を知ることから始まります。この例の中で蓄積する様々な種類の力がありますが、今はどれだけの力が点に適用されるか分かっているとします。次のコードをみてください。

```cpp
 1  double mass = 1.0;
 2  ...
 3  void onAdvanceTimeStep(double timeIntervalInSeconds) override {
 4      size_t numberOfPoints = positions.size();
 5
 6      // 力を計算
 7      for (size_t i = 0; i < numberOfPoints; ++i) {
 8          forces[i] = ...
 9      }
10
11      // 状態を更新
12      for (size_t i = 0; i < numberOfPoints; ++i) {
13          // 新しい状態を計算
14          Vector3D newAcceleration = forces[i] / mass;
15          Vector3D newVelocity = ...
16          Vector3D newPosition = ...
17
18          // 状態を更新
19          velocities[i] = newVelocity;
20          positions[i] = newPosition;
21      }
22
```

```
23      // 制約を適用
24      ...
25 }
```

このコードはクラス `SimpleMassSpringAnimation` での関数 `onAdvanceTimeStep` の実装を示しています。この関数の目的も、与えられた時間間隔 `timeIntervalInSeconds` に対し状態を逐次的に更新することです。コードの中に点を反復するループがあり、ループの中には3つの主要なブロックがあります。最初のものは、この後すぐに論じる力を計算します。コードの2番目の部分は、新しい速度と位置を計算し、その新しい状態をメンバーデータに代入します。コードの最後の部分は、一部の点が制約された位置や速度を持つように、点に制約を適用します。例えば、1つの点が壁に釘付けされ、他の点が自由に動いていることが考えられます。

では力を計算する最初のブロックについての話をしましょう。前に述べたように、3つの異なる力—重力、バネ、空気抵抗—を考慮しています。変数 `force` は、その3つの異なる力の合計になります。まずは地球の重力と考えられ、$m$ を質量、$\mathbf{g}$ を下向きの重力加速度ベクトルとして

$$\mathbf{F}_g = m\mathbf{g} \tag{1.76}$$

で定義される重力です。$\mathbf{g}$ の大きさはその時にいる場所に依存しますが、ここでは $-9.8\,\mathrm{m/sec}^2$ を使います。したがって、この重力を持つ系は次のように見えます：

```
 1 Vector3D gravity = Vector3D(0.0, -9.8, 0.0);
 2 ...
 3 void onAdvanceTimeStep(double timeIntervalInSeconds) override {
 4     size_t numberOfPoints = positions.size();
 5
 6     for (size_t i = 0; i < numberOfPoints; ++i) {
 7         forces[i] = mass * gravity;
 8     }
 9
10     ...
11 }
```

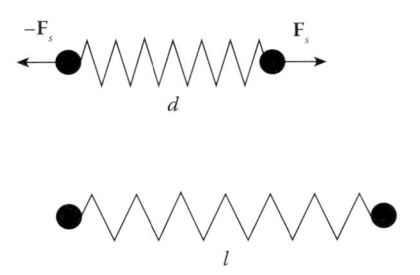

図 1.47：静止長 $l$ のバネで、2つの接続する点間の距離が $d$ に変わると、バネの力が生じて点に適用される。

ここまでは極めて単純明快です。次はバネの力を考えてみます。2つの点がバネで接続されているとき、バネが元の静止長より伸縮すると、その力が点に適用されます。図1.47に示すように、点に適用さ

れるバネ力の方向はバネが縮んでいるかどうかに依存し、力の大きさは伸縮の長さに比例します。これ
がフックの法則で、そのすべてを包含する式は次のように書けます：

$$\mathbf{F}_{s0} = -k(d-l)\mathbf{r}_{10} \tag{1.77}$$

力$\mathbf{F}_{s0}$は点0に適用される力、$d$は2点間の距離、$l$はバネの静止長、ベクトル$\mathbf{r}$は点1→点0の方向ベ
クトルです。定数$k$はバネの剛性です。したがって、$k$が大きいほど強いバネ力が生じます。同じ力は点
1にも適用されますが、逆方向です：

$$\mathbf{F}_{s1} = k(d-l)\mathbf{r}_{01} \tag{1.78}$$

上の式を基にバネ力を計算するコードは次で書けます：

```
1  double stiffness = 500.0;
2  double restLength = 1.0;
3  ...
4  void onAdvanceTimeStep(double timeIntervalInSeconds) override {
5      size_t numberOfPoints = positions.size();
6      size_t numberOfEdges = edges.size();
7
8      // 力を計算
9      for (size_t i = 0; i < numberOfPoints; ++i) {
10         // 重力を計算
11         forces[i] = mass * gravity;
12     }
13
14     for (size_t i = 0; i < numberOfEdges; ++i) {
15         size_t pointIndex0 = edges[i].first;
16         size_t pointIndex1 = edges[i].second;
17
18         // バネ力を計算
19         Vector3D pos0 = positions[pointIndex0];
20         Vector3D pos1 = positions[pointIndex1];
21         Vector3D r = pos0 - pos1;
22         double distance = r.length();
23         if (distance > 0.0) {
24             Vector3D force=-stiffness*(distance - restLength)*r.normalized();
25             forces[pointIndex0] += force;
26             forces[pointIndex1] -= force;
27         }
28     }
29
30     ...
31 }
```

// **力を計算**ブロックが2つのループに分かれたことに注意してください。1つ目は前のコードからの
重力の部分です。2つ目の部分は、エッジ（バネ）を走査してバネによるフォースを計算し、力を管理す

る配列に足しこむ目新しいコードです。そのコードはバネ力の式をほぼそのまま実装しています。1つの小さな違いは、ゼロ除算のケースを防ぐ「if文」です。

もう1つバネ力で考慮すべきものが減衰です。本物のバネを考えると、それは永久に発振するのではなく、セクション1.5で見た SineWithDecayAnimation のように時間と共に動きは減衰します[*9]。この減衰の力は2点間の「相対」速度を下げようとします。しかし2点が異なる速度で動いていると、減衰力が作動し始めます。これを式で書くと、次になります。

$$\mathbf{F}_{d0} = -c(\mathbf{v}_0 - \mathbf{v}_1) \tag{1.79}$$

力 $\mathbf{F}_{d0}$ は点0での減衰力。$\mathbf{v}_0$ と $\mathbf{v}_1$ はそれぞれ点0と1の速度です。点0と1の間の速度差、すなわち点0の相対速度が定数 $-c$ でスケールされることが分かります。例えば、点1が止まっていて（ゼロ速度）、点0がある方向へ動いている場合、点0が得る力は自分の速度に比例しますが、逆方向です。そのため点0はゼロ速度に達するまで減速してます。対称な力が点1にも適用されます：

$$\mathbf{F}_{d1} = -c(\mathbf{v}_1 - \mathbf{v}_0) \tag{1.80}$$

この式をコードに書いてみましょう。

```
1  double dampingCoefficient = 1.0;
2  ...
3  void onAdvanceTimeStep(double timeIntervalInSeconds) override {
4      size_t numberOfPoints = positions.size();
5      size_t numberOfEdges = edges.size();
6
7      // 重力を計算
8      ...
9
10
11     for (size_t i = 0; i < numberOfEdges; ++i) {
12         size_t pcintIndex0 = edges[i].first;
13         size_t pcintIndex1 = edges[i].second;
14
15         // バネ力を計算
16         ...
17
18         // 減衰力を加える
19         Vector3D vel0 = velocities[pointIndex0];
20         Vector3D vel1 = velocities[pointIndex1];
21         Vector3D damping = -dampingCoefficient * (vel0 - vel1);
22         forces[pointIndex0] += damping;
23         forces[pointIndex1] -= damping;
24     }
25
26     ...
27 }
```

---

[*9] 実際に SineWithDecayAnimation は1つのバネによる質量-バネ系の解。

19行から23行のコードが、減衰力をどのように蓄積できるかを示しています。質量-バネ系をシミュレートするのには、ここまでのコードのバージョンで十分です—バネで連鎖した質点の動きを作り出すのに十分な構成要素が得られています。図1.48が重力、バネ、減衰の力による点のイメージシーケンスを示しています。

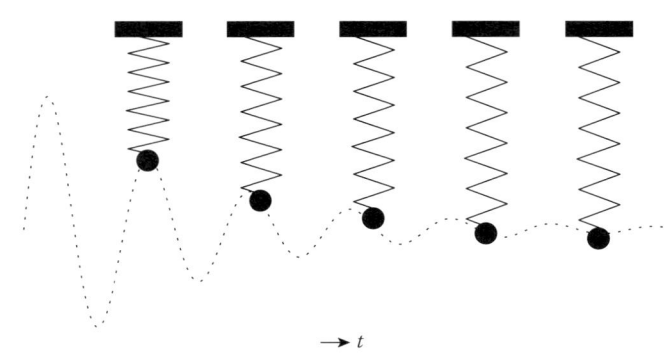

図1.48：**重力と減衰力による質量-バネアニメーションからのフレームのシーケンス。点線は質点の位置の時間による軌跡。**

追加の機能として空気の影響、空気抵抗をコードに加えます。空気抵抗には様々な種類のモデルがありますが、最も単純なものを選びます。物体が空気中を動くとき、物体の速さに比例する空気からの摩擦力を受けます。そのため速い物体ほど大きな抗力を受け、この関係は

$$\mathbf{F}_a = -b\mathbf{v}, \tag{1.81}$$

と書け、ここで$\mathbf{v}$は物体の速度で$b$は空気抵抗係数です。この式は前に見た減衰力とよく似ています。それは物体の動きと逆方向の力を作り出し、速度が大きいほど力は強くなります。しかし、この式はオブジェクトの形を考慮せず、空気の特性をただ1つの定数に単純化するので、あまり正確ではないかもしれませんが、この入門の例では問題なく動作します。コードを次のようにアップデートして、これをコードに組み込むことができます。

```
1  double dragCoefficient = 0.1;
2  ...
3  void onAdvanceTimeStep(double timeIntervalInSeconds) override {
4      ...
5
6      // 力を計算
7      for (size_t i = 0; i < numberOfPoints; ++i) {
8          // 重力
9          forces[i] = mass * gravity;
10
11         // 空気抵抗の力
12         forces[i] += -dragCoefficient * velocities[i];
13     }
14
15     ...
16 }
```

これをもう少し拡張してシステムを風と相互作用させることができます。上のコードは空気が静止し、点だけが動いていると仮定しています。空気が動いているとき、つまり風があるときには、「相対」速度を抗力の計算に使えると仮定できます。下に示すように、2行のコードの追加で風の影響を実装できます。

```
1 VectorField3Ptr wind;
2
3 void onAdvanceTimeStep(double timeIntervalInSeconds) override {
4     ...
5
6     // 力を計算
7     for (size_t i = 0; i < numberOfPoints; ++i) {
8         // 重力
9         forces[i] = mass * gravity;
10
11         // 空気抵抗の力
12         Vector3D relativeVel = velocities[i];
13         if (wind != nullptr) {
14             relativeVel -= wind->sample(positions[i]);
15         }
16         forces[i] += -dragCoefficient * relativeVel;
17
18     }
19
20     ...
21 }
```

風は VectorField3 の共有ポインタであるベクトル場 VectorField3Ptr wind として定義されます。場についての情報はセクション1.3.5を調べてください。ともかく場を定めれば、相対速度は風の速度から計算されて抗力に適用されます。例えば次のように、風の関数をアニメーションオブジェクトに適用できます。

```
1 SimpleMassSpringAnimation anim;
2 anim.wind = std::make_shared<ConstantVectorField3>(Vector3D(10.0, 0.0, 0.0));
```

このコードは左から右に毎秒10メートルで風が吹くようになっています。クラス ConstantVectorField3 は内蔵の VectorField3 型の1つで、コードはinclude/jet/constant_vector_field3.hとsrc/jet/constant_vector_field3.cppにあります。独自のカスタムベクトル場オブジェクトを割り当てて、面白い振る舞いを作り出すこともできます。

### 1.6.2.4 時間積分

これまでは力を計算してきました。次は計算した力を使って状態—位置と速度—を更新する必要があります。セクションの冒頭の onAdvanceTimeStep 関数には、次のような2つの主要なブロックがありました:

```
1 void onAdvanceTimeStep(double timeIntervalInSeconds) override {
2     // 力を計算
```

```
3        ...
4
5        // 状態を更新
6        for (size_t i = 0; i < numberOfPoints; ++i) {
7            // 新しい状態を計算
8            Vector3D newAcceleration = forces[i] / mass;
9            Vector3D newVelocity = ...
10           Vector3D newPosition = ...
11
12           // 状態を更新
13           velocities[i] = newVelocity;
14           positions[i] = newPosition;
15       }
16 }
```

2番目のブロックを埋める番です。上のスケルトンコードに示すように、まずニュートンの運動の第2法則 $\mathbf{F} = m\mathbf{a}$ を使って力を加速度に変えます。加速度は速度の変化の割合、速度は位置の変化の割合なので、速度は加速度の積分で位置は速度の積分です。そうすると新しい速度と位置を計算する式は $\Delta t$ をフレームの時間間隔として

$$\mathbf{v}_{new} = \mathbf{v}_{old} + \Delta t \mathbf{a}_{new} \tag{1.82}$$

と

$$\mathbf{x}_{new} = \mathbf{x}_{old} + \Delta t \mathbf{v}_{new} \tag{1.83}$$

と書けます。例えば、毎時50マイルの速さで動いている車は、2時間経つと100マイル遠くにいます。これは与えられた時間間隔では変化の割合が一定だと仮定して、図1.49に示すように関数をその微分で伸ばした積分の近似です。「近似」という言葉を使うのは、我々の時間間隔が有限（一般に1/60秒）からで、その間の情報を見逃すことを意味します。図から分かる近似値と本当の値の差が近似誤差です。この特定の例は線形近似を使い、そのような近似法はオイラー法と呼ばれます。他にも多くの手法があり、それらは性能を改善します。一般に、そのようなコンピュータを使って積分を計算する手法は数値積分と呼ばれます。そしてここでは物理的な量を時間で積分するので、その処理は数値時間積分と呼ばれます

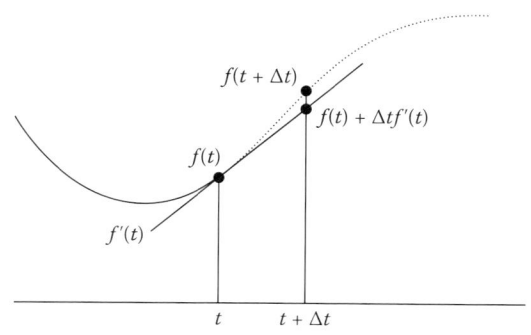

図 1.49：関数 $f(t)$ に対し、$f'(t)$ はその時間微分。$f(t)$ と $f'(t)$ から微分を伸ばして未来の値 $f(t + \Delta t)$ を近似する。実際の値 $f(t + \Delta t)$ と $f(t) + \Delta t f'(t)$ の間の差が近似誤差。

解を解析的に導ける特定の種類の問題では、そのような数値積分は必要ないかもしれません。例えば、質点がただ1つのバネに取り付けられている場合、その点の動きは SineWithDecayAnimation のような既知の解で記述できます。しかし系が複雑になると、多くの場合、数値的な手法を使わずに解を得ることはできません。

ともかくコードに戻りましょう。オイラー法は次に示すように実装できます。

```cpp
1  void onAdvanceTimeStep(double timeIntervalInSeconds) override {
2      // 力を計算
3      ...
4
5      // 状態を更新
6      for (size_t i = 0; i < numberOfPoints; ++i) {
7          // 新しい状態を計算
8          Vector3D newAcceleration = forces[i] / mass;
9          Vector3D newVelocity
10             = velocities[i] + timeIntervalInSeconds * newAcceleration;
11         Vector3D newPosition
12             = positions[i] + timeIntervalInSeconds * newVelocity;
13
14         // 状態を更新
15         velocities[i] = newVelocity;
16         positions[i] = newPosition;
17     }
18 }
```

このオイラー法は、既にセクション 1.1 の最初の例で、波の位置と速度を更新するのに使われていたことに注意してください。

### 1.6.2.5 制約と衝突

最終段階は制約の適用についてです。何も制約がなければ、現在手元にあるコードは単純に負の無限大に自由落下するので、面白いアニメーションはできません。実は図 1.48 に示す結果の例は、既に点の位置を固定することによる制約を使っています。これは点制約ですが、直線や平面など、他にも多くの種類の制約があり得ます。詳細は Baraff と Witkin [9] を調べてください。この例では点制約と単純な床の衝突を実装します。

点制約では、特定の点を与えられた位置に固定し、事前に定義した速度を割り当てます。コードは次のようにアップデートされます:

```cpp
1  struct Constraint {
2      size_t pointIndex;
3      Vector3D fixedPosition;
4      Vector3D fixedVelocity;
5  };
6  std::vector<Constraint> constraints;
7
8  ...
```

```
 9
10 void onAdvanceTimeStep(double timeIntervalInSeconds) override {
11     // 力を計算
12     ...
13
14     // 状態を更新
15     ...
16
17     // 制約を適用
18     for (size_t i = 0; i < constraints.size(); ++i) {
19         size_t pointIndex = constraints[i].pointIndex;
20         positions[pointIndex] = constraints[i].fixedPosition;
21         velocities[pointIndex] = constraints[i].fixedVelocity;
22     }
23
24 }
```

修正されたクラスには制約の配列があり、制約オブジェクトはそれぞれ固定する点とその状態を指定します。そしてすべてのフレームで位置と速度を更新した後、新しい位置と速度に指定された状態を強制する後処理を行います。下のコードは、どのようにして系の最初の点を$(0, 0, 0)$にゼロ速度で固定できるかを示しています。

次は衝突を考えてみましょう。指定の$y$位置に床があり、点がそのレベルより下に落ちることがないと仮定します。この機能を実装するには、新たに更新された点の位置が床より低いかどうかをチェックしなければなりません。もし低ければ、その点を床に押し上げます。また床に当たった点を跳ね返すことも可能で、それを実現するには、床の法線方向に速度の$y$方向を反転する必要があります。このロジックを実装する次のコードを見てください。

```
 1 double floorPositionY = 0.0;
 2 double restitutionCoefficient = 0.3;
 3
 4 ...
 5
 6 void onAdvanceTimeStep(double timeIntervalInSeconds) override {
 7     // 力を計算
 8     ...
 9
10     // 状態を更新
11     for (size_t i = 0; i < numberOfPoints; ++i) {
12         // 新しい状態を計算
13         ...
14
15         // 衝突
16         if (newPosition.y < floorPositionY) {
17             newPosition.y = floorPositionY;
18
19             if (newVelocity.y < 0.0) {
20                 newVelocity.y *= -restitutionCoefficient;
```

```
21                    newPosition.y += timeIntervalInSeconds * newVelocity.y;
22                }
23            }
24
25            // 状態を更新
26            ...
27        }
28
29        // 制約を適用
30        ...
31 }
```

新しい位置が床平面より下なら、$y$位置をゼロにクランプし、$y$速度を反発係数を乗じて反転することが分かります。パラメータ restitutionCoefficient は、点が衝突の後にどれだけエネルギーを失うかを制御する値です。それを1にすると、点はまったくエネルギーを失わず、完全な跳ね返りを行います。0にすると、点は跳ね返らず衝突した床の上に貼り付きます。

これで終わりです！ 質量-バネ アニメーションソルバを作り終えました。図1.50はテストの例で、完全なコードが src/tests/manual_tests/physics_animation_tests.cpp にあります。これは最も単純な物理ベースのアニメーションソルバの1つですが、それでも実際に使えるシミュレーションエンジンです。布と髪の毛を含む変形可能なオブジェクトをシミュレートするように、このコードをさらに拡張することもできます。しかし前に述べたように、この例題で重要なことは、物理ベースのアニメーションエンジンを作るプロセスです。モデルから出発して、物理状態を格納するデータ構造を定義し、力の計算を実装し、力を動きに変える方法を書き、最後に系が障害物やユーザー制約と相互作用するようにしました。たとえ細かい部分は変わっても、流体エンジンの開発に同じ考え方が流れ込みます。次のセクションで流体力学とシミュレーションの基本的な理解を提供し、次章からは、実際の流体シミュレーションエンジンを様々なテクニックでどのように構築できるかを見ることにします。

## 1.7 流体アニメーション

流体の動きは様々な力と制約の組み合わせにより生成されます。質量-バネ系を支配するバネ、減衰、抗力と同様に、流体力学の性質の観察と分析から引き出される力があります。また、流れの自由度を制限する物理的制約もあります。例えば、蒸発や同じような例外的なものをモデル化しない限り、流体は質量を失ってはいけません。それらの力と制約は現象に応じて変わります。ナビエ–ストークス方程式が流体力学を記述する式であるにしても、大気に突入するスペースシャトルではなくガラスのコップを調べる場合は、支配的な因子が異なるかもしれません。

本書では、主にバスタブや噴水のレベルぐらいの小規模から中規模の流体の動力学を想定します。これはサイズだけでなく時間の規模も意味します。我々の時間規模はおよそ秒から分で、日や月ではありません。海洋の砕ける波のような大きさの規模にはできても、天気予報のレベルには拡張できません。インクジェットプリンターのノズルからの一滴のインクのような、微小規模の現象も考慮しません。要するに、ターゲットは自分の目で日常に観察できるものを模倣して、ヒューマンスケールの流体アニメーションを作り出すことです。

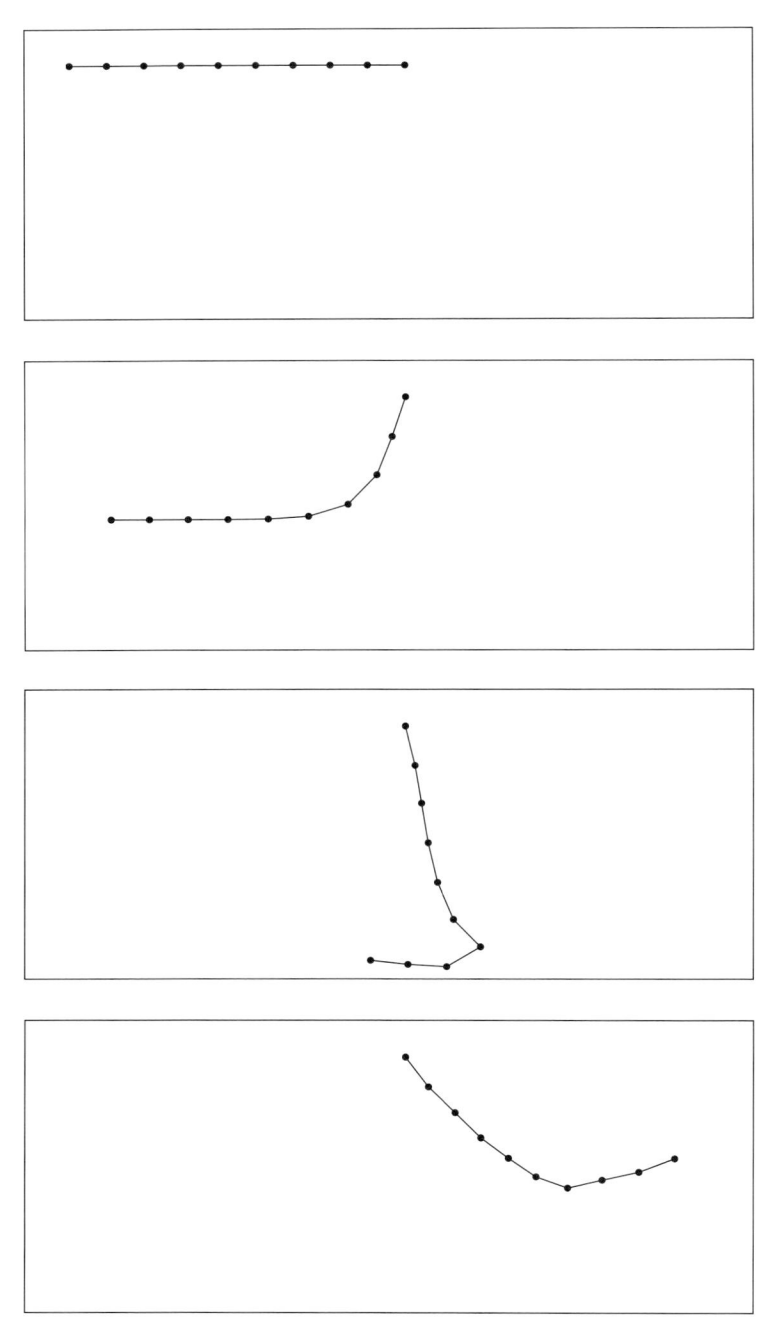

図 1.50 : 質量-バネ系シミュレーションのフレームのシーケンス。最初は質点の連鎖が水平な位置にあり、その後は元の場所に固定されたに最後の点を除いて床に落ちる。

この想定から、3つの支配的な力と1つの制約が得られます。それには主な駆動力として①重力、②圧力、③粘性、制約として密度の保存が含まれます。シミュレートする現象に応じて2つ加わることもありますが、これらが最も本質的なパズルのピースです。本書の中で、アプローチが異なる様々な種類の流体シミュレーターを見ることになりますが、どれも同じ考え方—密度制約の下で3つの力を計算—を共有します。コードの書き方の詳細は他の章に譲ります。本章の残りのセクションでは、流体力学を理解し、究極的には流体アニメーションエンジンを構築するアイデアを得るための、個々の力と制約の一般的な考え方に焦点を合わせます。

### 1.7.1 重力

ヒューマンスケールの流体力学では、重力が動きに影響を及ぼす最も明らかで支配的な因子です。それは流体全体に一様に下向きの加速度を与え、これは次のように書けます:

$$\mathbf{F}_g = m\mathbf{g} \qquad (1.84)$$

ベクトル$\mathbf{F}_g$は流体に作用する重力を表し、$m$は流体の一部分の質量、$\mathbf{g}$は重力定数です。これは質量-バネの例(セクション1.6.2)で観察したものとまったく同じで、以前の例と同じく他の種類の力は重力に加えて蓄積され、最終的な正味の力$\mathbf{F}$が、既にニュートンの運動の第2法則で分かっている加速度を作り出します:

$$\mathbf{a} = \mathbf{F}/m = (\mathbf{F}_g + ...)/m \qquad (1.85)$$

ベクトル$\mathbf{a}$が流体の動きの最終的な加速度です。したがって同じ物理の原理が流体であっても、あらゆる場所で適用されることが分かります。

ここで注意すべきことは、力が質量$m$を持つ流体の小さな部分に作用することです。しかし流体は非常に変形しやすい物質なので、どの流体のごく小さな部分も異なる動きを持つ可能性があります。そのため、その小さな部分はほとんど点になるほど小さいことが望まれます。したがって、流体の動きの記述では、力と質量ではなく加速度と密度を使うことがかなり一般的です。これにより直前の式は:

$$\mathbf{a} = \mathbf{g} + ... \qquad (1.86)$$

となり、実際にはさらに簡単です。本書では文脈に応じて、そのほうが便利なら力を意味するのに加速度を使う時もあります。

### 1.7.2 圧力

次は圧力と圧力勾配の力についての話です。天気予報でしばしば見るように、風は高気圧から低気圧の領域に吹き、同じ規則は様々なスケールの他の種類の流体にも当てはまります。圧力勾配力が働く別の例は安定した水です(例えば、水泳プールの水)。水に深く潜るほど、圧力(圧力勾配力ではなく)は増します。この深さに沿った圧力差は重力と逆の方向に上昇力を生成し、これにより水は縮まずに状態を保持できるのです。図1.51がこれらの例を視覚的に示しています。

圧力の定義は単位面積あたりの力$p = F/area$で、圧力の勾配は勾配力を作り出します(勾配についてはセクション1.3.5.2を調べてください)。図1.52に示すような、サイズ$l$の流体の小さな立方体部

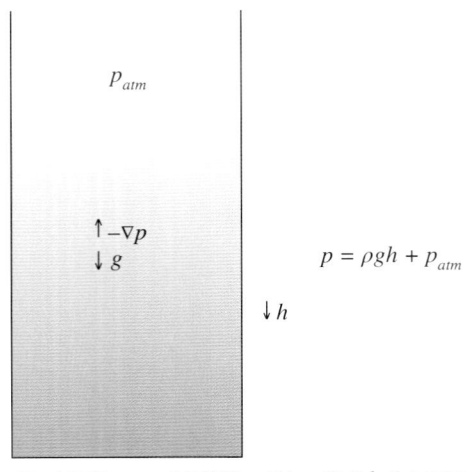

図 1.51：大気圧 $p_{atm}$、水の密度 $\rho$、重力 $g$、深さ $h$ の水のタンク。

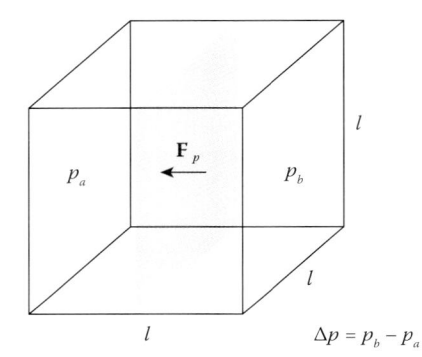

図 1.52：サイズ $l \times l \times l$ で圧力差 $\Delta p$ の小さな立方体。

分を考えます。圧力が $x$ 軸でしか変化しないとします。左右の圧力差が $\Delta p$ なら、正方形の界面に適用される力 $F$ は $\Delta p l^2$ です（圧力は力/面積）。$F = ma$ で質量 $m$ は体積 × 密度なので、$\rho$ と $a_p$ を密度と加速度とすると

$$F_p = -\Delta p l^2 = m a_p = l^3 \cdot \rho \cdot a_p \tag{1.87}$$

と言えます。上の式を整理すると：

$$a_p = -\frac{\Delta p}{\rho l} \tag{1.88}$$

が得られます。

この立方体のサイズを可能な限り縮めると、上の式は：

$$a_p = -\frac{\partial p}{\partial x} \frac{1}{\rho} \tag{1.89}$$

になります。

この式が言いたいことは、流体の小さな部分の加速度が $x$ 軸沿いの圧力差に比例し、流体密度の逆数であることです。言い換えると、流体は圧力差が高く、密度が低いほど加速します。上の式を3次元に一般

化すると、偏微分は次の勾配になります：

$$\mathbf{a}_p = -\frac{\nabla p}{\rho} \tag{1.90}$$

この圧力勾配が生成する加速度を式1.86に蓄積すると

$$\mathbf{a} = \mathbf{g} - \frac{\nabla p}{\rho} + \dots \tag{1.91}$$

になります。

### 1.7.3 粘性

3つ目の力が粘性です。これは既に以前の質量-バネの例で見ています。シミュレーションから、減衰力は2点間の速度差を最小にしようとします。粘性の力も同じ種類の力です。この力によって蜂蜜はどろりとした、水のような低粘度の流体と異なる流れになります。

どろりとした定常状態の流体を、細いストローで、流体中のある点でピーク速度が生じるようにかき混ぜようとしているとします。他の近くの点はどれも動かないので、かき混ぜる点とその周りに速度差が生じます。ここで粘性力が作用し始め、点の間の速度差を減らそうとします。その結果、かき混ぜる点の速度が周りに広がります。したがって、粘性力の適用は、速度場をぼかすようなものです。

幸い、場の「ぼかし」方は既に分かっています。セクション1.3.5.5のラプラシアンを思い起こすと、ラプラシアンの元の場への加算は、場をぼかすことと同じです。したがって、それを粘性力の定義に使えます：

$$\mathbf{v}_{new} = \mathbf{v} + \Delta t \mu \nabla^2 \mathbf{v} \tag{1.92}$$

ベクトル$\mathbf{v}$は流体の速度で、$\mu$はどれだけラプラス-フィルタ速度を加えたいかを制御する正のスケール定数です。同様に時間間隔$\Delta t$もラプラス場に乗算します。ベクトル$\mathbf{v}_{new}$は、この短い時間間隔$\Delta t$の後の粘性による新たな速度場です。$\mathbf{v}$と$\Delta t$を式の左辺に移すと：

$$\frac{\mathbf{v}_{new} - \mathbf{v}}{\Delta t} = \mu \nabla^2 \mathbf{v} \tag{1.93}$$

になります。

速度の時間微分が加速度なので、$\Delta t$が非常に小さければ左辺は加速度になり、$\Delta t$がゼロに近づけば、左辺は正確に微分です。したがって式は結局：

$$\mathbf{a}_v = \mu \nabla^2 \mathbf{v} \tag{1.94}$$

になります。

ついに3つの流体力学で支配的な(もちろん、ヒューマンスケールの)力が集まり、最終的な加速度になります：

$$\mathbf{a} = \mathbf{g} - \frac{\nabla p}{\rho} + \mu \nabla^2 \mathbf{v} \tag{1.95}$$

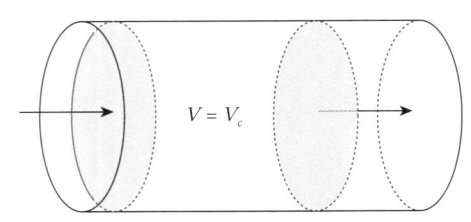

図 1.53：シリンダー内部のピストン間の体積は $V_c$。流体が非圧縮性で、ピストンの片側を押したり引いたりすると、ピストンの反対側が即座に動いて密度を保存する。

## 1.7.4 密度制約

前に述べたように、流体をアニメートするときに守る制約が1つあり、それは密度の保存です。言い換えると、ここで扱う流体は非圧縮性です。図1.53に示すような空気で満たされた両面ピストンを考えます。ピストンの一端を押したり引いたりすると、ピストン内の空気がその密度を保存しようとするので、即座に反対側が押し引きされます。空気の質量はピストン内で保存されるので、密度の保存が体積の維持を意味することにも注意してください。そのような特徴を式で表すと：

$$\rho = \rho_c \tag{1.96}$$

と

$$\nabla \cdot \mathbf{v} = 0. \tag{1.97}$$

と書けます。

1つ目の式は単純明快で、密度は定数です。その次の式はどうでしょう？

セクション1.3.5.3の図1.23を思い出すと、ゼロ発散は流体の小さな部分に内向きや外向きの流れがないこと意味します。似た図解が図1.53にあります。したがって、この単純な式 $\nabla \cdot \mathbf{u} = 0$ は、流体のすべての小さな部分で密度が保存されることを意味します。

さて、これは理想的な仮定であり、現実世界では流体が少し圧縮や膨張することを認めなければなりません。ガソリンエンジン内部のように、流体が熱力学に関与すると、日常生活のヒューマンスケールの現象でも、圧縮や膨張がかなり顕著です。それでも水しぶき、砕ける波、噴水のような、本書の流体エンジンが対象とする現実の状況の大半では、そのような仮定は安全です。目で観察できるほど大きく圧縮や膨張するものを扱いたければ、特殊ケースとして扱います。

まとめると、流体の動きを記述する式は：

$$\begin{aligned} \mathbf{a} &= \mathbf{g} - \frac{\nabla p}{\rho} + \mu \nabla^2 \mathbf{v} \\ \nabla \cdot \mathbf{v} &= 0, \end{aligned} \tag{1.98}$$

と書くことができ、これは物理で最も有名な式の1つである、非圧縮性の流れのナビエ–ストークス方程式です。式に圧倒される読者がいるかもしれませんが、それは至極当然です。しかし式を個別の項に分解してみると、そのメッセージ—重力、圧力、粘性、密度の保存が流体の流れを作る—が意外と単純なことが分かります。セクション1.6.2と同じ手順に従うなら、次のステップは、その3つの力を流体の状態

に適用し、時間積分を行うことになるでしょう。流体の状態の定義では、データ構造に複数の選択肢があり、実際の力の計算と時間積分の実装はとるアプローチにより異なります。本書では2つの異なるデータ構造、粒子と格子を紹介します。その2つのアプローチは、流体の解釈に対する見解がまったく異なり、それぞれ長所と短所があります。どのように粒子と格子を使って流体エンジンを構築できるかを、次の章から見ることにします。

# 2 粒子ベースのシミュレーション

## 2.1 スーラのように世界を見る

図 2.1: グランド・ジャット島の日曜日の午後、ジョルジュスーラ、1884 [31]。

ジョルジュスーラは最も有名な画家の 1 人で、その独特の描画スタイルで知られます。彼は図2.1 に示すように、点描法と呼ばれる、多くの小さな点を使ってイメージを構築するテクニックを使いました。各点は独自の色と丸い形を持ちますが、遠くから見ると、美しいグランド・ジャット島の日曜日の午後が現れます。その点でイメージを描くテクニックは多くの芸術家に影響を与えましたが、彼の世界の見方も我々が仮想物理世界を記述したい方法と深いつながりがあります。

人間の目では、流体は連続な物質です。流体は「十分に」数えられる要素に分解できる砂などとは異なります。流体の分子レベルまで掘り下げることは可能ですが、小さなカップの水の中にある分子の数と、自分のコンピュータのメモリーの量を考えれば、微小スケールで流体をシミュレートしようとすることさえ実用的でないことがすぐに分かります。したがって、スーラが多くの、しかし測定可能な数の点で傑作を描いたように、本物の物理世界を有限のデータ点で近似する必要があります。

流体のボリュームを点の集合で離散化する多様なアプローチがあります。粒子(パーティクル)を使う手法もあれば格子を使う手法もあります。異なる離散化テクニックを組み合わせるハイブリットな方法さ

えあります。粒子ベースのアプローチはスーラのように世界を見ます。それは世界を散らばった粒子で離散化し、その粒子は何の構造もなく自由に分布します。反対に、格子ベースの手法はデジタルビットマップイメージと似ています。それは構造化され、データ点が互いに接続されます。粒子ベースの手法はラグランジュフレームワーク—粒子のような流体の小包を追跡して流体運動を解くフレームワーク—に分類されます。反対に、次の章で取り上げる格子ベースの手法はオイラーフレームワーク—流体の流れを固定された格子点から見るフレームワーク—と呼ばれます。どちらのアプローチも独自の長所と短所があり、本書を通じてそれらの特徴を議論します。

本章は粒子ベースの手法を扱います。どのようにデータ構造を定義し、ソルバを設計し、動力学を実装できるかを見ることにしましょう。

## 2.2 データ構造

このセクションでは、流体を粒子でシュミレートするための中核データ構造を扱います。最初に粒子のコレクションを格納する方法を述べます。それから粒子間の相互作用を計算できるように、どのようにしてランダムな位置で近くの粒子を求め、粒子のネットワークを構築できるかを調べます。

### 2.2.1 粒子系のデータ

セクション 1.6 で論じたように、物理アニメーションエンジンの構築は、アニメーションの状態と、そのデータ構造の定義から始まります。粒子ベースのエンジンの鍵となる要素は当然ながら粒子で、セクション 1.6.2 の質点と同じく、粒子の状態には位置、速度、力が含まれます。したがって Particle3 構造体は次のように書けます：

```
1 struct Particle3 {
2     Vector3D position;
3     Vector3D velocity;
4     Vector3D force;
5 };
```

構造体の名前が 3 で終わるのは、これが 3D 粒子であることを示しています。多くの粒子が必要なので、次のように粒子の集合を定義する粒子の配列で持つことができます：

```
1 typedef std::vectcr<Particle3> ParticleSet3;
```

そのようなアプローチは Particle3 構造体の配列なので、構造の配列（AOS：Array Of Structures）と呼ばれます。同じデータを次のようにも書けます：

```
1 struct ParticleSet3 {
2     std::vector<double> positionsX, positionsY, positionsZ;
3     std::vector<double> velocitiesX, velocitiesY, velocitiesZ;
4     std::vector<double> forcesX, forcesY, forcesZ;
5 };
```

この表現は配列の構造体なので、文字通り配列の構造体（SOA：Structure Of Arrays）と呼ばれます。一般に AOS と SOA の選択は、メモリー アクセスパターンや計算のベクトル化などの性能に依存し

ます[16]。また、コードとしてどのようにデータにアクセスするかにも直接影響するので、コードの設計にも基づきます。

本書では、次のような半SOAアプローチをとります:

```
1 struct ParticleSet3 {
2     std::vector<Vector3D> positions;
3     std::vector<Vector3D> velocities;
4     std::vector<Vector3D> forces;
5 };
```

通常 $x$、$y$、$z$ 成分は同時にアクセスされるので、キャッシュヒット率の低下を避けるため、コードはそれらを一緒にグループ化します。しかし、必要な属性(アトリビュート)の集合はシミュレーターによって異なる可能性があるので、各属性は別々のベクトルで定義されます。様々な属性の持ち方は、粒子に属性を動的に割り当てられるよう、十分に柔軟にすることが望まれます。例えば、計算に位置、速度、力しか必要ない粒子ソルバもあります。しかし上に述べたように、より多くの属性が必要なソルバもあります。拡張可能な構造を開発するため、次のインターフェースを持つ ParticleSystemData3 と呼ばれるクラスを定義します。

```
1 class ParticleSystemData3 {
2 public:
3     typedef std::vector<Vector3D> VectorArray;
4
5     ParticleSystemData3();
6     virtual ~ParticleSystemData3();
7
8     void resize(size_t newNumberOfParticles);
9     size_t numberOfParticles() const;
10
11     const Vector3D* const positions() const;
12     const Vector3D* const velocities() const;
13     const Vector3D* const forces() const;
14
15     void addParticle(
16         const Vector3D& newPosition,
17         const Vector3D& newVelocity = Vector3D(),
18         const Vector3D& newForce = Vector3D());
19     void addParticles(
20         const VectorArray& newPositions,
21         const VectorArray& newVelocities = VectorArray(),
22         const VectorArray& newForces = VectorArray());
23
24 private:
25     VectorArray _positions;
26     VectorArray _velocities;
27     VectorArray _forces;
28 };
```

これらのメンバー関数すべての実装の詳細は、このセクションでは扱いません。実装がどのように書かれるかはsrc/jet/particle_system_data3.cppを調べてください。

任意(位置、速度、力以外)のパーティクルアトリビュートを追加できるよう、より汎用的にするとコードは:

```
 1 class ParticleSystemData3 {
 2  public:
 3     ...
 4
 5     size_t addScalarData(double initialVal = 0.0);
 6
 7     size_t addVectorData(const Vector3D& initialVal = Vector3D());
 8
 9     ConstArrayAccessor1<double> scalarDataAt(size_t idx) const;
10
11     ArrayAccessor1<double> scalarDataAt(size_t idx);
12
13     ConstArrayAccessor1<Vector3D> vectorDataAt(size_t idx) const;
14
15     ArrayAccessor1<Vector3D> vectorDataAt(size_t idx);
16
17  private:
18     ...
19
20     std::vector<ScalarData> _scalarDataList;
21     std::vector<VectorData> _vectorDataList;
22 };
```

のようにアップデートできます。

例えばSDKのユーザーが、粒子が一定時間経過後に消えることができるよう「寿命」属性を追加したければ、addScalarDataを使えます。この関数は、後で scalarDataAt関数でデータのアクセスに使える、データのインデックスを返します。3Dテクスチャ座標などのカスタムベクトル属性データの追加に使う関数 addVectorData と vectorDataAtにも、同じ考え方が当てはまります。

## 2.2.2 粒子系の例

上で論じたデータレイアウトを使って、粒子系ソルバを作る方法を示すため単純な粒子系ソルバを構築します。これが他のシミュレーターの基底(ベース)ソルバにもなります。このシミュレーターは、粒子と粒子の相互作用を考慮せず、重力や風/抗力のような外力だけを考慮に入れる粒子系をモデル化します。それでも、これは飛沫が発生する効果のシミュレートで役に立つことがあります。

まず足場となるコードから始めます。

```
 1
 2 class ParticleSystemSolver3 : public PhysicsAnimation {
 3  public:
```

```
 4     ParticleSystemSolver3();
 5
 6     virtual ~ParticleSystemSolver3();
 7
 8     ...
 9
10  protected:
11     void onAdvanceTimeStep(double timeIntervalInSeconds) override;
12
13     virtual void accumulateForces(double timeStepInSeconds);
14
15     void resolveCollision();
16
17     ...
18
19  private:
20     ParticleSystemData3Ptr _particleSystemData;
21     ...
22
23     void beginAdvanceTimeStep();
24
25     void endAdvanceTimeStep();
26
27     void timeIntegration(double timeIntervalInSeconds);
28 };
29
30 ParticleSystemSolver3::ParticleSystemSolver3() {
31     _particleSystemData = std::make_shared<ParticleSystemData3>();
32     _wind = std::make_shared<ConstantVectorField3>(Vector3D());
33 }
34
35 ParticleSystemSolver3::~ParticleSystemSolver3() {
36 }
37
38 void ParticleSystemSolver3::onAdvanceTimeStep(double timeIntervalInSeconds) {
39     beginAdvanceTimeStep();
40
41     accumulateForces(timeIntervalInSeconds);
42     timeIntegration(timeIntervalInSeconds);
43     resolveCollision();
44
45     endAdvanceTimeStep();
46 }
47
48 ...
49
```

上のコードから分かるように、すべての物理ロジックは ParticleSystemSolver3 に実装され、

ParticleSystemData3のインスタンスがデータモデルになります。ParticleSystemSolver3は PhysicsAnimationクラスを継承するので、onAdvanceTimeStep関数もオーバーライドします。これがよく分からない場合は、セクション1.6を参照してください。関数 onAdvanceTimeStepは時間ステップをとり、与えられた時間間隔だけシミュレーションを進めます。関数内に、前処理と後処理の関数( beginAdvanceTimeStep と endAdvanceTimeStep)があることがわかります。その2つの関数の間に、力、時間積分、衝突を計算する3つの中核のサブルーチンがあります。それらのステップはセクション1.6.2の質量–バネの例と同じ構造を持っています。accumulateForcesがサブクラスでオーバーライド可能な仮想関数であることに注意してください。これは使用する物理モデルによって、力が異なるからです。しかし他の関数はサブクラスから呼び出せる、仮想ではない限定公開関数です。

ここでも新たな関数の実装は、質量–バネの例(セクション1.6.2)とよく似ています。まずは accumulateForces と accumulateExternalForcesを見てみましょう。

```
 1
 2 class ParticleSystemSolver3 : public PhysicsAnimation {
 3     ...
 4  private:
 5     double _dragCoefficient = 1e-4;
 6     Vector3D _gravity = Vector3D(0.0, -9.8, 0.0);
 7     VectorField3Ptr _wind;
 8
 9     ...
10 };
11
12 void ParticleSystemSolver3::accumulateForces(double timeStepInSeconds) {
13     accumulateExternalForces();
14 }
15
16 void ParticleSystemSolver3::accumulateExternalForces() {
17     size_t n = _particleSystemData->numberOfParticles();
18     auto forces = _particleSystemData->forces();
19     auto velocities = _particleSystemData->velocities();
20     auto positions = _particleSystemData->positions();
21     const double mass = _particleSystemData->mass();
22
23     parallelFor(
24         kZeroSize,
25         n,
26         [&] (size_t i) {
27             // 重力
28             Vector3D force = mass * _gravity;
29
30             // 風の力
31             Vector3D relativeVel
32                 = velocities[i] - _wind->sample(positions[i]);
33             force += -_dragCoefficient * relativeVel;
34
```

```
35                  forces[i] += force;
36          });
37 }
```

　accumulateForcesは現在の時間ステップで粒子が得る、すべての力を集める仮想関数です。前に述べたように、このソルバは外力しか考慮しません。そのため関数はサブルーチンaccumulateExternalForcesを呼び出します。後でaccumulateForcesは、流体が経験する様々な種類の力を蓄積する関数呼び出しのリストを持つことになります。関数accumulateForcesには、現時点では使わない関数パラメータtimeIntervalInSecondsがあります。そのパラメータは将来の潜在的な用途のために予約されています。

　accumulateExternalForcesに目を向けると、重力と抗力を力の配列に加算していることが分かります。空気抵抗の力はセクション1.6.2で論じたものと同じです。周りの空気の相対速度をスケールしてから、そのベクトルを粒子の動きと逆の方向に適用します。parallelForは何をするのだろうと思うかもしれませんが、与えられた関数オブジェクトを与えられた範囲のマルチスレッドで実行するヘルパー関数です。

　コードの残りがどのように実装されるかを見ることにします。時間積分と衝突の解決は次のように書けます:

```
1
2 class ParticleSystemSolver3 : public PhysicsAnimation {
3       ...
4   private:
5       ...
6
7       ParticleSystemData3::VectorData _newPositions;
8       ParticleSystemData3::VectorData _newVelocities;
9       Collider3Ptr _collider;
10      VectorField3Ptr _wind;
11
12      ...
13 };
14
15 void ParticleSystemSolver3::timeIntegration(double timeIntervalInSeconds) {
16      size_t n = _particleSystemData->numberOfParticles();
17      auto forces = _particleSystemData->forces();
18      auto velocities = _particleSystemData->velocities();
19      auto positions = _particleSystemData->positions();
20      const double mass = _particleSystemData->mass();
21
22      parallelFor(
23          kZeroSize,
24          n,
25          [&] (size_t i) {
26              // 最初に速度を積分
27              Vector3D& newVelocity = _newVelocities[i];
```

```
28              newVelocity = velocities[i]
29                  + timeIntervalInSeconds * forces[i] / mass;
30
31              // 位置を積分
32              Vector3D& newPosition = _newPositions[i];
33              newPosition = positions[i] + timeIntervalInSeconds * newVelocity;
34          });
35  }
36
37  void ParticleSystemSolver3::resolveCollision() {
38      resolveCollision(
39          _particleSystemData->positions(),
40          _particleSystemData->velocities(),
41          _newPositions.accessor(),
42          _newVelocities.accessor());
43  }
44
45  void ParticleSystemSolver3::resolveCollision(
46      const ConstArrayAccessor1<Vector3D>& positions,
47      const ConstArrayAccessor1<Vector3D>& velocities,
48      ArrayAccessor1<Vector3D> newPositions,
49      ArrayAccessor1<Vector3D> newVelocities) {
50      if (_collider != nullptr) {
51          size_t numberOfParticles
52              = _particleSystemData->numberOfParticles();
53          const double radius = _particleSystemData->radius();
54
55          parallelFor(
56              kZeroSize,
57              numberOfParticles,
58              [&] (size_t i) {
59                  _collider->resolveCollision(
60                      newPositions[i],
61                      newVelocities[i],
62                      radius,
63                      _restitutionCoefficient,
64                      &newPositions[i],
65                      &newVelocities[i]);
66          });
67      }
68  }
```

関数 timeIntegration もセクション 1.6.2 で論じたものとよく似ています。最終的な力の配列をとり、加速度を計算してから、速度と位置を積分します。データは resolveCollision で前処理され、その処理中には現在と新しいデータの両方が必要なので、_particleSystemData からの位置と速度の配列に変化を直接適用できないことに注意してください。そのためバッファ _newPositions と _newVelocities に新しい値を代入し、現在の状態と新しい状態を

保持します。衝突の話をすると、実際の衝突解決は `Collider3` のインスタンス `_collider` の内部に抽象化され、コライダー側の関数 `Collider3::resolveCollision` はセクション2.5で取り上げます。今はブラックボックスとして扱いますが、並列に粒子ごとの衝突を解決するラッパー関数 `ParticleSystemSolver3::resolveCollision` があることが分かります。`ParticleSystemSolver3::resolveCollision` の中に任意の位置と速度の配列を予定入れる別のレイヤーがあることに注意してください。この追加のレイヤーは、サブクラスがカスタム化状態で衝突解決を行いたい場合に役に立てられます(セクション2.4)。

最後にコードの前処理と後処理の部分を実装して、この例を終えましょう。

```
1
2  void ParticleSystemSolver3::beginAdvanceTimeStep() {
3      // バッファ割り当て
4      size_t n = _particleSystemData->numberOfParticles();
5      _newPositions.resize(n);
6      _newVelocities.resize(n);
7
8      // 力をクリア
9      auto forces = _particleSystemData->forces();
10     setRange1(forces.size(), Vector3D(), &forces);
11
12     onBeginAdvanceTimeStep();
13 }
14
15 void ParticleSystemSolver3::endAdvanceTimeStep() {
16     // データ更新
17     size_t n = _particleSystemData->numberOfParticles();
18     auto positions = _particleSystemData->positions();
19     auto velocities = _particleSystemData->velocities();
20     parallelFor(
21         kZeroSize,
22         n,
23         [&] (size_t i) {
24             positions[i] = _newPositions[i];
25             velocities[i] = _newVelocities[i];
26         });
27
28     onEndAdvanceTimeStep();
29 }
```

前処理 `beginAdvanceTimeStep` では、時間積分と衝突の処理に必要な `_newPositions` と `_newVelocities` にメモリーを確保します。また、新たな合力を計算するため、力の配列をゼロで初期化します。後処理では、位置と速度の状態をバッファで更新して時間ステップを完了します。どちらの関数にもコールバック関数 `onBeginAdvanceTimeStep` と `onEndAdvanceTimeStep` があり、サブクラスでオーバーライドして前処理と後処理を行うことができます。

ここまで `ParticleSystemData3` を使ったシミュレーターの構築方法を扱いました。図2.2がソルバの

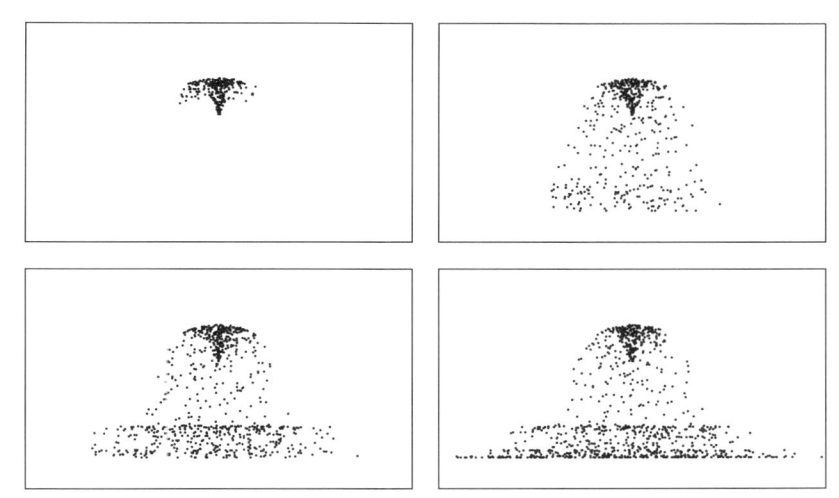

図 2.2: `ParticleSystemSolver3` によるスプレーシミュレーションのシーケンス。噴水のような点から粒子が放出される。床と衝突した粒子は跳ね返る。

サンプルの結果を示し、アニメーションを生成するサンプルコードは src/tests/manual_tests/particle_system_solver3_tests.cpp にあります。この基礎となるシミュレーターも粒子と粒子の相互作用を考慮しません。粒子が互に総合作用するのに必要な追加のデータ構造を、次のセクションで見ます。

### 2.2.3 近傍探索

粒子ベースのシミュレーションで最もよく使う操作の1つが、与えられた位置の近くの粒子を探すことです。セクション 1.6.2 の質量–バネの例では、2つの質点間の接続性を事前にエッジで定義しました。そのようなメッシュの形成が可能だったのは、系の接続性が時間が経っても変わらないからです。初期接続性を持つ粒子の集合も構築できます。しかし流体の性質のため、粒子が表すボリュームは壊れたり、融合したり、元の形から劇的に変形することがあります。そのため接続性は時間とともに変化し、時間ステップごとに連続的な更新が必要です。このセクションで取り上げる近傍探索データ構造とアルゴリズムの目的は、そのような位置ベースの問い合わせを高速化し、粒子とその近隣の接続性をキャッシュすることです。

#### 2.2.3.1 近くの粒子の探索

与えられた位置から近くの粒子を探索するアドホックな1つのやり方は、粒子全体のリストを反復して、ある粒子が与えられた探索半径内にあるかどうかを調べることです。このアルゴリズムの時間計算量は $O(N^2)$ で、当然ながらもっとよい手法が望まれます。

近傍探索の高速化によく使われるアルゴリズムの1つがハッシュ化です。ハッシュアルゴリズムは粒子の位置を基に格子状のバケットで分割します。バケットのサイズは探索領域の直径と同じです。マッピングを決める空間ハッシュ関数は、3D座標をバケットインデックスに変換するものであれば何でもかまいません。探索のクエリが来たら、そのクエリ位置もハッシュ化して対応するバケットを求められま

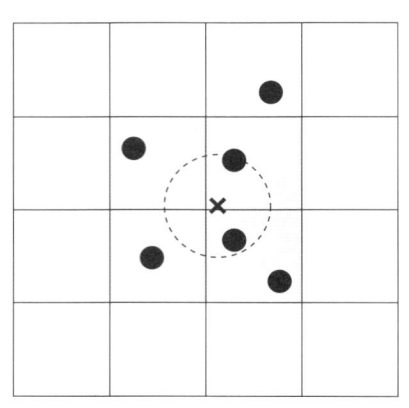

図 2.3：ハッシュ格子データ構造を使う近傍探索。× マークの位置から破線の円で表される半径内にある近くの点を求めるとき、重なり合う格子セル（灰色）だけが見つかる。そのとき 4 つの格子セルそれぞれに登録される点は、その点が円の内側かどうかをテストされる。

す。次に近くのバケットを調べ、それらのバケットに格納される粒子が探索半径内にあるかどうかを調べます。他のバケット内の粒子は、すべての探査範囲外にあることが明らかなのでテストする必要がありません。図2.3がその処理を示しています。ハッシュアルゴリズムとバケットデータ構造を実装するため、まずは近傍探索クラスのインターフェイスクラスがどうあるべきかを見てみましょう：

```
 1 class PointNeighborSearcher3 {
 2  public:
 3     typedef std::function<void(size_t, const Vector3D&)>
 4         ForEachNearbyPointFunc;
 5
 6     PointNeighborSearcher3();
 7     virtual ~PointNeighborSearcher3();
 8
 9     virtual void build(const ConstArrayAccessor1<Vector3D>& points) = 0;
10
11     virtual void forEachNearbyPoint(
12         const Vector3D& origin,
13         double radius,
14         const ForEachNearbyPointFunc& callback) const = 0;
15 };
```

複数の探索アルゴリズム実装を持てることを仮定し、このコードは近傍探索クラスの基底クラスになります。このクラスが粒子（particle）ではなく「点（point）」という言葉を使うのは、このクラスのユースケースを粒子に限定せず、空間点探索を含む他のシナリオで使える汎用なAPIにしたいからです。いずれにせよ、基底クラスにはオーバーライドする2つの仮想関数があり、1つは内部データ構造の構築、もう一つは近くの点の探索用です。仮想関数 build の入力パラメータは、点の配列とそのサイズです。問い合わせ関数 forEachNearbyPoint は、origin の近くの radius 内に点があれば、与えられたコールバック関数を呼び出します。そのコールバック関数の2つのパラメータは、近くの点のインデックスと位置です。

ハッシュアルゴリズムを実装するため、基底クラスを継承してハッシュ固有のメンバーを追加します。図2.3に見えるように、バケットの格子を構築する入力パラメータは格子の解像度とサイズです。各バケットには、そのバケットに入る点のインデックスを格納します。そうするとハッシュのクラスインターフェイスは次のように書けます：

```cpp
 1 class PointHashGridSearcher3 final : public PointNeighborSearcher3 {
 2  public:
 3     PointHashGridSearcher3(const Size3& resolution, double gridSpacing);
 4     PointHashGridSearcher3(
 5         size_t resolutionX,
 6         size_t resolutionY,
 7         size_t resolutionZ,
 8         double gridSpacing);
 9
10     void build(const ConstArrayAccessor1<Vector3D>& points) override;
11
12     void forEachNearbyPoint(
13         const Vector3D& origin,
14         double radius,
15         const ForEachNearbyPointFunc& callback) const override;
16
17     ...
18
19  private:
20     double _gridSpacing = 1.0;
21     Point3I _resolution = Point3I(1, 1, 1);
22     std::vector<Vector3D> _points;
23     std::vector<std::vector<size_t>> _buckets;
24
25     ...
26 };
```

上のコンストラクタで格子の解像度と間隔を与えることにより、クラスインスタンスを初期化できます。次に、基底クラスからの仮想関数をオーバーライドする2つの公開関数があります。メンバーデータには、クラスは、格子の形の情報とバケットを格納します。また、forEachNearbyPoint関数に渡された点のコピーも保持します。次のように、build関数の実装はかなり単純です：

```cpp
 1 void PointHashGridSearcher3::build(
 2     const ConstArrayAccessor1<Vector3D>& points) {
 3     _buckets.clear();
 4     _points.clear();
 5
 6     if (points.size() == 0) {
 7         return;
 8     }
 9
10     // メモリーを確保
11     _buckets.resize(_resolution.x * _resolution.y * _resolution.z);
```

```
12      _points.resize(points.size());
13
14      // 点をバケットに入れる
15      for (size_t i = 0; i < points.size(); ++i) {
16          _points[i] = points[i];
17          size_t key = getHashKeyFromPosition(points[i]);
18          _buckets[key].push_back(i);
19      }
20  }
```

このコードの鍵となる部分が、最後の2行です。終わりにある forループで、メンバー関数 getHashKeyFromPositionに点が渡され、対応するハッシュキーが返されることがわかります。点を整数キー値にマップするハッシュ関数は、この入出力を満たすものなら何でもかまいませんが、バケット内の点の数がなるべく似たものになるように、マッピングが空間的に散らばるほうが好ましいでしょう。ハッシュ関数に関する詳しい議論はIhmsen et al. [55]を参照してください。ハッシュキーが決まったら、点のインデックスを対応するバケットに追加します。getHashKeyFromPosition関数と必要なヘルパー関数は以下のように実装できます：

```
1  Point3I PointHashGridSearcher3::getBucketIndex(const Vector3D& position) const {
2      Point3I bucketIndex;
3      bucketIndex.x = static_cast<ssize_t>(
4          std::floor(position.x / _gridSpacing));
5      bucketIndex.y = static_cast<ssize_t>(
6          std::floor(position.y / _gridSpacing));
7      bucketIndex.z = static_cast<ssize_t>(
8          std::floor(position.z / _gridSpacing));
9      return bucketIndex;
10  }
11
12  size_t PointHashGridSearcher3::getHashKeyFromPosition(
13      const Vector3D& position) const {
14      Point3I bucketIndex = getBucketIndex(position);
15      return getHashKeyFromBucketIndex(bucketIndex);
16  }
17
18  size_t PointHashGridSearcher3::getHashKeyFromBucketIndex(
19      const Point3I& bucketIndex) const {
20      Point3I wrappedIndex = bucketIndex;
21      wrappedIndex.x = bucketIndex.x % _resolution.x;
22      wrappedIndex.y = bucketIndex.y % _resolution.y;
23      wrappedIndex.z = bucketIndex.z % _resolution.z;
24      if (wrappedIndex.x < 0) { wrappedIndex.x += _resolution.x; }
25      if (wrappedIndex.y < 0) { wrappedIndex.y += _resolution.y; }
26      if (wrappedIndex.z < 0) { wrappedIndex.z += _resolution.z; }
27      return static_cast<size_t>(
28          (wrappedIndex.z * _resolution.y + wrappedIndex.y) * _resolution.x
29          + wrappedIndex.x);
30  }
```

コードで、getBucketIndex関数は入力位置を格子セル$(x, y, z)$のバケットに対応する整数座標に変換します。もし格子の外の座標が入力された場合は、空間を折り返します。次に、折り返した座標を1つの整数に変換します。ボリュームの各格子に個別の番号を対応付けるように、単に三次元整数座標に番号を対応付けます。図2.3に、このハッシュの動作も示されています。

バケットを初期化したら、このクラスを近傍探索の問い合わせに使えます。与えられた問い合わせ位置に対し、まず探索球(2Dでは円)と重なるバケットを求めます。3Dでは8つの重なるバケットがあり、2Dでは4つです。それからコードは重なるバケットを反復し、バケット内の点が探索半径の内側にあるかどうかをテストします。これらのステップを以下のコードが実装します:

```cpp
 1 void PointHashGridSearcher3::forEachNearbyPoint(
 2     const Vector3D& origin,
 3     double radius,
 4     const std::function<void(size_t, const Vector3D&)>& callback) const {
 5     if (_buckets.empty()) {
 6         return;
 7     }
 8
 9     size_t nearbyKeys[8];
10     getNearbyKeys(origin, nearbyKeys);
11
12     const double queryRadiusSquared = radius * radius;
13
14     for (int i = 0; i < 8; i++) {
15         const auto& bucket = _buckets[nearbyKeys[i]];
16         size_t numberOfPointsInBucket = bucket.size();
17
18         for (size_t j = 0; j < numberOfPointsInBucket; ++j) {
19             size_t pointIndex = bucket[j];
20             double rSquared
21                 = (_points[pointIndex] - origin).lengthSquared();
22             if (rSquared <= queryRadiusSquared) {
23                 callback(pointIndex, _points[pointIndex]);
24             }
25         }
26     }
27 }
28
29 void PointHashGridSearcher3::getNearbyKeys(
30     const Vector3D& position,
31     size_t* nearbyKeys) const {
32     Point3I originIndex
33         = getBucketIndex(position), nearbyBucketIndices[8];
34
35     for (int i = 0; i < 8; i++) {
36         nearbyBucketIndices[i] = originIndex;
37     }
38
```

```
39    if ((originIndex.x + 0.5f) * _gridSpacing <= position.x) {
40        nearbyBucketIndices[4].x += 1; nearbyBucketIndices[5].x += 1;
41        nearbyBucketIndices[6].x += 1; nearbyBucketIndices[7].x += 1;
42    } else {
43        nearbyBucketIndices[4].x -= 1; nearbyBucketIndices[5].x -= 1;
44        nearbyBucketIndices[6].x -= 1; nearbyBucketIndices[7].x -= 1;
45    }
46
47    if ((originIndex.y + 0.5f) * _gridSpacing <= position.y) {
48        nearbyBucketIndices[2].y += 1; nearbyBucketIndices[3].y += 1;
49        nearbyBucketIndices[6].y += 1; nearbyBucketIndices[7].y += 1;
50    } else {
51        nearbyBucketIndices[2].y -= 1; nearbyBucketIndices[3].y -= 1;
52        nearbyBucketIndices[6].y -= 1; nearbyBucketIndices[7].y -= 1;
53    }
54
55    if ((originIndex.z + 0.5f) * _gridSpacing <= position.z) {
56        nearbyBucketIndices[1].z += 1; nearbyBucketIndices[3].z += 1;
57        nearbyBucketIndices[5].z += 1; nearbyBucketIndices[7].z += 1;
58    } else {
59        nearbyBucketIndices[1].z -= 1; nearbyBucketIndices[3].z -= 1;
60        nearbyBucketIndices[5].z -= 1; nearbyBucketIndices[7].z -= 1;
61    }
62
63    for (int i = 0; i < 8; i++) {
64        nearbyKeys[i] = getHashKeyFromBucketIndex(nearbyBucketIndices[i]);
65    }
66 }
```

getNearbyKeys関数がバケットが探索球と重なるかどうかを、入力位置が立方体の中心に関してバケット内にあるかどうかをチェックして決定することに注意してください。

### 2.2.3.2 近隣のキャッシュ

ここまで構築してきたデータ構造は、任意のランダムな入力位置で効率よく近隣を探索します。しかし粒子ベースのアニメーションで一般的なユースケースの1つは、与えられた粒子の近くの粒子を反復することです。そのような場合、ループの全ステップでバケット探索を実行するより、近くの粒子をキャッシュして、図2.4のような近隣リストを作成するほうが効率的です。下のコードはParticleSystemData3クラスで近隣リストをどのように構築できるかを示しています:

```
1 class ParticleSystemData3 {
2  public:
3     ...
4
5     void buildNeighborSearcher(double maxSearchRadius);
6     void buildNeighborLists(double maxSearchRadius);
7
8  private:
```

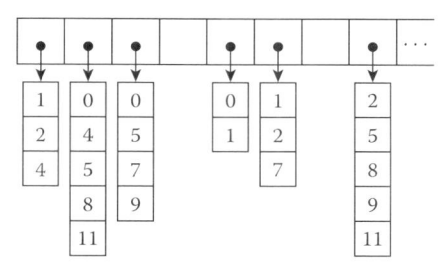

図 2.4: 近隣リストデータ構造の図解。点のインデックスのリストで表される。例えば点 0 の近隣は点 1、2、4 です。

```
 9     ...
10
11     PointNeighborSearcher3Ptr _neighborSearcher;
12     std::vector<std::vector<size_t>> _neighborLists;
13 };
14
15 void ParticleSystemData3::buildNeighborSearcher(double maxSearchRadius) {
16     // デフォルトではPointHashGridSearcher3を使う
17     _neighborSearcher = std::make_shared<PointHashGridSearcher3>(
18         kDefaultHashGridResolution,
19         kDefaultHashGridResolution,
20         kDefaultHashGridResolution,
21         2.0 * maxSearchRadius);
22
23     _neighborSearcher->build(positions());
24 }
25
26 void ParticleSystemData3::buildNeighborLists(double maxSearchRadius) {
27     _neighborLists.resize(numberOfParticles());
28
29     auto points = positions();
30     for (size_t i = 0; i < numberOfParticles(); ++i) {
31         Vector3D origin = points[i];
32         _neighborLists[i].clear();
33
34         _neighborSearcher->forEachNearbyPoint(
35             origin,
36             maxSearchRadius,
37             [&](size_t j, const Vector3D&) {
38                 if (i != j) {
39                     _neighborLists[i].push_back(j);
40                 }
41             });
42     }
43 }
```

## 2.3 平滑化粒子

流体を粒子で表すのに最も人気のあるアプローチの1つが、平滑化粒子を使うことで、平滑化粒子流体力学法(SPH：Smoothed Particle Hydrodynamics)と呼ばれています。これは流体のボリュームを多くの粒子で分割し、1つの粒子がボリュームの小さな部分を表す手法です。「平滑化」と呼ばれるのは、この手法が物理量の滑らかな分布が得られるように粒子の境界をぼかすからです。図2.5に見えるように、まるでエアブラシのようです。平滑化の考え方は有限個のぼけたドットで領域を「ペイント」することを可能にします。粒子間の隙間を滑らかなプロファイルで埋めるということが重要です。ドットや粒子が少ないと、大きなエアブラシのノズルが必要です。粒子が大きくなれば、少ないドットで十分に空白を埋められます。有限のデータ点を連続な場に変えるので、この特徴は重要です。計算資源には限界がある一方、流体は連続な物質であることを思い出してください。また、領域中の任意の点で値(描画の類推を使うなら色)を測定できれば、勾配やラプラシアンのような、流体の動きの計算に必要な数学演算も定義できます。

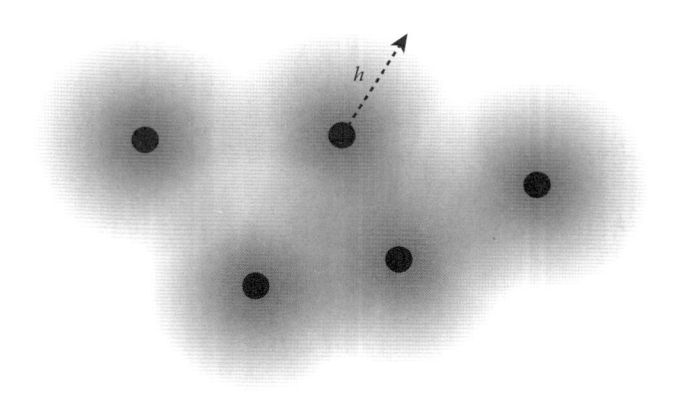

図 2.5：平滑化粒子の図解。粒子ごとに影響半径 $h$ を持ち、どの粒子に割り当てられる値もその範囲までぼける。

SPH法は元は天体物理学のコミュニティでMonaghanが紹介し[86]、数値流体力学の分野でも活発に研究されました[87]。その後すぐに、まずコンピュータアニメーションがSPHの考え方を採用し[34,89]、RealFlow[3]のような商用製品の中心的なフレームワークの1つにもなりました。本書でも、主要な粒子ベースのシミュレーションエンジンとしてSPHフレームワークを使います。

### 2.3.1 基礎

このセクションでは、SPHベースの流体シミュレーションの実装に必須の構成要素である補間、勾配、ラプラシアンを含めた基本的なSPHの操作とそのコードを扱います。

#### 2.3.1.1 カーネル

SPHでは「カーネル」と呼ばれる関数を使って「滑らかさ」を記述します。粒子の位置が与えられたとき、このカーネル関数は図2.6に示すように、粒子に格納される値を近くに広げます。粒子の中心から始まり、中心からの距離がカーネル半径に近づくにつれて、関数はゼロに減衰します。多くの粒子を使う高解像度のシミュレーションでは、半径は一般に小さく設定します。少数の粒子による粗いシミュレーショ

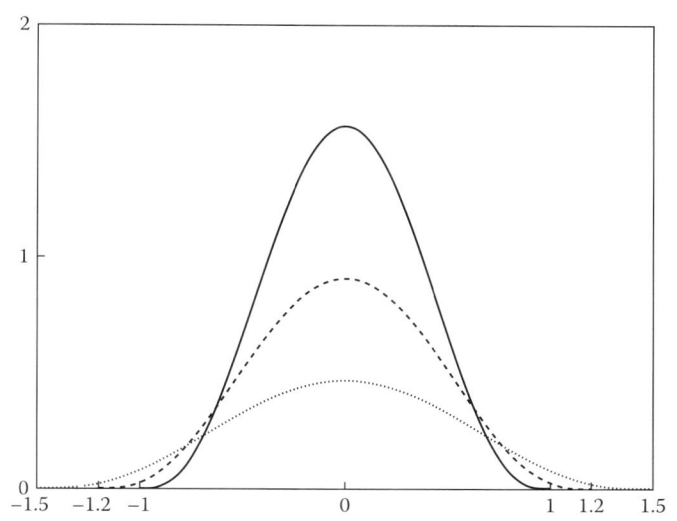

図 2.6：半径が異なる– 1.0、1.2、1.5 –カーネル関数。半径が増すほど最大値が減る。

ンでは、大きな半径を使います。そのような場合、カーネル関数の下の面積が1で変わらないよう、関数のピークも変化します（図2.6）。

関数そのものは、関数の積分が1で、中心から離れるにつれて0に単調減衰するものであれば、任意の関数を使えます。例えば、

$$W_{std}(r) = \frac{315}{64\pi h^3} \begin{cases} (1 - \frac{r^2}{h^2})^3 & 0 \leq r \leq h \\ 0 & \text{otherwise} \end{cases} \tag{2.1}$$

は Müller et al. [89]が最初に提案した、3Dで人気のあるカーネルの1つです。Adams と Wicke [7]のサンプルコードから、カーネルのコードは次のように書けます：

```
 1 struct SphStdKernel3 {
 2     double h, h2, h3;
 3
 4     SphStdKernel3();
 5
 6     explicit SphStdKernel3(double kernelRadius);
 7
 8     SphStdKernel3(const SphStdKernel3& other);
 9
10     double operator()(double distance) const;
11
12     ...
13 };
14
15 inline SphStdKernel3::SphStdKernel3()
16     : h(0), h2(0), h3(0) {}
17
18 inline SphStdKernel3::SphStdKernel3(double kernelRadius)
```

```
19       : h(kernelRadius), h2(h*h), h3(h2*h) {}
20
21 inline double SphStdKernel3::operator()(double distance) const {
22     if (distance*distance >= h2) {
23         return 0.0;
24     } else {
25         double x = 1.0 - distance * distance / h2;
26         return 315.0 / (64.0 * kPiD * h3) * x * x * x;
27     }
28 }
```

前述のように、有効なカーネル関数の積分は1でなければなりません:

$$\int W(r) = 1 \tag{2.2}$$

式2.1は上の積分を使って検証でき、独自のカーネル関数を発明したければ必要な要素です。最終的に、本書ではさらに2つのカーネル関数も作成します。他のカーネルと一緒に積分を計算する方法については、付録B.1を参照してください。

### 2.3.1.2 データモデル

カーネル関数を入手したので、1つの粒子に対する平滑化物理量を評価できるようになりました。次のステップはそのデータ構造を複数の粒子に拡張することです。

前のセクションのクラス ParticleSystemData3を思い出すと、それは粒子を格納し、近傍探索能力を持つので、よい出発点であることがわかるでしょう。そこで、このクラスを拡張して、次のように2つの新機能を追加します。

```
1 class SphSystemData3 : public ParticleSystemData3 {
2  public:
3     SphSystemData3();
4
5     virtual ~SphSystemData3();
6
7     ConstArrayAccessor1<double> densities() const;
8
9     ArrayAccessor1<double> densities();
10
11  private:
12     ...
13 };
```

コンストラクタが密度データを系に加えることに注意してください。この後すぐ論じるように多くのSPH演算で必要なので、最初から密度を宣言します。2つの単純なゲッターもスケルトンコードに含まれます。戻り型 ArrayAccessor1 と ConstArrayAccessor1は、単純なランダムアクセスイテレーターと同様の、単純な1次元配列ポインタのラッパーにすぎません。

次のセクションから、このクラスに機能を追加していきます。セクション2.2.2の粒子系の例と同様に、データモデルを物理から分離します。したがって、データ評価関連の関数の大半は SphSystemData3に実装され、動力学関連の関数は前のセクションの ParticleSystemSolver3を継承する別のクラスに実装します。

### 2.3.1.3 補間

SPH補間の基本的な考え方は、任意の与えられた位置の任意の物理量を、近くの粒子を参照することにより測定することです。それは加重平均で、その重みは質量×カーネル関数÷近隣粒子の密度です。それは何を意味するのでしょうか? 次のコードを見てください。

```
 1 class SphSystemData3 : public ParticleSystemData3 {
 2  public:
 3     ...
 4
 5     Vector3D interpolate(
 6         const Vector3D& origin,
 7         const ConstArrayAccessor1<Vector3D>& values) const;
 8     ...
 9 };
10
11 Vector3D SphSystemData3::interpolate(
12     const Vector3D& origin,
13     const ConstArrayAccessor1<Vector3D>& values) const {
14     Vector3D sum;
15     auto d = densities();
16     SphStdKernel3 kernel(_kernelRadius);
17
18     neighborSearcher()->forEachNearbyPoint(
19         origin,
20         _kernelRadius,
21         [&] (size_t i, const Vector3D& neighborPosition) {
22             double dist = origin.distanceTo(neighborPosition);
23             double weight = _mass / d[i] * kernel(dist);
24             sum += weight * values[i];
25         });
26
27     return sum;
28 }
```

我々のデータモデル SphSystemData3に新たな公開関数 interpolateを追加します。その関数の2つのパラメータは、補間を行いたい位置( origin)と、補間したい値の配列( values)です。valuesの$i$番目の要素は、それぞれ$i$番目の粒子に対応します。また、変数 _kernelRadiusと _massはカーネル半径と粒子の質量を表します。カーネル半径と質量はすべての粒子で同じだと仮定します。可変のカーネル半径と質量も定義できますが、本書では扱いません。

関数呼び出し forEachNearbyPointから、コードは近くの点を反復して質量、密度、カーネル重みを使

い、重みの和を計算します。これが明快でなければ、近傍探索のセクション2.2.3を参照してください。密度 d[i]による質量の除算は、体積を意味します。したがって、この補間は原点に近い値ほど重みが大きく( kernel(dist))、体積が大きくなります。コードは数式でも書けます：

$$\phi(\mathbf{x}) = m \sum_j \frac{\phi_j}{\rho_j} W((x) - \mathbf{x}_j) \tag{2.3}$$

ここで$\mathbf{x}$、$m$、$\phi$、$\rho$、$W(\mathbf{r})$は、それぞれ補間の位置、質量、補間したい量、密度、カーネル関数です。添字$j$は$j$番目の近隣粒子を表します。

### 2.3.1.4 密度
粒子の位置が変わる可能性があるので、密度は毎時間ステップ(つまり、すべての onAdvanceTimeStep 呼び出しで)変化する量です。そのため時間ステップごとに、更新された位置で密度を計算し、その値を他のSPH操作で使う必要があります。例えば、上の補間関数は既に密度に依存しています。したがっで実際には、どの補間ステップよりも先に密度を計算しなければならず、これは勾配やラプラシアンのような他の演算にも当てはまります。個々の粒子の密度を得るため、各粒子の位置で密度を「補間」したいとします。でも、補間には密度が必要だと論じたばかりではないでしょうか？無限の再帰に聞こえるかもしれませんが、試してみましょう。values配列を interpolate関数からの密度で置き換えると、コードは：

```
1
2  ...
3
4  neighborSearcher()->forEachNearbyPoint(
5      origin,
6      _kernelRadius,
7      [&](size_t i, const Vector3D& neighborPosition) {
8          double dist = origin.distanceTo(neighborPosition);
9          double weight = _mass / d[i] * kernel(dist);
10         sum += weight * d[i];
11     });
12
13 ...
```

と書けます。これはさらに単純化できます：

```
1
2  ...
3
4  neighborSearcher()->forEachNearbyPoint(
5      origin,
6      _kernelRadius,
7      [&](size_t i, const Vector3D& neighborPosition) {
8          double dist = origin.distanceTo(neighborPosition);
9          double weight = _mass * kernel(dist);
10         sum += weight;
11     });
```

```
12
13 ...
```

密度の部分が消え去ったことに注意してください！ したがって無限ループは破れ、他の何よりも先に
密度を計算できます。そのとき密度の測定は、粒子ごとの質量の加重和にすぎません。このコードは式の
形式でも書けます：

$$\rho(\mathbf{x}) = m \sum_j W(\mathbf{x} - \mathbf{x}_j) \tag{2.4}$$

ちょっとしたコードのクリーンアップで、密度を更新するヘルパー関数 updateDensities を
SphSystemData3 に実装できます：

```cpp
 1 class SphSystemData3 : public ParticleSystemData3 {
 2  public:
 3     ...
 4
 5     void updateDensities();
 6
 7     double sumOfKernelNearby(const Vector3D& position) const;
 8
 9  private:
10     ...
11 };
12
13 void SphSystemData3::updateDensities() {
14     auto p = positions();
15     auto d = densities();
16
17     parallelFor(
18         kZeroSize,
19         numberOfParticles(),
20         [&](size_t i) {
21             double sum = sumOfKernelNearby(p[i]);
22             d[i] = _mass * sum;
23         });
24 }
25
26 double SphSystemData3::sumOfKernelNearby(const Vector3D& origin) const {
27     double sum = 0.0;
28     SphStdKernel3 kernel(_kernelRadius);
29     neighborSearcher()->forEachNearbyPoint(
30         origin,
31         _kernelRadius,
32         [&] (size_t, const Vector3D& neighborPosition) {
33             double dist = origin.distanceTo(neighborPosition);
34             sum += kernel(dist);
35         });
36     return sum;
```

```
37 }
```

したがって補間のようなSPH型の操作を使うには、`updateDensities`関数を呼び出して密度場を初期化しなければなりません。

### 2.3.1.5 微分演算子

SPHの世界で数学の計算を実行する基本ツールを手に入れました。しかし流体の動力学を計算するには、セクション1.3.5で取り上げた微分演算子が必要です。本章で最も頻繁に使う演算子、勾配とラプラシアンを、カーネル補間を基にどのように実装できるかを見ることにします。

### 勾配

SPH粒子を使って勾配$\nabla f$を計算するため、ただ1つの粒子で始めることにします。1つの粒子があれば、SPHカーネルを使って図2.7aに示すようなガウス風の分布を作れます。前に書いた補間コードから、場は次で計算できることが分かっています：

```
1 result = value * mass / density * kernel(distance);
```

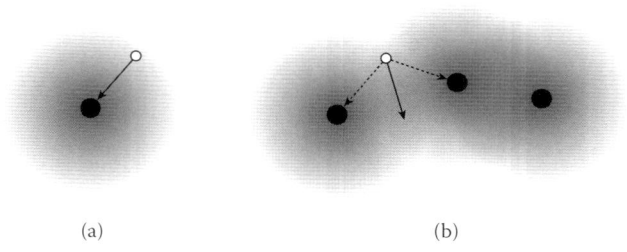

(a)        (b)

図2.7：(a)1つの粒子と（b）多くの粒子による勾配ベクトルの図解。イメージ（b）から、2つの粒子の勾配ベクトルが正味の勾配粒子を形作る。

図2.7aに示すように、勾配ベクトルの大きさはカーネルの微分に比例し、その方向はカーネルの中心を指します。したがって、1つの粒子で勾配を計算するコードは：

```
1 result = value * mass / density * kernel.firstDerivative(distance)
2     * directionToParticle;
```

です。

他は全て補間と変わりませんが、カーネルそのものではなく、カーネルの一次微分をサンプル位置から粒子の中心への方向と乗算することに注意してください。その新たな関数 `firstDerivative`は既存のクラス SphStdKernel3に追加できます：

```
1 struct SphStdKernel3 {
2     ...
3     double firstDerivative(double distance) const;
4
5     Vector3D gradient(double distance, const Vector3D& direction) const;
```

```cpp
 6 };
 7
 8 inline double SphStdKernel3::firstDerivative(double distance) const {
 9     if (distance >= h) {
10         return 0.0;
11     } else {
12         double x = 1.0 - distance*distance / h2;
13         return -945.0 / (32.0 * kPiD * h5) * distance * x * x;
14     }
15 }
16
17 inline Vector3D SphStdKernel3::gradient(
18     double distance,
19     const Vector3D& directionToCenter) const {
20     return -firstDerivative(distance) * directionToCenter;
21 }
```

このコードは式2.1の一次微分と、平滑化された場の勾配を実装します。

その考え方を複数の粒子に拡張するのは簡単です。図2.7bに示すように、単純に近隣を反復して、勾配ベクトルを加えるだけです。そうすることで interpolate とよく似た関数を書けます：

```cpp
 1 class SphSystemData3 : public ParticleSystemData3 {
 2  public:
 3     ...
 4
 5     Vector3D gradientAt(
 6         size_t i,
 7         const ConstArrayAccessor1<double>& values) const;
 8
 9  private:
10     ...
11 };
12
13 Vector3D SphSystemData3::gradientAt(
14     size_t i,
15     const ConstArrayAccessor1<double>& values) const {
16     Vector3D sum;
17     auto p = positions();
18     auto d = densities();
19     const auto& neighbors = neighborLists()[i];
20     Vector3D origin = p[i];
21     SphSpikyKernel3 kernel(_kernelRadius);
22
23     for (size_t j : neighbors) {
24         Vector3D neighborPosition = p[j];
25         double dist = origin.distanceTo(neighborPosition);
26         if (dist > 0.0) {
27             Vector3D dir = (neighborPosition - origin) / dist;
```

```
28              sum += values[j] * _mass / d[j] * kernel.gradient(dist, dir);
29          }
30      }
31
32      return sum;
33  }
```

新たな関数 gradientAtは、与えられた粒子インデックス iでの入力 valuesに対する勾配を返します。上のコードは次の式と等価です：

$$\nabla\phi(\mathbf{x}) = m \sum_{j} \frac{\phi_j}{\rho_j} \nabla W(|\mathbf{x} - \mathbf{x}_j|) \tag{2.5}$$

しかしこの勾配の実装は対称ではありません。それは2つの近い粒子で互いに計算する勾配が異なるかもしれないことを意味します。例えば系に2つしか粒子がないと仮定し、コードや式の返す値を見ることにします。粒子の$\phi$（value)と密度が異なれば、異なる大きさの勾配ベクトルを生じることがあります。この勾配から力を計算する場合、これは問題になる可能性があります。非対称な勾配は、どちらの粒子を見るかによって2つの異なるな大きさの力が適用されることを意味し、それはニュートンの運動の第3法則–すべての作用には、等しい反対向きの作用がある–に反します。

この問題を解決するため、様々なバージョンの勾配実装が提案されました[86,89,7]。最もよく使われる手法が次のものです：

$$\nabla\phi(\mathbf{x}) = \rho_i m \sum_{j} \left( \frac{\phi_i}{\rho_i^2} + \frac{\phi_j}{\rho_j^2} \right) \nabla W(|\mathbf{x} - \mathbf{x}_j|) \tag{2.6}$$

そして以前のコードの一部を次のように置き換えられます：

```
1  Vector3D SphSystemData3::gradientAt(
2      size_t i,
3      const ConstArrayAccessor1<double>& values) const {
4      Vector3D sum;
5      auto p = positions();
6      auto d = densities();
7      const auto& neighbors = neighborLists()[i];
8      Vector3D origin = p[i];
9      SphSpikyKernel3 kernel(_kernelRadius);
10
11     for (size_t j : neighbors) {
12         Vector3D neighborPosition = p[j];
13         double dist = origin.distanceTo(neighborPosition);
14         if (dist > 0.0) {
15             Vector3D dir = (neighborPosition - origin) / dist;
16             sum += d[i] * _mass * (values[i] / square(d[i]) + values[j]
17                         / square(d[j])) * kernel.gradient(dist, dir);
18         }
```

```
19     }
20
21     return sum;
22 }
```

この新たな勾配の式の導出は付録B.1にあり、この新しい勾配が対称なことは簡単に確認できます。

## ラプラシアン

与えられた粒子からラプラシアン $\nabla^2 f$ を計算するため、勾配の計算で行ったのと似た手順を取ります。したがって1つの粒子のプロファイルの評価で始めます：

```
1 result = value * mass / density * kernel(distance);
```

変数 distance の二次微分を適用すると：

```
1 result = value * mass / density * kernel.secondDerivative(distance);
```

になり、secondDerivative関数は次のように実装できます：

```
1 struct SphStdKernel3 {
2     double h5;
3     ...
4
5     double secondDerivative(double distance) const;
6 };
7
8 inline SphStdKernel3::SphStdKernel3()
9     : h(0), h2(0), h3(0), h5(0) {}
10
11 inline SphStdKernel3::SphStdKernel3(double kernelRadius)
12     : h(kernelRadius), h2(h * h), h3(h2 * h), h5(h2 * h3) {}
13
14 inline double SphStdKernel3::secondDerivative(double distance) const {
15     if (distance*distance >= h2) {
16         return 0.0;
17     } else {
18         double x = distance*distance / h2;
19         return 945.0 / (32.0 * kPiD * h5) * (1 - x) * (3 * x - 1);
20     }
21 }
```

勾配のコードと同様に、全てを一緒に近傍走査の中に入れると、コードは次のように書けます：

```
1 double SphSystemData3::laplacianAt(
2     size_t i,
3     const ConstArrayAccessor1<double>& values) const {
4     double sum = 0.0;
5     auto p = positions();
6     auto d = densities();
```

```
7       const auto& neighbors = neighborLists()[i];
8       Vector3D origin = p[i];
9       SphSpikyKernel3 kernel(_kernelRadius);
10
11      for (size_t j : neighbors) {
12          Vector3D neighborPosition = p[j];
13          double dist = origin.distanceTo(neighborPosition);
14          sum += _mass * values[j] / d[j] * kernel.secondDerivative(dist);
15      }
16
17      return sum;
18 }
```

他の文献[7,88]が論じているように、上のコードは均一な場でゼロを返しません。たとえすべての粒子で values[j] が同じゼロでない値を持っていても、sumはループの終わりでゼロになりません。ラプラシアンは主に粘性の計算で使われ、正しい粘性の力を得るには、均一の入力が出力としてゼロの場を返さなければならないので、これは問題になります。しかし Monaghan が提案するように[7,88]、単に下に示すようにその値を元の粒子から減じるという、ちょっとした調整で、この問題は解決します。

```
1 double SphSystemData3::laplacianAt(
2      size_t i,
3      const ConstArrayAccessor1<double>& values) const {
4      double sum = 0.0;
5      auto p = positions();
6      auto d = densities();
7      const auto& neighbors = neighborLists()[i];
8      Vector3D origin = p[i];
9      SphSpikyKernel3 kernel(_kernelRadius);
10
11     for (size_t j : neighbors) {
12         Vector3D neighborPosition = p[j];
13         double dist = origin.distanceTo(neighborPosition);
14         sum += _mass * (values[j] - values[i]) / d[j]
15                     * kernel.secondDerivative(dist);
16     }
17
18     return sum;
19 }
```

対応する式：

$$\nabla^2 \phi(\mathbf{x}) = m \sum_j \left( \frac{\phi_j - \phi_i}{\rho_j} \right) \nabla^2 W(\mathbf{x} - \mathbf{x}_j) \tag{2.7}$$

### 特別なカーネル

ここまではガウス風のカーネル関数を使って補間と場の計算を行いました。コードの中でカーネル自身の勾配やラプラシアンを計算します（式2.5と2.7）。図2.8aはカーネル関数の勾配とラプラシアンの

プロットです。カーネル関数自体は中心からの距離の増加に対し単調減少ですが、勾配とラプラシアンが発振することに注意してください。すでに察している読者もいるかもしれませんが、勾配演算子は粒子が近くなりすぎたときに互いを押し返す圧力勾配を評価するときに使われます（これはセクション2.3.2で扱います）。しかし図2.8aに示すグラフは、たとえ粒子が近づいていても圧力が低下する時点があることを示唆しています。ラプラシアンは、粒子がある閾値より近いときに、負のプロファイルを示すことさえあります。

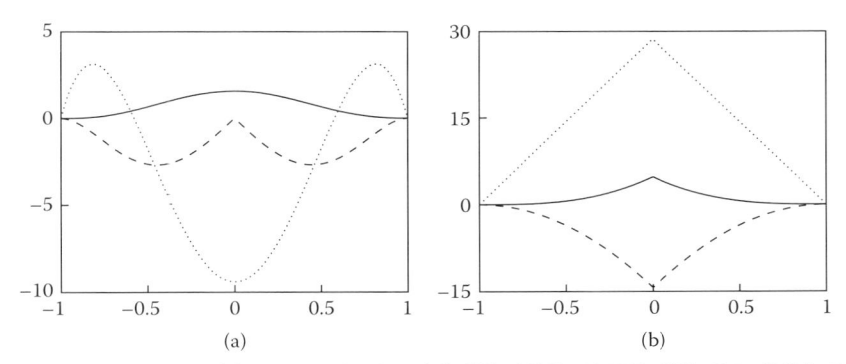

図 2.8： (a)標準 SPH カーネルと(b)スパイキーカーネル。実線、波線、点線は、それぞ元の関数、その一次微分、二次微分。

この問題を解決するため、Müellerと彼の仲間たちは新たなカーネル関数を提案しました[89]。この関数は図2.8bのような尖った形（スパイキー）になります。グラフのように、このカーネル関数の勾配とラプラシアンは距離の増加につれて単調に低下します。カーネル関数そのものは：

$$W_{spiky}(r) = \frac{15}{\pi h^3} \begin{cases} (1 - \frac{r}{h})^3 & 0 \le r \le h \\ 0 & \text{otherwise} \end{cases} \tag{2.8}$$

と書けます。

対応するコードは次のように書けます：

```
 1 struct SphSpikyKernel3 {
 2     double h, h2, h3, h4, h5;
 3
 4     SphSpikyKernel3();
 5
 6     explicit SphSpikyKernel3(double kernelRadius);
 7
 8     double operator()(double distance) const;
 9
10     double firstDerivative(double distance) const;
11
12     Vector3D gradient(double distance, const Vector3D& direction) const;
13
14     double secondDerivative(double distance) const;
15 };
16
17 inline SphSpikyKernel3::SphSpikyKernel3()
```

```
18      : h(0), h2(0), h3(0), h4(0), h5(0) {}
19
20 inline SphSpikyKernel3::SphSpikyKernel3(double h_)
21      : h(h_), h2(h * h), h3(h2 * h), h4(h2 * h2), h5(h3 * h2) {}
22
23 inline double SphSpikyKernel3::operator()(double distance) const {
24      if (distance >= h) {
25          return 0.0;
26      } else {
27          double x = 1.0 - distance / h;
28          return 15.0 / (kPiD * h3) * x * x * x;
29      }
30 }
31
32 inline double SphSpikyKernel3::firstDerivative(double distance) const {
33      if (distance >= h) {
34          return 0.0;
35      } else {
36          double x = 1.0 - distance / h;
37          return -45.0 / (kPiD * h4) * x * x;
38      }
39 }
40
41 inline Vector3D SphSpikyKernel3::gradient(
42      double distance,
43      const Vector3D& directionToCenter) const {
44      return -firstDerivative(distance) * directionToCenter;
45 }
46
47 inline double SphSpikyKernel3::secondDerivative(double distance) const {
48      if (distance >= h) {
49          return 0.0;
50      } else {
51          double x = 1.0 - distance / h;
52          return 90.0 / (kPiD * h5) * x;
53      }
54 }
```

前に述べたように、式2.2を満たせば、どんなカーネル関数でも使えます。したがって、SPH計算でスパイキーカーネルを使うのは妥当です。しかし標準のカーネル SphStdKernel3 のほうが補間で滑らかなプロファイルを与えるので、スパイキーカーネルは勾配とラプラシアンの計算にしか使いません。

## 2.3.2 動力学

セクション1.7で論じたように、圧力勾配、粘性、重力が流体ソルバの実装で鍵となる構成要素です。やはり、圧力勾配の力は高圧から低圧の領域への流体の流れを生じ、流体の厚さを定義します。この3つの力に加えて、セクション1.6.2と2.2.2の空気の抗力も組み込みます。それの例と同様に、SPHシミュ

レーターも以下のステップをとります：

1. 粒子の現在地で密度を測定する
2. 密度を基に圧力を計算する
3. 圧力勾配の力を計算する
4. 粘性の力を計算する
5. 重力と他の外力を計算する
6. 時間積分を実行する

これらのステップの一部は説明済みで、既存の粒子系ソルバ ParticleSystemSolver3 を拡張します。セクション 2.3.1.4 で知った密度場の計算方法から 1 つ目のステップは明らかで、粒子系コードの外力と時間積分の部分も使います。どのように残りのステップを実装し、全てをまとめて SPH 流体ソルバを構築できるかを見ることにします。

### 2.3.2.1 ソルバの概要

SPH ベースの流体ソルバの背後にあるロジックを定義するため、既にセクション 2.2.2 の ParticleSystemSolver3 で実装したものを活用します。次のコードを考えます：

```
1  class SphSystemSolver3 : public ParticleSystemSolver3 {
2   public:
3      SphSystemSolver3();
4
5      virtual ~SphSystemSolver3();
6
7      ...
8
9   protected:
10     void accumulateForces(double timeStepInSeconds) override;
11
12     void onBeginAdvanceTimeStep() override;
13
14     void onEndAdvanceTimeStep() override;
15
16     virtual void accumulateNonPressureForces(double timeStepInSeconds);
17
18     virtual void accumulatePressureForce(double timeStepInSeconds);
19
20     void computePressure();
21
22     void accumulateViscosityForce();
23
24     void computePseudoViscosity();
25
26     ...
27 };
```

見ての通り、3 つの関数 accumulateForces、onBeginAdvanceTimeStep、onEndAdvanceTimeStep を

オーバーライドしています。これは新しいソルバが様々な種類の粒子に対する力を蓄積し、追加の前処理と後処理のステップがあることを暗に意味します。これは自然に、圧力、圧力勾配の力、粘性、処理の間の擬似粘性を計算する次の関数につながります。親クラス ParticleSystemSolver3 が衝突の取り扱いと時間積分を含むすべての面倒を見てくれるので、このクラスは力の計算だけに集中します。

高レベルの関数 accumulateForces から始めると、そのコードは次のようなものです：

```
1  void SphSystemSolver3::accumulateForces(double timeStepInSeconds) {
2      accumulateNonPressureForces(timeStepInSeconds);
3      accumulatePressureForce(timeStepInSeconds);
4  }
5
6  void SphSystemSolver3::accumulateNonPressureForces(double timeStepInSeconds) {
7      ParticleSystemSolver3::accumulateForces(timeStepInSeconds);
8      accumulateViscosityForce();
9  }
10
11 void SphSystemSolver3::accumulatePressureForce(double timeStepInSeconds) {
12     auto particles = sphSystemData();
13     auto x = particles->positions();
14     auto d = particles->densities();
15     auto p = particles->pressures();
16     auto f = particles->forces();
17
18     computePressure();
19     accumulatePressureForce(x, d, p, f);
20 }
```

ParticleSystemSolver3::accumulateForces が重力と空気抗力の面倒を見るので、圧力と粘性の力しか加えないことに注意してください。コードは後で使うため圧力と非圧力も分離します。前処理では、どの SPH 操作よりも前に密度を更新する必要があることを思い出してください。したがって onBeginAdvanceTimeStep は次のように実装できます：

```
1  void SphSystemSolver3::onBeginAdvanceTimeStep() {
2      auto particles = sphSystemData();
3      particles->buildNeighborSearcher();
4      particles->buildNeighborLists();
5      particles->updateDensities();
6  }
```

ゲッター関数 sphSystemData() はコンストラクタで作成した SphSystemData3 への共有ポインタを返します。

後処理では、目につくノイズを減らす擬似物理速度フィルタリングを加えます。その関数 onEndAdvanceTimeStep は次のように書けます：

```
1  void SphSystemSolver3::onEndAdvanceTimeStep() {
2      computePseudoViscosity();
3  }
```

力を蓄積する関数を呼び出すことにより、ソルバの高レベルの実装が得られました。次のセクションから、それらのサブルーチンの詳細に入ります。

### 2.3.2.2 圧力勾配の力

圧力勾配の力を計算するには、圧力を評価する必要があります。圧力は密度と高い関連性があり、高い密度ほど高い圧力を生成します。セクション2.3.1.4で論じた密度の計算を使って、どのように圧力を計算できるかを見ることにします。

**状態方程式**

状態方程式（EOS：Equation Of State）は状態変数の間の関係を記述します。この場合は密度を圧力にマップします。次のコードを考えてみましょう：

```cpp
 1 double computePressureFromEos(
 2     double density,
 3     double targetDensity,
 4     double eosScale,
 5     double eosExponent) {
 6     double p = eosScale / eosExponent
 7         * (std::pow((density / targetDensity), eosExponent) - 1.0);
 8
 9     return p;
10 }
```

関数 computePressureFromEos の引数は、現在の密度（density）、流体の目標密度（targetDensity）、倍率（eosScale）、そして最後にマッピングの過大さを制御する指数（eosExponent）です。等価な数式は：

$$p = \frac{\kappa}{\gamma}(\frac{\rho}{\rho_0}^\gamma - 1) \tag{2.9}$$

と書けます。

ここでは$p$が pressure、$\kappa$が eosScale、$\gamma$が eosExponent、$\rho$が density、$\rho_0$が targetDensity です。

単純にリストを反復して、粒子ごとに圧力を割り当てます：

```cpp
 1 void SphSystemSolver3::computePressure() {
 2     auto particles = sphSystemData();
 3     size_t numberOfParticles = particles->numberOfParticles();
 4     auto d = particles->densities();
 5     auto p = particles->pressures();
 6
 7     const double targetDensity = particles->targetDensity();
 8     const double eosScale = targetDensity * square(_speedOfSound);
 9
10     parallelFor(
11         zeroSize,
```

```
12          numberOfParticles,
13          [&](size_t i) {
14              p[i] = computePressureFromEos(
15                  d[i],
16                  targetDensity,
17                  eosScale,
18                  eosExponent());
19          });
20 }
```

上のコードが

$$\kappa = \rho_0 \frac{c_s^2}{\gamma} \tag{2.10}$$

で eosScaleを計算することに注意してください。$c_s$ は流体中の音速です。これはBeckerと Teschnerの提案による手法です[15]。

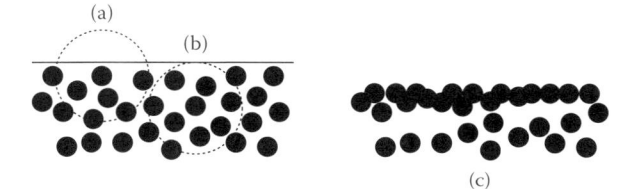

図 2.9 : ほぼ均一な分布でも表面近くの粒子は低密度と測定されることがある。例えば点(a)は点(b)よりも低密度と評価されます。これは表面近くの粒子のクランプを引き起こす(c)。

さて computePressureFromEosをよく見ると、密度がターゲット密度より低い場合に負の圧力をもたらす可能性があります。これは表面の近くでは近隣の粒子が少ないため、意図せぬ振る舞いを生じることがあります。表面近くの状況をより視覚的に説明する図2.9を見てください。たとえ粒子の間隔がターゲット間隔に近くても、SPHソルバが密度分布を一定にしようとするため、表面近くの粒子がクランプされるかもしれないことが示されています。これは表面張力効果と見ることもできますが、意図した効果でも物理的に正確でもありません。この問題の解決法は、次のように負の圧力をクランプすることです：

```
1 double computePressureFromEos(
2     double density,
3     double targetDensity,
4     double eosScale,
5     double eosExponent,
6     double negativePressureScale) {
7
8     double p = eosScale / eosExponent
9         * (std::pow((density / targetDensity), eosExponent) - 1.0);
10
11     // 負の圧力のスケーリング
12     if (p < 0) {
13         p *= negativePressureScale;
```

```
14      }
15
16      return p;
17 }
```

上のコードは `negativeFressureScale` がゼロなら、負の圧力をゼロにクランプします[*10]。そうでなければ、負の圧力を望みの倍率でスケールします。

次のステップは、そのような集中する粒子を押し除ける圧力を生成することです。

### 圧力勾配の計算

勾配演算子は、やはり与えられた位置での最も急な方向と傾きを教えてくれます。それを圧力場に適用すると、近場の極大な圧力領域を指すベクトルが与えられ、その大きさは与えられた位置での圧力場の傾きに対応します。

圧力勾配の計算には、式 2.6 の勾配の対称バージョンを使えます。セクション 1.7.2 の次の圧力勾配の式から

$$\mathbf{f}_p = -m \frac{\nabla p}{\rho} \tag{2.11}$$

対称勾配演算子を適用して次が得られます。

$$\mathbf{f}_p = -m^2 \sum_j \left( \frac{p_i}{\rho_i^2} + \frac{p_j}{\rho_j^2} \right) \nabla W(\mathbf{x} - \mathbf{x}_j) \tag{2.12}$$

同様に、コードも次のように書けます：

```
 1 void SphSystemSolver3::accumulatePressureForce(double timeStepInSeconds){
 2      auto particles = sphSystemData();
 3      auto x = particles->positions();
 4      auto d = particles->densities();
 5      auto p = particles->pressures();
 6      auto f = particles->forces();
 7
 8      computePressureForce(x, d, p, f);
 9 }
10
11 void SphSystemSolver3::accumulatePressureForce(
12      const ConstArrayAccessor1<Vector3D>& positions,
13      const ConstArrayAccessor1<Vector3D>& densities,
14      const ConstArrayAccessor1<Vector3D>& pressures,
15      ArrayAccessor1<Vector3D> pressureForces) {
16      auto particles = sphSystemData();
17      size_t numberOfParticles = particles->numberOfParticles();
18
```

---

[*10] この解決法はまだヒューリスティックで、より物理的に正確な手法は Macklin et al. が論じている [80]。

```
19     const double massSquared = square(particles->mass());
20     const SphSpikyKernel3 kernel(particles->kernelRadius());
21
22     parallelFor(
23         zeroSize,
24         numberOfParticles,
25         [&](size_t i) {
26             const auto& neighbors = particles->neighborLists()[i];
27             for (size_t j : neighbors) {
28                 double dist = positions[i].distanceTo(positions[j]);
29
30                 if (dist > 0.0) {
31                     Vector3D dir = (positions[j] - positions[i]) / dist;
32                     pressureForces[i] -= massSquared
33                         * (pressures[i] / (densities[i] * densities[i])
34                         + pressures[j] / (densities[j] * densities[j]))
35                         * kernel.gradient(dist, dir);
36                 }
37             }
38         });
39 }
```

入力位置を受け取って圧力の配列を出力する関数 accumulatePressureForce を追加したことに注意してください。この新しい関数を導入するのは、サブクラスがその関数を使ってカスタム位置で圧力を計算し、結果を任意の配列に格納できるようにするためです。ユースケースの1つがセクション2.4に登場します。

### 2.3.2.3 粘性

セクション2.3.1.5のラプラシアンに精通していれば、粘性の計算も圧力勾配と同じく単純明快です。まず粘性の力の式は次のように書けます：

$$\mathbf{f}_v = m\mu\nabla^2\mathbf{u} \tag{2.13}$$

これは単位が加速度の代わりに力であることを除き（質量$m$による乗算を意味する）、セクション1.7.3の式1.94と同一です。セクション2.3.1.5のラプラシアンに基づき、上の式は次のように書き直せます：

$$\mathbf{f}_v(\mathbf{x}) = m^2 \sum_j \left(\frac{\mathbf{u}_j - \mathbf{u}_i}{\rho_j}\right) \nabla^2 W(\mathbf{x} - \mathbf{x}_j) \tag{2.14}$$

上の式を実装すると、以下に示すコードが与えられます：

```
1 void SphSystemSolver3::accumulateViscosityForce() {
2     auto particles = sphSystemData();
3     size_t numberOfParticles = particles->numberOfParticles();
4     auto x = particles->positions();
5     auto v = particles->velocities();
```

```
6       auto d = particles->densities();
7       auto f = particles->forces();
8
9       const double massSquared = square(particles->mass());
10      const SphSpikyKernel3 kernel(particles->kernelRadius());
11
12      parallelFor(
13          zeroSize,
14          numberOfParticles,
15          [&](size_t i) {
16              const auto& neighbors = particles->neighborLists()[i];
17              for (size_t j : neighbors) {
18                  double dist = x[i].distanceTo(x[j]);
19
20                  f[i] += viscosityCoefficient() * massSquared
21                      * (v[j] - v[i]) / d[j]
22                      * kernel.secondDerivative(dist);
23              }
24          });
25      }
```

#### 2.3.2.4 重力と抗力

重力と抗力については、セクション2.2.2の粒子系ソルバで実装したものを再利用します。そのコードのクラス ParticleSystemSolver3 と関数 accumulateExternalForces を参照してください。

### 2.3.3 結果と制限

これまでSPHベースの流体シミュレーターを実装する SphSystemSolver3 を書いてきました。既存のものにそれほど多くを追加実装していないことに注意してください。基本的なデータ構造と時間積分を保持するだけの既存のクラス ParticleSystemSolver3 を、いくつかの関数の追加とオーバーライドを行うことにより、完全に機能する流体力学エンジンを持つ SphSystemSolver3 に拡張しました。サンプルの2Dシミュレーションに結果は図2.10で見ることができます。

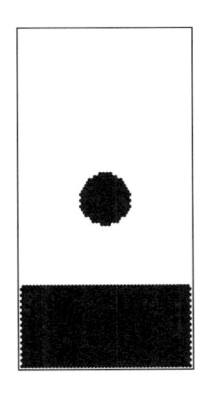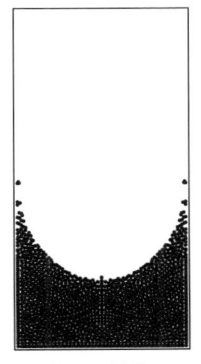

図 2.10： 2D の SPH ソルバからの結果。

ここでSPHシミュレーションの制限を論じることにします。流体密度を（ほぼ）一定に保つため、SPH は密度を圧力場にマップするEOSを導入しました（式2.9と2.10）。それらの式により数多くのパラメータ、とりわけEOSの指数部（$\gamma$）と媒質中の音速（$c_s$）が持ち込まれました。読者はなぜ音速が定数ではなくパラメータなんだろうと思うのではないでしょうか？　また、そのようなパラメータを持つことがなぜ問題になり得るのでしょうか？　それらはすべてシミュレーションの時間ステップと圧縮性に関係があり、それらのパラメータの調整がまずいと、どれも実際に好ましくない小さすぎる時間ステップや不自然な圧縮/不安定性につながります。

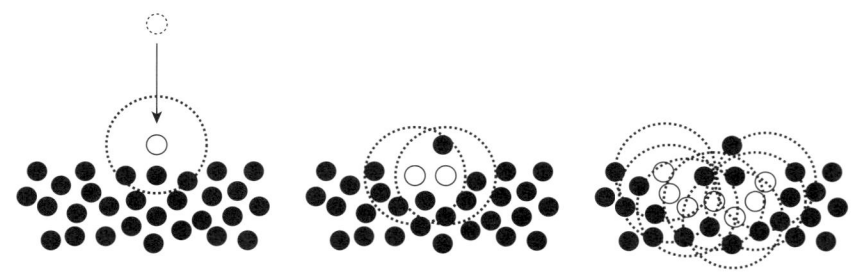

図 2.11：SPH での情報の伝搬。白点は衝突について知らされる粒子で、点線の円はカーネル半径を示す。その出来事を完全に広めるには複数回の反復が必要。

この問題を理解するため、図2.11を見てください。この図は1つの粒子が粒子のプールに落ちるときの、流体ボリューム内での圧力の伝播を示しています。時間ステップごとに、衝突についての情報はカーネル半径$h$の内部でしか伝搬しません。したがって、$c$の速さで伝搬すべき情報がある場合、その最大時間ステップのサイズは$h/c$になります。現実世界の状況では、この情報は音速で伝搬するので、水滴の衝突はほぼ瞬間的に流体ボリューム全体に伝わります。したがって$c_s$を音速とすると、理想的な時間ステップは最大$h/c_s$でなければなりません。これに基づき、BeckerとTeschner[15]やGoswamiとBatty[45]のような文献は、時間ステップを次で制限することを提案しています：

$$\Delta t_v = \frac{\lambda_v h}{c_s}$$
$$\Delta t_f = \lambda_f \sqrt{\frac{hm}{F_{max}}} \qquad (2.15)$$
$$\Delta t \leq \min(\Delta t_v, \Delta t_f)$$

ここでは係数$\lambda_v$と$\lambda_f$は0.4と0.25ぐらいに調整されるスカラー、$h$はカーネル半径、$m$は質量、$F_{max}$は力ベクトルの最大の大きさです。これは時間ステップのサイズが時間ステップごとに変わるかもしれないことを意味します。

時間ステップがどれほど小さくなるかの見当をつけるため、0.1 mのカーネル半径があり、質量が0.001 kg、音速が1482 m/sec$^2$、重力だけが系に作用するとしてみましょう。上の式から、$\Delta t_v$は0.00002699055331になり、$\Delta t_f$は0.0007985957062になります。したがって最大時間ステップは0.00002699055331となり、1つの60 FPSフレームを進めるのに618を超えるサブステップが必要なことを意味します。これは本当に小さな時間ステップで、短いアニメーションのクリップの生成にさえ多大な計算コストが必要になります。

極端に小さな時間ステップを避けるため、Becker と Teschner[15]はシミュレーションで可能な最大の粒子速度を評価することにより、ずっと小さい**擬似**音速を使いました。しかし Solenthaler と Pajarola[109]が指摘するように、実際にはシーンの最大速度がどうなるかを予測するのは(特にソフトウェアのユーザーには)難しいので、Becker と Teschner の手法は多くのパラメータ調整を持ち込む可能性があります。

より長い時間ステップを可能にする別の手段は、EOS の指数部 $\kappa$ を調整することです。Becker と Teschner[15]で $\kappa$ に提案された値は、かなり硬めの7です。硬い $\kappa$ は同じ密度オフセットで高い圧力を適用することを意味し、これは小さな時間ステップが必要で、さもないとシミュレーションの発散を引き起こす可能性があります。時間ステップが大きいと粒子は互いに近付き、硬い EOS は高い圧力を割り当てるので粒子は爆発し、発散を生じます。Desbrun と Cani[34]や Müller et al.[89]のように、$\kappa$ に1を使う、より柔らかい EOS を使った研究もあります。しかし硬さが小さい EOS はある程度の圧縮を許すので、このアプローチは系に発振をもたらします。

この問題をより根本的に解決するため、Solenthaler と Pajarola[109]は音速への依存性を取り除き、圧縮なしで密度を一定に保ちながら情報伝搬を高速化する、予測子修正子モデルを提案しました。次のセクションから、元の SPH 法を拡張して、このモデルを構築する方法を見ることにします。

## 2.4 大きな時間ステップの非圧縮性 SPH

前のセクションで論じたように、従来の SPH ソルバの主な問題の1つは時間ステップの制限です。元の SPH では、最初に現在の設定から密度を求め、EOS を使って圧力を計算し、圧力勾配を適用してから時間積分を実行します。この手順は、カーネル半径の内部でだけ圧力を引き起こすため、ある量の圧縮が必要であることを意味し、計算を遅らせます。その結果、計算的に高価な小さい時間ステップ(多くの反復)を使う必要があります。また硬くない EOS を使うこともできます。しかしこの解決法は、バネのような振動をもたらすかもしれません。音速($c_s$)や粘性(硬い $\kappa$ が引き起こすオーバーシュートを弱める)などのパラメータを細かく調整すれば、そのような問題の回避に役立つかもしれません。しかし根本的な解決ではなく、またユーザーにとって非実用的です。このセクションでは、予測子修正子の概念を SPH シミュレーターに導入することによって、その問題にどう取り組めるかを見ることにしましょう。

### 2.4.1 予測と修正

SPH では、局所的な圧縮が十分な速さで近隣に広がりません。したがって小さな時間ステップを使うか、圧縮を許さなければなりません。この問題を解決するため、Selenthaler と Pajarola は2009年に予測修正非圧縮 SPH (PCISPH)[109]と呼ばれる新しい手法を提案しました。その名前が示唆するように、それは測定と望む密度の差を誤差とする、誤差補正アルゴリズムです。

その手法は最初に候補位置と速度で未来の密度プロファイルを「予測」しながら、元の状態を保ちます。期待される密度を測定した後、密度誤差を減らす「修正」力を計算します。次にアルゴリズムは位置と速度を元の状態にロールバックし、修正力を蓄積します。この処理を複数回繰り返した後、密度誤差を最小にする最適な修正力を求めてから、その蓄積した力を使って次の時間ステップに進みます。したがって、この手法の反復的な性質により、系は密度と圧力の情報をより遠くに伝搬できます。また、最終的な状態

に圧縮がないことを保証しない複数のSPHステップをとる代わりに、修正力を蓄積することにより、確実に結果の状態を(ほぼ)非圧縮状態にします。

## 2.4.2 実装

おおまかにPCISPHの動作は分りました。ではどう実装できるかを見ていきましょう。上に述べたように、その中核アルゴリズムは正しい修正力を求めることがすべてです。その修正力は、実は圧力勾配の力です。したがって、予測修正の反復での目標は、密度誤差を最小にする位置に粒子を動かす最適な圧力を求めることです。まずはスケルトンコードです:

```
1  class PciSphSystemSolver3 : public SphSystemSolver3 {
2   public:
3       PciSphSystemSolver3();
4
5       virtual ~PciSphSystemSolver3();
6
7       ...
8
9   protected:
10      void accumulatePressureForce(double timeIntervalInSeconds) override;
11
12      ...
13
14  private:
15      double _maxDensityErrorRatio = 0.01;
16      unsigned int _maxNumberOfIterations = 5;
17
18      ...
19 };
20
21 void PciSphSystemSolver3::accumulatePressureForce(
22      double timeIntervalInSeconds) {
23      auto particles = sphSystemData();
24      const size_t numberOfParticles = particles->numberOfParticles();
25      const double targetDensity = particles->targetDensity();
26
27      // 他の変数を初期化
28      ...
29
30      for (unsigned int k = 0; k < _maxNumberOfIterations; ++k) {
31          // 速度と位置を予測
32          ...
33
34          // 衝突を解決
35          ...
36
37          // 密度誤差から圧力を計算
38          ...
```

```
39
40        // 圧力勾配の力を計算
41        ...
42
43        // 最大密度誤差を計算
44        double maxDensityError = /* ここで誤差を計算 */
45        double densityErrorRatio = maxDensityError / targetDensity;
46
47        if (std::fabs(densityErrorRatio) < _maxDensityErrorRatio) {
48            break;
49        }
50    }
51
52    // 圧力を蓄積
53    ...
54 }
```

ここでPCISPHシミュレーション用の新しいクラス PciSphSystemSolver3を導入します。このクラスはさらに2つの関数を SphSystemSolver3に追加しますが、関数 accumulatePressureForceがクラスの中核部分です。これは SphSystemSolver3で accumulateNonPressureForces呼び出しの直後に accumulateForces関数から呼び出される関数です。したがって accumulatePressureForceが呼ばれるときには、非圧力型のすべての力が力の配列に蓄積されています。

定義されたイテレーションの最大数に達するまで反復するループがあることが、一目で分かります。また密度誤差が指定の限界値より小さければ、ループは終了できます。ループの内側には、密度誤差を予測して修正することで減らす、いくつかのステップがあります。ループ内の最初のステップは、現在の位置、速度、蓄積した力で時間積分を実行して速度と位置を予測することです。そして次のステップは、予測した状態からすべての衝突を解決します。衝突解決の後、予測した位置に基づいて密度誤差を修正する圧力を計算します。圧力を求めたら、勾配力を計算して蓄積される力の状態を更新します。この力を次回の反復で使います。コードはこの処理を誤差が与えられた閾値に達するまで繰り返します。

それぞれのステップを見てみましょう。まず予測ステップは以下のように書けます:

```
 1 class PciSphSystemSolver3 : public SphSystemSolver3 {
 2   ...
 3
 4   private:
 5     ...
 6
 7     ParticleSystemData3::VectorData _tempPositions;
 8     ParticleSystemData3::VectorData _tempVelocities;
 9     ParticleSystemData3::VectorData _pressureForces;
10
11     ...
12 };
13
14 void PciSphSystemSolver3::accumulatePressureForce(
```

```
15      double timeIntervalInSeconds) {
16      auto particles = sphSystemData();
17      const size_t numberOfParticles = particles->numberOfParticles();
18      const double targetDensity = particles->targetDensity();
19      const double mass = particles->mass();
20
21      auto p = particles->pressures();
22      auto x = particles->positions();
23      auto v = particles->velocities();
24
25      ...
26
27      // バッファを初期化
28      parallelFor(
29          kZeroSize,
30          numberOfParticles,
31          [&] (size_t i) {
32              p[i] = 0.0;
33              _pressureForces[i] = Vector3D();
34          });
35
36      for (unsigned int k = 0; k < _maxNumberOfIterations; ++k) {
37          // 速度と位置を予測
38          parallelFor(
39              kZeroSize,
40              numberOfParticles,
41              [&] (size_t i) {
42                  _tempVelocities[i]
43                      = v[i]
44                      + timeIntervalInSeconds / mass
45                      * (f[i] + _pressureForces[i]);
46                  _tempPositions[i]
47                      = x[i] + timeIntervalInSeconds * _tempVelocities[i];
48              });
49
50          ...
51      }
52
53      ...
54 }
```

コードは現在の状態から一時的な状態 _tempPositions と _tempVelocities への時間積分
を実行するだけです。それらは PciSphSystemSolver3 クラスで導入された新しい配列です。
accumulatePressureForce呼び出しの前に蓄積された力は変数 f に格納され、圧力はやはりクラス
PciSphSystemSolver3で定義された新しい配列 _pressureForces に別個に格納されることに注意し
てください。最初の反復 k = 0 では、_pressureForces と圧力の配列 p はゼロベクトルです。

次の部分は衝突の解決です。これは次に示すように ParticleSystemSolver3 の関数を再利用できるの

で、さらに単純です：

```
1  void PciSphSystemSolver3::accumulatePressureForce(
2      double timeIntervalInSeconds) {
3      ...
4
5      for (unsigned int k = 0; k < _maxNumberOfIterations; ++k) {
6          // 速度と位置を予測
7          ...
8
9          // 衝突を解決
10         resolveCollision(
11             _tempPositions,
12             _tempVelocities,
13             _tempPositions,
14             _tempVelocities);
15
16         ...
17     }
18
19     ...
20 }
```

では密度の測定と、誤差を修正する圧力の計算を見てみましょう。

```
1  void PciSphSystemSolver3::accumulatePressureForce(
2      double timeIntervalInSeconds) {
3      ...
4
5      const double delta = computeDelta(timeIntervalInSeconds);
6
7      // 予測密度
8      Array1<double> ds(numberOfParticles, 0.0);
9
10     SphStdKernel3 kernel(particles->kernelRadius());
11
12     // バッファを初期化
13     ...
14
15     for (unsigned int k = 0; k < _maxNumberOfIterations; ++k) {
16         // 速度と位置を予測
17         ...
18
19         // 衝突を解決
20         ...
21
22         // 密度誤差から圧力を計算
23         parallelFor(
24             kZeroSize,
25             numberOfParticles,
```

```
26                  [&] (size_t i) {
27                      double weightSum = 0.0;
28                      const auto& neighbors = particles->neighborLists()[i];
29
30                      for (size_t j : neighbors) {
31                          double dist
32                              = _tempPositions[j].distanceTo(_tempPositions[i]);
33                          weightSum += kernel(dist);
34                      }
35                      weightSum += kernel(0);
36
37                      double density = mass * weightSum;
38                      double densityError = (density - targetDensity);
39                      double pressure = delta * densityError;
40
41                      if (pressure < 0.0) {
42                          pressure *= negativePressureScale();
43                          densityError *= negativePressureScale();
44                      }
45
46                      p[i] += pressure;
47                      ds[i] = density;
48                      _densityErrors[i] = densityError;
49                  });
50
51          ...
52      }
53
54      ...
55 }
```

これは短いコードではありませんが、焦点は行27から48です。最初のステップは予測した位置 _tempPositions から密度を測定して密度誤差を計算します（これがよくわからない場合は、セクション 2.3.1.4 をもう一度見てください）。次に密度誤差をスカラー値 delta でスケールして圧力を得ます：

$$\tilde{p}_i = \delta \rho^*_{err,i} \tag{2.16}$$

ここで $\rho^*_{err,i}$ は予測した密度誤差で $\tilde{p}_i$ は修正圧力です。セクション 2.3.2.2 で論じたように、負の圧力により表面の近くに集まるのを防ぐため、これはゼロでクランプすることが多いですが、negativePressureScale() で圧力をクランプします。

これでコードに残る未知の変数は delta ($\delta$) だけです。この computeDelta を呼び出して計算する魔法のスカラー変数は、密度誤差を圧力にマップします。その変数の計算方法に関してここでは深入りしませんが、手短に言うと、そのスカラーは密度誤差を打ち消す最適な圧力に密度をマップします。興味がある読者は、付録 B.2 の導出と実装を見てください。

圧力を計算したら、残る仕事は勾配力を計算して、最終的な力を元の力の配列に蓄積することだけで

す：

```
 1 void PciSphSystemSolver3::accumulatePressureForce(
 2     double timeIntervalInSeconds) {
 3     ...
 4
 5
 6     // バッファを初期化
 7     ...
 8
 9     for (unsigned int k = 0; k < _maxNumberOfIterations; ++k) {
10         // 速度と位置を予測
11         ...
12
13         // 衝突を解決
14         ...
15
16         // 密度誤差から圧力を計算
17         ...
18
19         // 圧力勾配の力を計算
20         _pressureForces.set(Vector3D());
21         SphSystemSolver3::accumulatePressureForce(
22             x, ds.constAccessor(), p, _pressureForces.accessor());
23
24         // 最大密度誤差を計算
25         double maxDensityError = 0.0;
26         for (size_t i = 0; i < numberOfParticles; ++i) {
27             maxDensityError = absmax(maxDensityError, _densityErrors[i]);
28         }
29
30         double densityErrorRatio = maxDensityError / targetDensity;
31
32         if (std::fabs(densityErrorRatio) < _maxDensityErrorRatio) {
33             break;
34         }
35     }
36
37     ...
38 }
39
40 // 圧力を蓄積
41 parallelFor(
42     zeroSize,
43     numberOfParticles,
44     [&](size_t i) {
45         f[i] += _pressureForces[i];
46     });
```

これでPCISPHソルバの中核の実装は終了です。

### 2.4.3 結果

ここまでSPHベースの流体シミュレーターを実装する `SphSystemSolver3`を書いてきました。既存の実装に、それほど多くを追加していないことに注意してください。基本的なデータ構造と時間積分を保持する `ParticleSystemSolver3`クラスを、いくつかの関数の追加とオーバーライドで`SphSystemSolver3`に拡張し、完全に機能する流体力学エンジンが得られました。サンプルの2Dシミュレーションの結果を図2.12で見ることができます。この例で使う構成は、同様のSPHの結果（図2.10）で使ったものと同じです。しかし、PCISPHシミュレーションは5倍の大きさの時間ステップを使って、ほぼ同じ結果を生み出します。

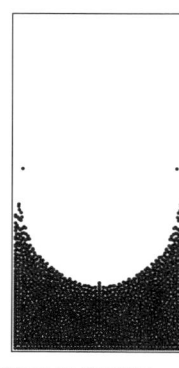

図 2.12：2D での PCISPH ソルバの結果。

図2.13は3DのPCISPHシミュレーターを使った、より興味深い結果を示しています。このシミュレーションは仮想的なダム内の水柱から始まる「ダム決壊」実験のバリエーションの1つです。シミュレーション開始と同時に仮想的なダムが消えたとすると、水柱は崩壊し、障害物に当たって水しぶきを生成します。その表面はSPH密度場の等値面をとって抽出します。流体の密度が$\rho$なら、$\rho/2$を等値面にとります。次にそれをマーチングキューブアルゴリズム（sセクション1.4.3）で三角形メッシュに変換し、パストレーシングシンレンダラーを使ってイメージのシーケンスにレンダーします。この例ではMitsubaレンダラーを使いました[59]。図2.14は同じシミュレーション結果ですが、粒子と球を可視化するため異なるやり方でレンダーしています。

## 2.5 衝突処理

本章では、粒子と粒子、粒子とオブジェクトの2種類の衝突を紹介します。前者はSPHやPCISPHソルバで、具体的には圧力とその勾配力を計算して処理します。後者の衝突の問題は床、容器、さらには動くキャラクターのようなシーン中の固体オブジェクトと粒子の間の相互作用が焦点です。このセクションでは、粒子とオブジェクトの衝突の問題を処理する方法を取り上げます。

これまで実装したソルバ（ `ParticleSystemSolver3`、`SphSystemSolver3`、`PciSphSystemSolver3`）は、ブラックボックスソルバとして扱ったクラス `ParticleSystemSolver3`の関数 `resolveCollision`

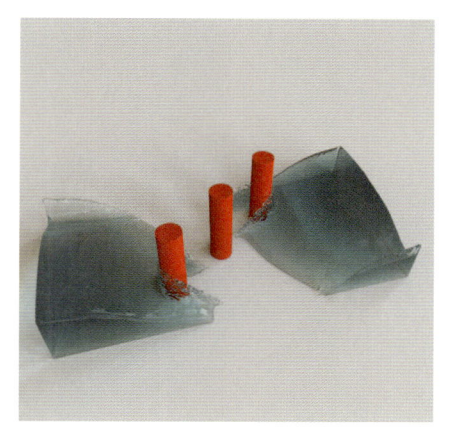

図 2.13：3D での PCISPH ソルバの結果を示すイメージ。シミュレーションは 839k の粒子を使って生成。

を呼び出すことにより衝突を解決できると仮定していました。次のセクションで、その実装の詳細を論じます。

### 2.5.1 コライダーの定義

流体粒子が衝突できる固体オブジェクトがコライダーと呼ばれます。実装の手初めに、粒子と相互作用する固体オブジェクトを表すコライダークラスを定義します。次が新たなクラス Collider3の出発点になるコードです。

```
1 class Collider3 {
2 public:
3     Collider3();
4
5     virtual ~Collider3();
6
7     void resolveCollision(
8         const Vector3D& currentPosition,
9         const Vector3D& currentVelocity,
```

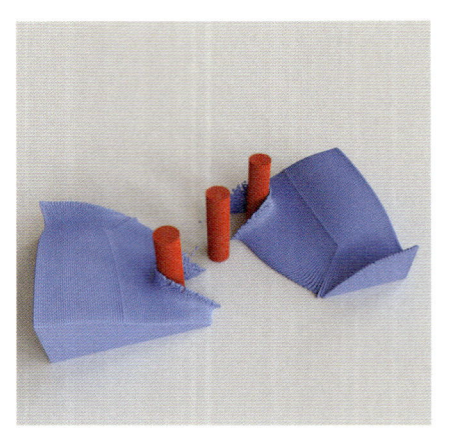
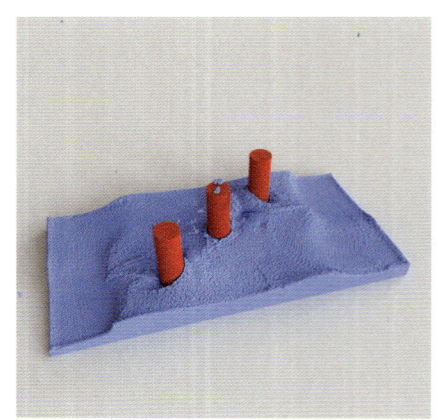

図 2.14：PCISPH シミュレーションの粒子の可視化。図 2.13 と同じアニメーションシーケンスを、粒子を球として表示して異なるやり方でレンダー。

```
10          double radius,
11          double restitutionCoefficient,
12          Vector3D* newPosition,
13          Vector3D* newVelocity);
14
15      ...
16 };
```

上に示すように、resolveCollisionが鍵となる関数で、現在の状態（位置と速度）と粒子の特性（半径と反発係数）から、解決された状態を返します。しかし関数の実装に入る前に、図2.15の衝突イベントをコライダーがどのように解決するかの概要を見てみましょう。粒子とオブジェクトの衝突の解決には多様なアプローチがありますが、ここでは最も単純で分かりやすいアプローチをとります[*11]。

その処理は、まず粒子の新たな位置が表面を貫通したり、近すぎるかどうかを調べます。貫通していなければ、それ以上進める必要はなく、関数を抜けてかまいません。図2.15bのように貫通する場合、粒子を

---

[*11] 衝突処理についての詳しい議論は、Baraff と Witkin [10]、Bridson et al. [23]、Ericson [40] を参照。

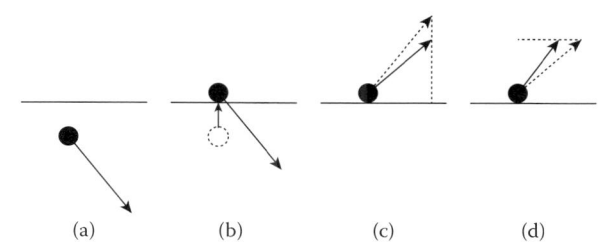

図 2.15：単純な衝突の解決。表面を貫通する粒子(a)は、最も近い点に押し出される(b)。そのとき速度の法線成分は反発係数を基にスケールダウンされる(c)。接線速度も摩擦力に従ってスケールされる(d)。

表面の外に押し出します。

粒子の現在の状態から衝突のない状態を返す中核の関数 resolveCollision を見てみましょう。関数の1つ目と2つ目のパラメータは粒子の現在の位置と速度です。パラメータ radius が粒子のサイズを定義します。パラメータ restitutionCoefficient が跳ね返りの大きさを決定します。このパラメータが0の場合、まったく跳ね返らず、粒子が表面に付着することを意味します。パラメータを1に設定すると完全弾性衝突を表わし、粒子は衝突と同じ大きさの速度で跳ね返ります。最後のパラメータ newPosition と newVelocity は粒子の新たな状態です。

関数の実装は、次のスケルトン コードで開始します：

```
1  void Collider3::resolveCollision(
2      double radius,
3      double restitutionCoefficient,
4      Vector3D* newPosition,
5      Vector3D* newVelocity) {
6      ColliderQueryResult3 colliderPoint;
7
8      ...
9
10     // 新たな位置が表面を貫通するかどうかをチェック
11     if (isPenetrating(colliderPoint, *newPosition, radius)) {
12         ...
13
14         // 速度が面法線と反対方向を向いてるかどうかをチェック
15         if (...) {
16             // 反発係数を速度の面法線成分に適用
17             ...
18
19             // 摩擦を速度の接線成分に適用
20             ...
21
22             // 成分を再組み立て
23             *newVelocity = /* 法線速度 */ + /* 接線速度 */;
24         }
25
26         // 幾何学的修正
```

```
27         *newPosition = /* 面上の最も近い点 */;
28     }
29 }
```

上のコードに示すように、最初に決定したいのは粒子が表面を貫通するかどうかです。そうであれば、粒子が表面を貫通を継続中か、脱出の最中かをチェックします。この状態は粒子の速度と面法線の内積 $\mathbf{v} \cdot \mathbf{n}$ で評価できます。内積が負なら粒子が貫通を継続することを意味し、速度の法線成分を反射して反発係数を適用します:

$$v_n^{new} = -R v_n \tag{2.17}$$

ここで $v_n$ は速度の面法線成分で、$R$ は反発係数です。この処理は粒子への推進力の適用と似ています。法線方向の速度の変化が $\Delta v_n = v_n^{new} - v_n = (-R-1)v_n$ であることに注意してください。この手続きは図2.15cに対応します。

物理では、物体が他の表面と接触し、物体を表面に押し出す法線方向の力がある場合、摩擦力 $F_f = \mu F_n$ が発生することがあります。この摩擦による面接線方向の速度の変化は $\Delta v_t = a_t \Delta t = F_f/m \Delta t = \mu F_n/m \Delta t$ です。法線方向の速度の変化 $\Delta v_n$ は分かり、それは $\Delta v_n = a_n \Delta t = F_n/m \Delta t$ と書き直せるので、$\Delta v_t$ は $\mu \Delta v_n$ だと言えます。もちろん、摩擦は粒子を遅くするだけではなく、加速することもあります。したがって、接線方向の速度変化 $\Delta v_t$ は $v_t$ より小さくなければなりません。結論として、速度の接線成分 $v_t$ は:

$$\Delta v_t = \min(\mu \Delta v_n, v_t) \tag{2.18}$$

かつ

$$v_t^{new} = \max(1 - \mu \frac{|\Delta v_n|}{|v_t|}, 0) \cdot v_t \tag{2.19}$$

と計算できます。

このステップが図2.15dに示されています。詳細はBridson et al. [23]を参照してください。

ここまで新たな速度状態の法線と接線成分 $v_n^{new}$ と $v_t^{new}$ を計算してきました。これらを再度組み立てたら、粒子から最も近い表面上の点を newPosition に代入して衝突の解決は完了です。以下が上のスケルトンコードを基にした、述べてきたアルゴリズムの完全な実装です。メンバー関数 getClosestPoint と isPenetrating が加わっていることに注意してください。また getClosestPoint から問い合わせるコライダー表面上の点を確認する単純な構造体 ColliderQueryResult3 が導入されています。最後に、このコードはコライダー自身も動いていると仮定しています(コライダー表面上の点の速度は Collider3::velocityAt 関数でアクセスできます)。このため速度関連の計算には、粒子とコライダーの間の相対速度を使います。

```
1 void Collider3::resolveCollision(
2     double radius,
3     double restitutionCoefficient,
4     Vector3D* newPosition,
5     Vector3D* newVelocity) {
6     ColliderQueryResult3 colliderPoint;
```

```
 7
 8      getClosestPoint(_surface, *newPosition, &colliderPoint);
 9
10      // 新たな位置が表面を貫通するかどうかをチェック
11      if (isPenetrating(colliderPoint, *newPosition, radius)) {
12          // ターゲットの点は現在の位置から最も近い貫通しない位置。
13          Vector3D targetNormal = colliderPoint.normal;
14          Vector3D targetPoint = colliderPoint.point + radius * targetNormal;
15          Vector3D colliderVelAtTargetPoint = colliderPoint.velocity;
16
17          // ターゲットの点から新たな候補相対速度を得る
18          Vector3D relativeVel = *newVelocity - colliderVelAtTargetPoint;
19          double normalDotRelativeVel = targetNormal.dot(relativeVel);
20          Vector3D relativeVelN = normalDotRelativeVel * targetNormal;
21          Vector3D relativeVelT = relativeVel - relativeVelN;
22
23          // 速度が面法線と反対方向を向いてるかどうかをチェック
24          if (normalDotRelativeVel < 0.0) {
25              // 反発係数を速度の面法線成分に適用
26              Vector3D deltaRelativeVelN
27                  = (-restitutionCoefficient - 1.0) * relativeVelN;
28              relativeVelN *= -restitutionCoefficient;
29
30              // 摩擦を速度の接線成分に適用
31              if (relativeVelT.lengthSquared() > 0.0) {
32                  double frictionScale
33                      = std::max(
34                          1.0
35                          - _frictionCoefficient
36                              * deltaRelativeVelN.length()
37                              / relativeVelT.length(), 0.0);
38                  relativeVelT *= frictionScale;
39              }
40
41              // 成分を再組み立て
42              *newVelocity
43                  = relativeVelN + relativeVelT + colliderVelAtTargetPoint;
44          }
45
46          // 幾何学的修正
47          *newPosition = targetPoint;
48      }
49  }
50
51  void Collider3::getClosestPoint(
52      const Surface3Ptr& surface,
53      const Vector3D& queryPoint,
54      ColliderQueryResult3* result) const {
55      result->distance = surface->closestDistance(queryPoint);
```

```
56    result->point = surface->closestPoint(queryPoint);
57    result->normal = surface->closestNormal(queryPoint);
58    result->velocity = velocityAt(queryPoint);
59 }
60
61 bool Collider3::isPenetrating(
62    const ColliderQueryResult3& colliderPoint,
63    const Vector3D& position,
64    double radius) {
65    // 粒子の新たな候補位置が面の反対側にあったり、面への距離が
66    // 粒子の半径より小さい場合、この粒子は衝突状態にある
67    return
68        (position - colliderPoint.point).dot(colliderPoint.normal) < 0.0
69        || colliderPoint.distance < radius;
70 }
```

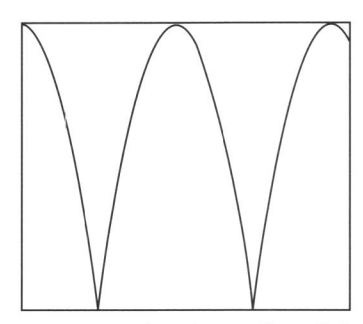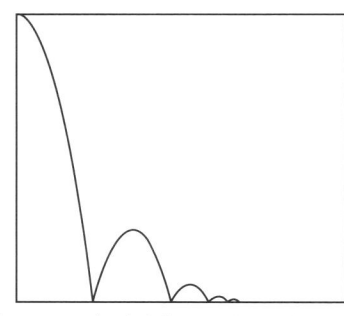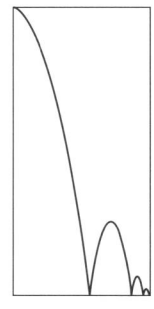

図2.16：異なるコライダー設定からの粒子の軌跡。左のイメージは自由落下する粒子の完全な跳ね返り（反発係数= 1）。中のイメージは1より小さい反発係数での結果。右のイメージは同じ反発係数を使うが、摩擦係数がゼロでない。

上で実装したコライダーは、SPHと非SPH両方のシミュレーターに適用できます。また、このアプローチは与えられた位置で表面から最も近い点の問い合わせが可能なら、ほとんどの表面で動作します。したがって、コードは柔軟で複数の応用に適応でき、制約も多くありません。サンプルの結果が図2.16に示されています。

コライダーをSPH粒子でモデル化することもできます。そのようなアプローチは衝突を明示的に処理する必要がなく、すべてを動力学ソルバに覆い隠せます。より洗練されたSPHの衝突処理テクニックの詳細はIhmsen et al.[56]を参照してください。

## 2.6 議論と参考文献

粒子ベースの手法は、粒子を動かすことにより流れに沿って流体の小包を追跡する、ラグランジュフレームワークのアプローチの1つです。粒子を使う手法の中でも、SPHは頻繁に使われるテクニックの1つで、流体ボリュームを粒子と平滑化密度分布でモデル化します。密度をほぼ一定に制約するEOSを使い、密度場から圧力を計算します。しかしこの解法は、体積を保存するためには、より小さな時間ステップを時間ステップが必要です。大きな時間ステップだと、この手法はしばしば不安定さをもたらす圧縮と発振を示します。そのような従来のSPHの短所は、1つの時間ステップで何度か反復して一定の

密度を保存する最適な圧力を求める予測–修正アプローチにより改善されます。

粒子ベースの手法は固定された粒子分布の構造がないので「メッシュフリーな手法」とも呼ばれます。近隣リストの接続性は常に変化し、数値演算は格子のようなあらかじめ定義された構造を仮定しません。この特徴は手法に柔軟性を与え、その粒子はどんな種類のジオメトリや領域にも適応できます。例えば、粒子はスプレーから砕ける波まで様々な種類の形を形成できます。また、粒子はほとんど制約なしで、様々な種類のコライダーと相互作用できます。

ラグランジュ法として、粒子ベースの手法には、粒子により運ばれる物理量を保存する強みもあります。質量と速度がよい例です。それらの測定は、格子ベースの手法で観察するように、他の離散点に再分配されることがないので、少なくとも粒子を移動させるときの数値的損失が小さくなります。

その一方、粒子のランダムな分布により結果にノイズが生じることがあります。補間は加重平均に基づき、出力結果に凸凹が簡単に観察されます。再構成される表面の品質の改善を論じる研究もありますが[122,127]、それらは主に可視化の問題に焦点を合わせています。移動最小二乗など、より高精度な手法も存在しますが、計算コストが増えます[7,35]。

本章で実装した2つのSPH型の手法は、よく言及されるアルゴリズムですが、他にも述べる価値があるアプローチが数多くあります。PCISPHは流体を非圧縮性にすることに関してよい性能を示しますが、「位置ベースの動力学」(PBD)と呼ばれる、似て非なるアプローチも活発な研究分野です[80,90]。Macklin et al. [80]によると、それはPCISPHと比べてよい非圧縮性を示します。PBD法はRealFlowソフトウェアパッケージケージ[4]の最近のバージョンにも含まれます(原著刊行当時)。非圧縮性の流れを解く別のアプローチは、線形システムを使うことです[32]。この手法は次章の格子ベースのフレームワークで見るものとよく似ていますが、SPHの定式化に基づく計算手法です。またSPHの考え方を、複数の種類の流体の相互作用(水–油など)や[85,92] 変形可能オブジェクト[91]など、より幅広い現象に拡張する研究もあります。

3章からは格子を使い、流体力学をシミュレートする別の側面を学びます。格子ベースの手法にも長所と短所があります。それらの特徴により、そのフレームワークはただの粒子への代替解法ではなく、独自のシミュレーション領域の設定が必要です。格子で何が作成でき、なぜ格子が必要なのかを見ることにします。

# 3 格子ベースのシミュレーション

## 3.1 世界をピクセルにする

格子は組織化されたやり方でデータを格納する多次元構造です。それはデータ点のネットワークで、しばしば「メッシュ」とも呼ばれます。例えばビットマップイメージは、ピクセルごとに色を格納する最も単純な格子構造です。しかし図3.1に示すように、格子が必ず長方形である必要はありません。円弧や三角形のような任意の形を持てます。図3.1aやbに示すような整列構造を持つ格子は「規則」あるいは「構造化」格子と呼ばれます。図3.1cのような他の格子は「不規則」あるいは「非構造化」格子と呼ばれます[26]。

格子によるシミュレートは粒子ベースのフレームワークとかなり異なります。格子は固定された窓の配列のようなものです。各時点で、窓を通してデータを記録します。シーンをピクセル化したイメージで記録するデジタルカメラと考えることもできます。固定された視点から、各格子点で物理的な量をとらえます。セクション2.1で述べたように、そのような世界の離散化の仕方はオイラーフレームワークと呼ばれ、一方、粒子ベースのシミュレーションはラグランジュ法の1つです。ただし格子が粒子のように動く手法もあります。そのような手法はラグランジュまたはラグランジュ–オイラーハイブリッドで、たいてい三角形や四面体のメッシュを使います[12,111]。本章では、固定された格子だけを考えます。

本章では、格子ベースのシミュレーターの開発方法を学びます。まず次のセクションで、そのデータ構造の設計を取り上げます。次に粒子と同じく、様々な演算子を処理するコードを拡張し、それが格子ベースの流体ソルバの基盤になります。ソルバの最初のバージョンは、中核の動力学である重力、粘性、圧力を包含する基底シミュレーターになります。また、移流と呼ばれる新たなステップが導入されます。オイラーフレームワークの性質から衝突処理も考え直します。基底ソルバを構築した後、章のまとめとして煙と液体のシミュレーションエンジンを実装します。

## 3.2 データ構造

本書では、軸平行多次元配列を使って格子クラスを定義します。これは2次元のビットマップイメージのようなものであるだけでなく、図3.2に示すように、空間中での格子のサイズと位置を定義する軸平行バウンディングボックスも持ちます。図のように、「セル」は小さな長方形の格子1片で、その辺の長さが格子間隔です。各セルはすべてのコーナーに「頂点」があり、2つのセルの間に「面」があります。1方向の格子セルの数を示す「解像度」も使います。また、この格子の原点はボックスの左下隅にあります。見て分かるように、この格子構造はデカルト座標系の軸と完全に揃い、デカルト格子と呼ぶことにします。前に述べたように、図3.1bの曲線格子のように、揃わないタイプの格子もあります。そのような格子はデータ構造を問題空間に適応させるときに使いますが[116]、本書はデカルト格子だけに焦点を合わせ

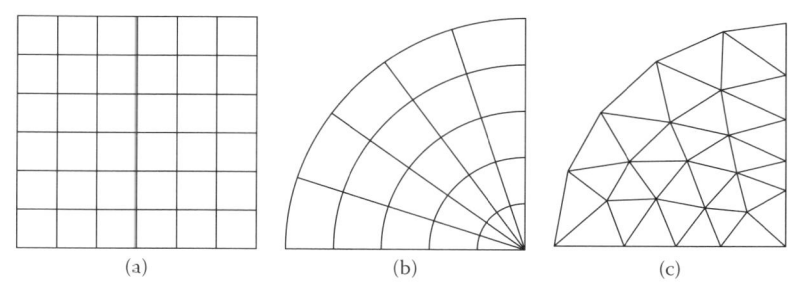

図 3.1：(a)長方形の規則格子、(b)曲線からなる規則格子、(c)三角形不規則格子を示すイメージ。

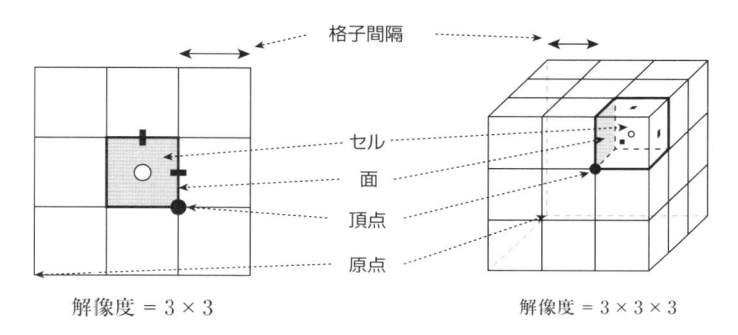

図 3.2：2D と 3D の格子の図解。黒い点は頂点、白い点はセルの中心、黒い長方形は面心位置を示す。

ます。

デカルト格子の実装として次のコードを考えます：

```
 1 class Grid3 {
 2  public:
 3     typedef std::function<Vector3D(size_t, size_t, size_t)> DataPositionFunc;
 4
 5     Grid3();
 6
 7     virtual ~Gric3();
 8
 9     const Size3& resolution() const;
10
11     const Vector3D& origin() const;
12
13     const Vector3D& gridSpacing() const;
14
15     const BoundirgBox3D& boundingBox() const;
16
17     DataPositionFunc cellCenterPosition() const;
18
19     ...
20 };
```

見て分かるように、この単純なクラスには `resolution`、`origin`、`gridSpacing`、`boundingBox`を含む一連の読み出し専用のプロパティがあります。これらのプロパティは3次元配列の次元だけでなく、格子セルから物理的な位置への空間マッピングも定義します。関数 `gridSpacing`がスカラーではなく、3Dベクトルを返すことに注意してください。それは格子が軸ごとに異なる格子間隔を持てることを意味します。またクラスが非常に基本的なパラメータを定義するだけで、データストレージを実装しないことにも注意してください。実際データをどう格納したいかに応じた様々な型の格子があります。値は頂点、セル中心や面に格納できます。以降のセクションで、データ格納設計の詳細を見ます。

### 3.2.1 格子の型

本書では図3.3に示す階層で格子を分類します。すべての型を理解しようとはせず、最上位レベルに集中してください。階層から、まず格納するデータの型を基に、格子を2つの主要なグループ、スカラーとベクトルに分類します。その名が示唆するように、スカラー格子とベクトル格子は有限の数の格子点で場を離散化するスカラー場とベクトル場の数値表現です（場の概念を思い出すにはセクション1.3.5を参照）。したがって、スカラー格子とベクトル格子を定義する `Grid3`のサブクラス `ScalarField3`、`VectorField3`は：

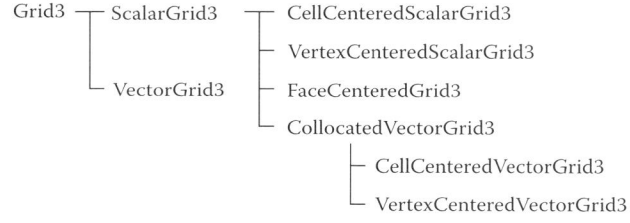

図 3.3：**本書で使う格子の階層。**

```
1  class ScalarGrid3 : public ScalarField3, public Grid3 {
2   public:
3      ScalarGrid3();
4
5      virtual ~ScalarGrid3();
6
7      virtual Size3 dataSize() const = 0;
8
9      virtual Vector3D dataOrigin() const = 0;
10
11     void resize(
12         const Size3& resolution,
13         const Vector3D& gridSpacing = Vector3D(1, 1, 1),
14         const Vector3D& origin = Vector3D(),
15         double initialValue = 0.0);
16
17     const double& operator()(size_t i, size_t j, size_t k) const;
18
19     double& operator()(size_t i, size_t j, size_t k);
20
```

```
21     ...
22
23  private:
24      Array3<double> _data;
25      ...
26 };
```

と

```
1  class VectorGrid3 : public VectorField3, public Grid3 {
2  public:
3      VectorGrid3();
4
5      virtual ~VectorGrid3();
6
7      void resize(
8          const Size3& resolution,
9          const Vector3D& gridSpacing = Vector3D(1, 1, 1),
10          const Vector3D& origin = Vector3D(),
11          const Vector3D& initialValue = Vector3D());
12
13  protected:
14      virtual void onResize(
15          const Size3& resolution,
16          const Vector3D& gridSpacing,
17          const Vector3D& origin,
18          const Vector3D& initialValue) = 0;
19 };
```

のように書けます。

クラス宣言の完全版はinclude/jet/scalar_grid3.hとinclude/jet/vector_grid3.hにあります。ScalarGrid3に純粋仮想関数 dataSizeと dataOriginが含まれることに注意してください。格納するデータの型は分かっても、データ点の位置は未知で、頂点、セル、面の中心の可能性があります。そのためクラスは実際のデータの位置決めをサブクラスに先送りします。この2つの関数はGrid3::resolutionと Grid3::originに似ているように聞こえるもしれませんが、重要な違いはGrid3の関数が格子セルの解像度と境界ボックスのコーナーを返すのに対し、ScalarGrid3の関数は$(0, 0, 0)$にあるデータ点の解像度とデータ点の位置を返すことです。例えば格子原点が$(0, 0, 0)$で、格子間隔が$(1, 11)$の$3 \times 4 \times 5$の解像度のセル中心格子は、dataOriginに$(0.5, 0.5, 0.5)$、dataSizeに$3 \times 4 \times 5$を返します。頂点中心格子の場合、関数はそれぞれ$(0, 0, 0)$と$4 \times 5 \times 6$を返します。VectorGrid3には dataSize関数と dataOrigin関数がなく、onResize コールバックがあることに注意してください。これはデータ点の解像度と位置が軸により、特に面心格子の場合変わるかもしれないからです。このため、関数 resizeから呼び出されてサブクラス固有のデータ点を割り当てる新しいコールバック関数 onResizeがあります。

図3.3の階層に戻り、ScalarGrid3のサブクラスを見てみましょう。階層ツリーは2つの子クラス、

CellCenteredScalarGrid3 と VertexCenteredScalarGrid3 を示しています。その2つのサブクラスはデータ点を格子の頂点の上、または格子セルの中心で定義します。どちらも親クラスの仮想関数 dataSize と dataOrigin を実装します。例えばセル中心格子は：

```
 1 class CellCenteredScalarGrid3 final : public ScalarGrid3 {
 2 public:
 3     CellCenteredScalarGrid3();
 4
 5     CellCenteredScalarGrid3(
 6         const Size3& resolution,
 7         const Vector3D& gridSpacing = Vector3D(1.0, 1.0, 1.0),
 8         const Vector3D& origin = Vector3D(),
 9         double initialValue = 0.0);
10
11     Size3 dataSize() const override;
12
13     Vector3D dataOrigin() const override;
14 };
15
16 Size3 CellCenteredScalarGrid3::dataSize() const {
17     return resolution();
18 }
19
20 Vector3D CellCenteredScalarGrid3::dataOrigin() const {
21     return origin() + 0.5 * gridSpacing();
22 }
```

と定義できます。

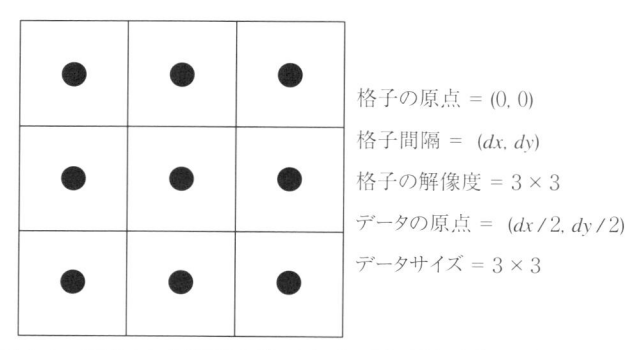

格子の原点 = $(0, 0)$

格子間隔 = $(dx, dy)$

格子の解像度 = $3 \times 3$

データの原点 = $(dx/2, dy/2)$

データサイズ = $3 \times 3$

図 3.4：2D のセル中心格子のデータレイアウト。黒点がデータの位置を表す。

次元あたりのセルの数は次元あたりのセル中心の数と一緒なので、dataSize が Grid3::resolution と正確に同じ値を返すことに注意してください。またセル中心なので、dataOrigin は、格子の原点から格子間隔の半分のオフセット付きの点を返します。図3.4がセル中心格子のデータレイアウトを分かりやすく示しています。

頂点中心格子も同様に実装できます：

```
 1 class VertexCenteredScalarGrid3 final : public ScalarGrid3 {
 2  public:
 3     VertexCenteredScalarGrid3();
 4
 5     VertexCenteredScalarGrid3(
 6         const Size3& resolution,
 7         const Vector3D& gridSpacing = Vector3D(1.0, 1.0, 1.0),
 8         const Vector3D& origin = Vector3D(),
 9         double initialValue = 0.0);
10
11     Size3 dataSize() const override;
12
13     virtual Vector3D dataOrigin() const override;
14 };
15
16 Size3 VertexCenteredScalarGrid3::dataSize() const {
17     return resolution() + Size3(1, 1, 1);
18 }
19
20 Vector3D VertexCenteredScalarGrid3::dataOrigin() const {
21     return origir();
22 }
```

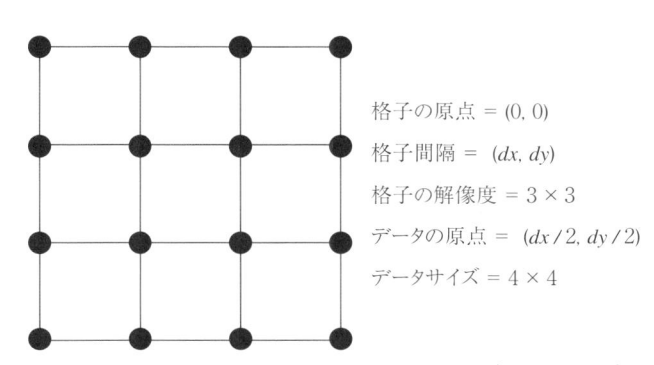

図 3.5： 2D の頂点中心格子のデータレイアウト。黒点がデータの位置を表す。

頂点中心格子のデータ レイアウトが図3.5に示されています。

チャート(図3.3)のベクトル格子に移りましょう。ベクトル格子では、ベクトル場の$x$、$y$、$z$成分のデータ点を同じ位置や異なる位置で定義できます。同じ位置で定義するとき、そのような格子を「コロケート」格子と呼びます。$x$、$y$、$z$成分がコロケートしない場合は「スタッガード」格子と呼ばれます。本書では、2つのコロケート格子、セル中心と頂点中心のベクトル格子について見ていきます。スタッガード格子は、面心格子だけを使います。コロケート格子は ScalarGrid3 とよく似ていて、次のように書けます：

```
 1 class CollocatedVectorGrid3 : public VectorGrid3 {
 2  public:
 3     CollocatedVectorGrid3();
```

```
4
5      virtual ~CollocatedVectorGrid3();
6
7      virtual Size3 dataSize() const = 0;
8
9      virtual Vector3D dataOrigin() const = 0;
10
11     const Vector3D& operator()(size_t i, size_t j, size_t k) const;
12
13     Vector3D& operator()(size_t i, size_t j, size_t k);
14     ...
15
16  private:
17     Array3<Vector3D> _data;
18
19     ...
20 };
```

基盤のデータストレージとして、クラスは Vector3D の3次元配列を持ちます。既に ScalarGrid3 で見た2つの仮想関数があることに注意してください。それらの関数は：

```
1 class CellCenteredVectorGrid3 final : public CollocatedVectorGrid3 {
2  public:
3     CellCenteredVectorGrid3();
4
5     ...
6
7     Size3 dataSize() const override;
8
9     Vector3D dataOrigin() const override;
10
11     ...
12 };
13
14 Size3 CellCenteredVectorGrid3::dataSize() const {
15     return resolution();
16 }
17
18 Vector3D CellCenteredVectorGrid3::dataOrigin() const {
19     return origin() + 0.5 * gridSpacing();
20 }
```

と

```
1 class VertexCenteredVectorGrid3 final : public CollocatedVectorGrid3 {
2  public:
3     VertexCenteredVectorGrid3();
4
5     ...
```

```
 6
 7     Size3 dataSize() const override;
 8
 9     Vector3D dataOrigin() const override;
10
11     ...
12 };
13
14 Size3 VertexCenteredVectorGrid3::dataSize() const {
15     return resolution() + Size3(1, 1, 1);
16 }
17
18 Vector3D VertexCenteredVectorGrid3::dataOrigin() const {
19     return origin();
20 }
```

のようにサブクラスにオーバーライドされます。

この2つの格子のデータレイアウトは、それらのスカラー版と同一です(図3.4と3.5を参照)。

最後に、面心格子をどのように実装できるかを見ます。格子セルの面がベクトル場の$u$、$v$、$w$成分を表せるので、本書では面心格子をベクトル場として扱います。したがって、コードはベクトル格子クラスを継承することにより書けます:

```
 1 class FaceCenteredGrid3 final : public VectorGrid3 {
 2  public:
 3     FaceCenteredGrid3();
 4
 5     virtual ~FaceCenteredGrid3();
 6
 7     double& u(size_t i, size_t j, size_t k);
 8
 9     const double& u(size_t i, size_t j, size_t k) const;
10
11     double& v(size_t i, size_t j, size_t k);
12
13     const double& v(size_t i, size_t j, size_t k) const;
14
15     double& w(size_t i, size_t j, size_t k);
16
17     const double& w(size_t i, size_t j, size_t k) const;
18
19     ...
20
21  protected:
22     void onResize(
23         const Size3& resolution,
24         const Vector3D& gridSpacing,
25         const Vector3D& origin,
```

```
26            const Vector3D& initialValue) override;
27
28   private:
29       Array3<double> _dataU;
30       Array3<double> _dataV;
31       Array3<double> _dataW;
32       Vector3D _dataOriginU;
33       Vector3D _dataOriginV;
34       Vector3D _dataOriginW;
35
36       ...
37   };
38
39   void FaceCenteredGrid3::onResize(
40       const Size3& resolution,
41       const Vector3D& gridSpacing,
42       const Vector3D& origin,
43       const Vector3D& initialValue) {
44       _dataU.resize(resolution + Size3(1, 0, 0), initialValue.x);
45       _dataV.resize(resolution + Size3(0, 1, 0), initialValue.y);
46       _dataW.resize(resolution + Size3(0, 0, 1), initialValue.z);
47       _dataOriginU
48           = origin + 0.5 * Vector3D(0.0, gridSpacing.y, gridSpacing.z);
49       _dataOriginV
50           = origin + 0.5 * Vector3D(gridSpacing.x, 0.0, gridSpacing.z);
51       _dataOriginW
52           = origin + 0.5 * Vector3D(gridSpacing.x, gridSpacing.y, 0.0);
53
54       ...
55   }
```

上のコードから、ベクトル成分ごとに別々のデータストレージを持つことが分かります。また各データ配列のサイズは、それが面する方向沿いに1つ余分な格子を持ちます。最後に面している方向を除き、コードは関数 onResize からのデータ原点に半格子サイズのオフセットを与えます。このレイアウトが図3.6に示されています。

面心格子はしばしばマーク アンド セル(MAC)格子と呼ばれます。MACは、流体と空気のようは異なるタグで各格子セルをマークして流体の流れを解く数値流体力学テクニックの名前です[48,83]。本章で論じる手法にも同じ考え方が内在し、そのため速度場の格納に面心格子を使います。MAC法について詳しく学ぶには、McKee et al. [83]のレビューを読んでください。

## 3.2.2 格子系のデータ

任意の属性チャンネルをサポートする ParticleSystemData3 と同じく、格子ベースのフレームワークでも等価なデータ構造を定義できます。次のコードを考えます:

```
1 class GridSystemData3 {
```

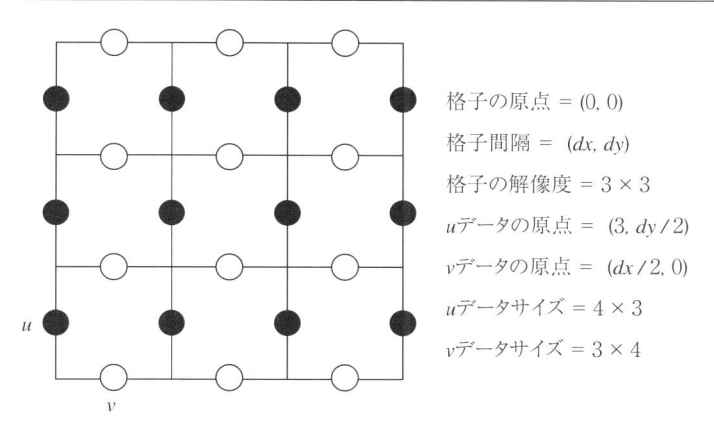

図 3.6: 2D の面心格子のデータレイアウト。黒点は $u$ 面のデータ位置を表し、白点は $v$ 面を表す。

```
 2  public:
 3      GridSystemData3();
 4
 5      virtual ~GridSystemData3();
 6
 7      void resize(
 8          const Size3& resolution,
 9          const Vector3D& gridSpacing,
10          const Vector3D& origin);
11
12      Size3 resolution() const;
13
14      Vector3D gridSpacing() const;
15
16      Vector3D origin() const;
17
18      BoundingBox3D boundingBox() const;
19
20      size_t addScalarData(
21          const ScalarGridBuilder3Ptr& builder,
22          double initialVal = 0.0);
23
24      size_t addVectorData(
25          const VectorGridBuilder3Ptr& builder,
26          const Vector3D& initialVal = Vector3D());
27
28      const FaceCenteredGrid3Ptr& velocity() const;
29
30      const ScalarGrid3Ptr& scalarDataAt(size_t idx) const;
31
32      const VectorGrid3Ptr& vectorDataAt(size_t idx) const;
33
34      size_t numberOfScalarData() const;
```


格子の原点 $= (0, 0)$
格子間隔 $= (dx, dy)$
格子の解像度 $= 3 \times 3$
$u$データの原点 $= (3, dy/2)$
$v$データの原点 $= (dx/2, 0)$
$u$データサイズ $= 4 \times 3$
$v$データサイズ $= 3 \times 4$

```
35
36     size_t numberOfVectorData() const;
37
38  private:
39     FaceCenteredGrid3Ptr _velocity;
40     std::vector<ScalarGrid3Ptr> _scalarDataList;
41     std::vector<VectorGrid3Ptr> _vectorDataList;
42 };
```

このコードのインターフェイスは ParticleSystemData3 とよく似ています。しかし、このクラスには位置と力の属性が見当たりません。位置属性がないのは、格子の点の位置が固定され、その場で計算できるからです。また力属性は、格子ベースのソルバが動力学を計算するやり方なのでありません。それはセクション3.4で詳細に進むときにより明らかになりますが、簡単に言うと、格子ベースのエンジンはあたかもフィルタのように、速度場に力を直接適用できます。したがって速度場をデフォルトの属性チャンネルとしてのみ保持し、力のチャンネルを加算したいかどうかの決定を実際のソルバに任せることができます。

位置と力の属性がないこと以外に、もう1つの違いは addScalarData と addVectorData の入力パラメータの格子ビルダーです。この2つの関数の役割は、色、密度、渦度のようなアプリケーション固有の格子チャンネルを作成して系に付加することで、ビルダーは関数内で格子インスタンスを作成するのに使われます。そのようなビルダーパターンを導入するのは粒子と違い、セル中心と面心のような異なる格子点レイアウトを持てるからです。ビルダークラスは次のように ScalarGridBuilder3 と VectorGridBuilder3 から派生します：

```
1 class ScalarGridBuilder3 {
2  public:
3     ScalarGridBuilder3();
4
5     virtual ~ScalarGridBuilder3();
6
7     virtual ScalarGrid3Ptr build(
8         const Size3& resolution,
9         const Vector3D& gridSpacing,
10        const Vector3D& gridOrigin,
11        double initialVal) const = 0;
12 };
```

と

```
1 class VectorGridBuilder3 {
2  public:
3     VectorGridBuilder3();
4
5     virtual ~VectorGridBuilder3();
6
7     virtual VectorGrid3Ptr build(
8         const Size3& resolution,
```

```
 9          const Vector3D& gridSpacing,
10          const Vector3D& gridOrigin,
11          const Vector3D& initialVal) const = 0;
12 };
```

実際のビルダーの例を以下に示します：

```
 1 class CellCenteredScalarGridBuilder3 final : public ScalarGridBuilder3 {
 2  public:
 3     CellCenteredScalarGridBuilder3();
 4
 5     ScalarGrid3Ptr build(
 6         const Size3& resolution,
 7         const Vector3D& gridSpacing,
 8         const Vector3D& gridOrigin,
 9         double initialVal) const override;
10 };
11
12 ScalarGrid3Ptr CellCenteredScalarGridBuilder3::build(
13         const Size3& resolution,
14         const Vector3D& gridSpacing,
15         const Vector3D& gridOrigin,
16         double initialVal) const {
17     return std::make_shared<CellCenteredScalarGrid3>(
18         resolution,
19         gridSpacing,
20         gridOrigin,
21         initialVal);
22 }
```

これで格子ベースの流体シミュレーター用のデータ モデルとなるデータコレクションクラスが得られ
ました。次のセクションで、格子上の微分演算子をどのように定義できるか見てみましょう。

## 3.3　微分演算子

これまで格子データ構造にデータを格納する方法を見てきました。前に述べたように、格子はスカラー
場やベクトル場の数値表現です。したがって、勾配、発散、ラプラシアン、渦度のようなベクトル微分演算
子の格子から定義できます。セクション2.3のSPHソルバと同様に、それらの演算子が流体力学を計算
するための構成要素になります。

### 3.3.1　有限差分

セクション1.3.5の微分演算子を思い起こすと、演算子を形作る鍵となる材料は偏微分でした。ではど
うすれば偏微分$\partial/\partial x$を格子上で計算できるでしょうか？セクション1.3.5.1では、偏微分を与えら
れた軸沿いの場の傾きと定義しました。格子点は軸と揃うので、次のように単純に2つの格子点間の差

をとることで傾きを測定できます：

$$\frac{\partial f}{\partial x} \approx \frac{f^{i+1,j,k} - f^{i,j,k}}{\Delta x} \tag{3.1}$$

ここで $i$、$j$、$k$ は格子点のインデックス、$f^{i,j,k}$ は格子点 $(i,j,k)$ での値です。また、$\Delta x$ は $x$ 方向の格子間隔です。したがって、上の式は2つのデータ点 $(i+1,j,k)$ と $(i,j,k)$ の間の $x$ 方向傾きを測定します。同じ処理が $y$ 軸と $z$ 軸にも適用できます。同様に $(i-1,j,k)$ と $(i,j,k)$ の間の傾きも：

$$\frac{\partial f}{\partial x} \approx \frac{f^{i,j,k} - f^{i-1,j,k}}{\Delta x}. \tag{3.2}$$

で書けます。

2つの傾きを平均すると、中心点 $(i,j,k)$ の近似された傾きが得られます：

$$\frac{\partial f}{\partial x} \approx \frac{f^{i+1,j,k} - f^{i-1,j,k}}{2\Delta x} \tag{3.3}$$

$+x$ 方向の傾きを測定する最初の式 (3.1) は、前進差分と呼ばれます。反対方向の微分を評価する2番目の式 (3.2) は、後退差分と呼ばれます。2つの傾きを平均する最後の式 3.3 は、当然ながら中心差分と呼ばれます。図 3.7 がその3つの手法の図解です。格子点間の差を測定してある量を近似する、そのようなテクニックは有限差分法（FDM：Finite Difference Method）と呼ばれます [30]。本書の格子ベースの微分演算子実装の大部分はこの FDM アプローチを使います。

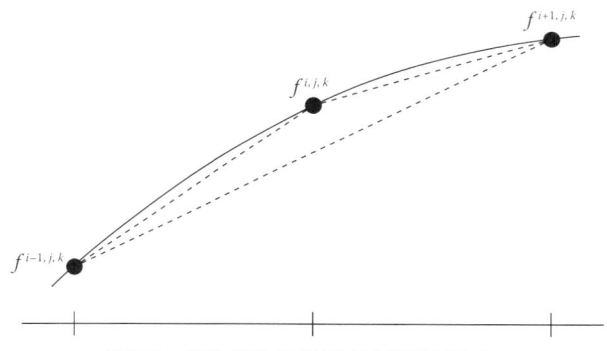

図 3.7：前進、後退、中心差分が点線で示される。

これらはすべて微分の測定の近似なので、誤差があり得ることに注意してください。3つの手法の中で、一般に中心差分法が最もよい答を与えます。しかし応用によっては、前進法や後退法のほうが適することもあります。例えば、波面の背後の情報のほうが有効な波の伝搬問題の場合、後退差分のほうが他の2つより好ましいことがあります。また、より多くの格子点を必要とする、さらに正確な手法もあります。ここでは微分の測定に2つの格子点しか使わないことに注意してください。しかし3つ以上の点を使ってスプライン（セクション 1.3.6.3 の Catmull–Rom スプラインなど）を作ることもでき、それはよりよい結果を与えるかもしれません [30]。正確さに関しては、使う格子サイズを小さくすれば、当然ながら情報が密になるので正確さは上がります。しかし、他より速くゼロ誤差に収束する数値手法もあ

ります。例えば、前進差分や後退差分の近似誤差は格子サイズに比例するので、$O(\Delta x)$です。一方、中心差分の誤差は二次関数$O(\Delta x^2)$です。したがって格子間隔を半分にすると、前進や後退差分の誤差が元の誤差の半分になる一方、中心差分は4分の1に減らせます。

**1次**偏微分を近似する方法は分かりました。ラプラシアンなどの二次の演算子はどうでしょうか？その考え方を高次に拡張するのは、実際にはかなり単純で、同じ微分近似を1次の結果に適用できます。微分を計算したい点$(i, j, k)$から

$$g^{i+\frac{1}{2}, j, k} = \frac{f^{i+1, j, k} - f^{i, j, k}}{\Delta x}$$
$$g^{i-\frac{1}{2}, j, k} = \frac{f^{i, j, k} - f^{i-1, j, k}}{\Delta x} \tag{3.4}$$

だと言うことができ、ここで$g \approx \partial f / \partial x$です。したがって、この2つの式は前進と後退差分です。次にもう1つの中心差分を$g$に適用して二次微分$h \approx \partial g / \partial x \approx \partial^2 f / \partial x^2$を得ることができます。最終的な式は次のように書けます：

$$\frac{\partial^2 f}{\partial x^2} \approx \frac{g^{i+\frac{1}{2}, j, k} - g^{i-\frac{1}{2}, j, k}}{\Delta x}$$
$$= \frac{f^{i+1, j, k} - 2f^{i, j, k} + f^{i-1, j, k}}{\Delta x^2} \tag{3.5}$$

これで格子点を使った偏微分の評価に関する基本的な理解が得られました。格子上で微分演算子を定義する方法を手に入れましょう。

### 3.3.2 勾配

4つの演算子の中で、まず勾配から始めます。セクション1.3.5.2で述べたように、勾配演算子はスカラー場内の変化の割合と方向を測定します。この特性は数学的に式1.51に示すように表現できます：

$$\nabla f(\mathbf{x}) = \left( \frac{\partial f}{\partial x}(\mathbf{x}), \frac{\partial f}{\partial y}(\mathbf{x}), \frac{\partial f}{\partial z}(\mathbf{x}) \right) \tag{3.6}$$

中心差分(式3.3)を適用すると、この式は：

$$\nabla f(\mathbf{x}) = \left( \frac{f^{i+1, j, k} - f^{i-1, j, k}}{2\Delta x}, \frac{f^{i, j+1, k} - f^{i, j-1, k}}{2\Delta y}, \frac{f^{i, j, k+1} - f^{i, j, k-1}}{2\Delta z} \right) \tag{3.7}$$

になります。

上で得られた中心差分の式はコード形式で：

```
1 Vector3D ScalarGrid3::gradientAtDataPoint(
2     size_t i, size_t j, size_t k) const {
3     double left = _data(i - 1, j, k);
4     double right = _data((i + 1, j, k);
5     double down = _data(i, j - 1, k);
6     double up = _data(i, j + 1, k);
```

```
7       double back = _data(i, j, k - 1);
8       double front = _data(i, j, k + 1);
9
10      return 0.5 * Vector3D(right - left, up - down, front - back)
11          / gridSpacing();
12 }
```

と書けます。

上のコードの1つの問題は、$(i, j, k)$ が境界にあると関数が範囲外の格子点にアクセスを試みること
です。格子の外にはデータがないので、そのようの場合は中心差分を実行できません。この問題への解決
法の1つは、内部の値を外挿して境界の外に「仮想」の値を定義することです。例えば $i = 0$ で $i - 1$ が
利用できない場合、単に $i - 1$ の値は $i$ に等しいと言うことができます。そのような近似を使い、境界の
ケースを処理する改訂コードを以下に示します:

```
1 Vector3D ScalarGrid3::gradientAtDataPoint(
2       size_t i, size_t j, size_t k) const {
3       const Size3 ds = _data.size();
4
5       double left = _data((i > 0) ? i - 1 : i, j, k);
6       double right = _data((i + 1 < ds.x) ? i + 1 : i, j, k);
7       double down = _data(i, (j > 0) ? j - 1 : j, k);
8       double up = _data(i, (j + 1 < ds.y) ? j + 1 : j, k);
9       double back = _data(i, j, (k > 0) ? k - 1 : k);
10      double front = _data(i, j, (k + 1 < ds.z) ? k + 1 : k);
11
12      return 0.5 * Vector3D(right - left, up - down, front - back)
13          / gridSpacing();
14 }
```

この関数は与えられた格子点インデックス $(i, j, k)$ の勾配を測定できます。ランタムな位置 $(x, y, z)$
で勾配を測定したい場合、最も単純なアプローチは問い合わせ位置の近くの勾配を補間することです。
次のコードを見てください:

```
1 Vector3D ScalarGrid3::gradient(const Vector3D& x) const {
2       std::array<Point3UI, 8> indices;
3       std::array<double, 8> weights;
4       _linearSampler.getCoordinatesAndWeights(x, &indices, &weights);
5
6       Vector3D result;
7
8       for (int i = 0; i < 8; ++i) {
9           result += weights[i] * gradientAtDataPoint(
10              indices[i].x, indices[i].y, indices[i].z);
11      }
12
13      return result;
14 }
```

メンバー変数 `_linearSampler`はトリリニア補間関係の操作を含むヘルパークラス、ヘルパークラス `LinearArraySampler3<double, double>`のインスタンスです[*12]。関数 `getCoordinatesAndWeights`は格子点インデックス$(i, j, k)$とトリリニア補間の重みを返します。次に関数はそのインデックスと重みを使い、周りの8つの格子点の勾配値を補間します。関数 `ScalarGrid3::gradient`が `ScalarField3`クラスの仮想関数をオーバーライドすることに注意してください。

### 3.3.3 発散

2つ目の演算子が発散です。発散演算子は与えられた点でベクトル場のシンクやソースを測定します。セクション1.3.5の式を再掲します：

$$\nabla \cdot \mathbf{F}(\mathbf{x}) = \frac{\partial F_x}{\partial x} + \frac{\partial F_y}{\partial y} + \frac{\partial F_z}{\partial z} \tag{3.8}$$

中心差分を適用して：

$$\nabla \cdot \mathbf{F}(\mathbf{x}) \approx \frac{F_x^{i+1,j,k} - F_x^{i-1,j,k}}{2\Delta x}$$
$$+ \frac{F_y^{i,j+1,k} - F_y^{i,j-1,k}}{2\Delta y} \tag{3.9}$$
$$+ \frac{F_z^{i,j,k+1} - F_z^{i,j,k-1}}{2\Delta z}$$

を得ます。

勾配と同様に、以下のようなコードを書けます：

```
1 Vector3D CollocatedVectorGrid3::divergenceAtDataPoint(
2     size_t i, size_t j, size_t k) const {
3     const Vector3D& gs = gridSpacing();
4
5     double left = _data(i - 1, j, k);
6     double right = _data((i + 1, j, k);
7     double down = _data(i, j - 1, k);
8     double up = _data(i, j + 1, k);
9     double back = _data(i, j, k - 1);
10    double front = _data(i, j, k + 1);
11
12    return (right - left) / (2.0 * gs.x)
13        + (up - down) / (2.0 * gs.y)
14        + (front - back) / (2.0 * gs.z);
15 }
```

ここでも範囲外アクセスの問題に遭遇します。勾配実装と同じ外挿アプローチをとり、コードを以下のように書き直せます：

---

[*12] 補間についてはセクション1.3.6を参照。

```
1  Vector3D CollocatedVectorGrid3::divergenceAtDataPoint(
2      size_t i, size_t j, size_t k) const {
3      const Vector3D center = _data(i, j, k);
4      const Size3 ds = _data.size();
5      const Vector3D& gs = gridSpacing();
6
7      double left = _data((i > 0) ? i - 1 : i, j, k).x;
8      double right = _data((i + 1 < ds.x) ? i + 1 : i, j, k).x;
9      double down = _data(i, (j > 0) ? j - 1 : j, k).y;
10     double up = _data(i, (j + 1 < ds.y) ? j + 1 : j, k).y;
11     double back = _data(i, j, (k > 0) ? k - 1 : k).z;
12     double front = _data(i, j, (k + 1 < ds.z) ? k + 1 : k).z;
13
14     return 0.5 * (right - left) / gs.x
15         + 0.5 * (up - down) / gs.y
16         + 0.5 * (front - back) / gs.z;
17 }
```

この演算を親クラスの VectorGrid3 ではなく CollocatedVectorGrid3 に実装したことに注意してください。これは単純にベクトル成分がどこにあるかが VectorGrid3 のレベルでは分からないからです（セクション3.2.1を参照）。CollocatedVectorGrid3 からは、少なくとも $x$、$y$、$z$ 成分がコロケートされていることが分かります。したがって上に示すように発散コードを書けます。しかし FaceCenteredGrid3 はどうでしょうか？　そのようなスタッガード格子上の発散を、どう計算できるでしょう？

FaceCenteredGrid3 では、中心点をデータ点がある場所ではなく、セル中心に移します。中心差分は中心点そのものではなく、近隣からのデータ点しか必要としないことを基に、式3.9を

$$
\begin{aligned}
\nabla \cdot \mathbf{F}(\mathbf{x}) \approx\ & \frac{F_x^{i+\frac{1}{2},j,k} - F_x^{i-\frac{1}{2},j,k}}{\Delta x} \\
& + \frac{F_y^{i,j+\frac{1}{2},k} - F_y^{i,j-\frac{1}{2},k}}{\Delta y} \\
& + \frac{F_z^{i,j,k+\frac{1}{2}} - F_z^{i,j,k-\frac{1}{2}}}{\Delta z}.
\end{aligned}
\tag{3.10}
$$

と修正できます。

この式が差分で格子間隔の半分をとることに注意してください。図3.8は1つがセル中心格子、もう1つが面心格子の2つの式の比較です。

面心版の発散は次のように実装できます：

```
1  double FaceCenteredGrid3::divergenceAtCellCenter(
2      size_t i, size_t j, size_t k) const {
3      const Vector3D& gs = gridSpacing();
4
5      double leftU = _dataU(i, j, k);
```

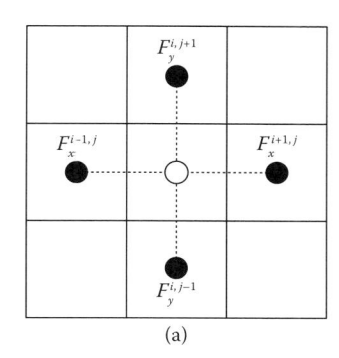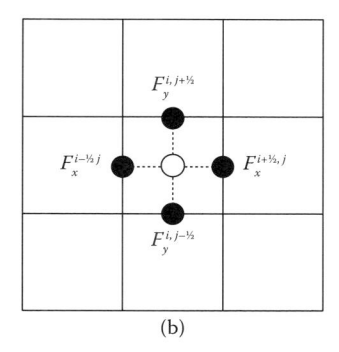

図 3.8： 2D で(a)セル中心格子と(b)面心格子を使う発散の計算。

```
 6      double rightU = _dataU(i + 1, j, k);
 7      double bottomV = _dataV(i, j, k);
 8      double topV = _dataV(i, j + 1, k);
 9      double backW = _dataW(i, j, k);
10      double frontW = _dataW(i, j, k + 1);
11
12      return (rightU - leftU) / gs.x
13          + (topV - bottomV) / gs.y
14          + (frontW - backW) / gs.z;
15 }
```

格子点のレイアウトにより、与えられたセルインデックス $(i, j, k)$ に対し、$(i + \frac{1}{2})$ と $(i - \frac{1}{2})$ 面での値は、_dataU(i, j, k) と _dataU(i + 1, j, k) にアクセスすることで読み出せます(図3.6を参照)。同じ規則が他の面にも当てはまります。発散のコードがコロケート格子のものより、さらに単純であることに注意してください。境界ケースの処理さえありません。さらに、これには格子サイズが小さくなる効果があり、正確さが増すことを意味します。したがって、多くの発散演算子が含まれる応用がある場合、面心格子はベクトル場データの格納によい選択肢です。任意の位置からの発散の評価は、ScalarGrid3::gradient と同じく、周りの格子点からの発散値のトリリニア補間で行えます。

### 3.3.4 渦度

3つ目の演算子は、ベクトル場の回転成分を測定する渦度(カール)です。渦度演算子の式は次のものです。

$$\nabla \times \mathbf{F}(\mathbf{x}) = \left( \frac{\partial}{\partial x}, \frac{\partial}{\partial y}, \frac{\partial}{\partial z} \right) \times \mathbf{F}(\mathbf{x}). \tag{3.11}$$

やはり中心差分を適用することで次が得られます。

$$\nabla \times \mathbf{F}(\mathbf{x}) \approx \left( \frac{F_z^{i,j+1,k} - F_z^{i,j-1,k}}{\Delta y} - \frac{F_y^{i,j,k+1} - F_y^{i,j,k-1}}{\Delta z} \right) \mathbf{i}$$
$$+ \left( \frac{F_x^{i,j,k+1} - F_x^{i,j,k-1}}{\Delta z} - \frac{F_z^{i+1,j,k} - F_z^{i-1,j,k}}{\Delta x} \right) \mathbf{j} \tag{3.12}$$
$$+ \left( \frac{F_y^{i+1,j,k} - F_y^{i-1,j,k}}{\Delta x} - \frac{F_x^{i,j+1,k} - F_x^{i,j-1,k}}{\Delta y} \right) \mathbf{k}.$$

少し複雑に思えるかもしれませんが、ただの6つの中心差分のコレクションです。コロケート格子では、コードを次のように書けます:

```
1  Vector3D CollocatedVectorGrid3::curlAtDataPoint(
2      size_t i, size_t j, size_t k) const {
3      const Size3 ds = _data.size();
4      const Vector3D& gs = gridSpacing();
5
6      Vector3D left = _data((i > 0) ? i - 1 : i, j, k);
7      Vector3D right = _data((i + 1 < ds.x) ? i + 1 : i, j, k);
8      Vector3D down = _data(i, (j > 0) ? j - 1 : j, k);
9      Vector3D up = _data(i, (j + 1 < ds.y) ? j + 1 : j, k);
10     Vector3D back = _data(i, j, (k > 0) ? k - 1 : k);
11     Vector3D front = _data(i, j, (k + 1 < ds.z) ? k + 1 : k);
12
13     double Fx_ym = down.x;
14     double Fx_yp = up.x;
15     double Fx_zm = back.x;
16     double Fx_zp = front.x;
17
18     double Fy_xm = left.y;
19     double Fy_xp = right.y;
20     double Fy_zm = back.y;
21     double Fy_zp = front.y;
22
23     double Fz_xm = left.z;
24     double Fz_xp = right.z;
25     double Fz_ym = down.z;
26     double Fz_yp = up.z;
27
28     return Vector3D(
29         0.5 * (Fz_yp - Fz_ym) / gs.y - 0.5 * (Fy_zp - Fy_zm) / gs.z,
30         0.5 * (Fx_zp - Fx_zm) / gs.z - 0.5 * (Fz_xp - Fz_xm) / gs.x,
31         0.5 * (Fy_xp - Fy_xm) / gs.x - 0.5 * (Fx_yp - Fx_ym) / gs.y);
32 }
```

長たらしく見えても、発散演算子のコードとよく似たもので、長いだけです。変数 Fx_ym は $F_x^{i,j-1,k}$、

Fx_ypは$F_x^{i,j+1,k}$に対応します(以下同様)。

スタッガード格子構造のため、面心格子からの渦度の計算は難しいことがあります。しかし$F_x^{i,j-1,k}$などの近隣の値を最初に定義できれば、計算はコロケート格子とまったく同じはずです。まず、次の関数を考えてみます。

```
1 Vector3D FaceCenteredGrid3::valueAtCellCenter(
2    size_t i, size_t j, size_t k) const {
3    return 0.5 * Vector3D(
4        _dataU(i, j, k) + _dataU(i + 1, j, k),
5        _dataV(i, j, k) + _dataV(i, j + 1, k),
6        _dataW(i, j, k) + _dataW(i, j, k + 1));
7 }
```

この関数は面心格子からセル中心の補間値を取り出します。この関数を使うと、面心格子の渦度演算子は次のように書けます：

```
1  Vector3D FaceCenteredGrid3::curlAtCellCenter(
2     size_t i, size_t j, size_t k) const {
3     const Size3& res = resolution();
4     const Vector3D& gs = gridSpacing();
5
6     Vector3D left = valueAtCellCenter((i > 0) ? i - 1 : i, j, k);
7     Vector3D right = valueAtCellCenter((i + 1 < res.x) ? i + 1 : i, j, k);
8     Vector3D down = valueAtCellCenter(i, (j > 0) ? j - 1 : j, k);
9     Vector3D up = valueAtCellCenter(i, (j + 1 < res.y) ? j + 1 : j, k);
10    Vector3D back = valueAtCellCenter(i, j, (k > 0) ? k - 1 : k);
11    Vector3D front = valueAtCellCenter(i, j, (k + 1 < res.z) ? k + 1 : k);
12
13    double Fx_ym = down.x;
14    double Fx_yp = up.x;
15    double Fx_zm = back.x;
16    double Fx_zp = front.x;
17
18    double Fy_xm = left.y;
19    double Fy_xp = right.y;
20    double Fy_zm = back.y;
21    double Fy_zp = front.y;
22
23    double Fz_xm = left.z;
24    double Fz_xp = right.z;
25    double Fz_ym = down.z;
26    double Fz_yp = up.z;
27
28    return Vector3D(
29        0.5 * (Fz_yp - Fz_ym) / gs.y - 0.5 * (Fy_zp - Fy_zm) / gs.z,
30        0.5 * (Fx_zp - Fx_zm) / gs.z - 0.5 * (Fz_xp - Fz_xm) / gs.x,
31        0.5 * (Fy_xp - Fy_xm) / gs.x - 0.5 * (Fx_yp - Fx_ym) / gs.y);
32 }
```

## 3.3.5 ラプラシアン

最後の演算子、ラプラシアンに移ります。ラプラシアンは場の凸凹や曲率を測定します。セクション1.3.5から、その式は

$$\nabla^2 f(\mathbf{x}) \approx \nabla \cdot \nabla f(\mathbf{x}) = \frac{\partial^2 f(\mathbf{x})}{\partial x^2} + \frac{\partial^2 f(\mathbf{x})}{\partial y^2} + \frac{\partial^2 f(\mathbf{x})}{\partial z^2}. \tag{3.13}$$

と書けます。

式の中心差分バージョンは

$$\nabla^2 f(\mathbf{x}) \approx \frac{f^{i+1,j,k} - 2f^{i,j,k} + f^{i-1,j,k}}{\Delta x^2}$$
$$+ \frac{f^{i,j+1,k} - 2f^{i,j,k} + f^{i,j-1,k}}{\Delta y^2} \tag{3.14}$$
$$+ \frac{f^{i,j,k+1} - 2f^{i,j,k} + f^{i,j,k-1}}{\Delta z^2}.$$

と書けます。

これまでと同じパターンを使い、対応するコードは次のように書けます:

```
1 double ScalarGrid3::laplacianAtDataPoint(
2     size_t i, size_t j, size_t k) const {
3     const double center = _data(i, j, k);
4     const Size3 ds = _data.size();
5     const Vector3D gs = gridSpacing();
6
7     double dleft = 0.0;
8     double dright = 0.0;
9     double ddown = 0.0;
10    double dup = 0.0;
11    double dback = 0.0;
12    double dfront = 0.0;
13
14    if (i > 0) {
15        dleft = center - _data(i - 1, j, k);
16    }
17    if (i + 1 < ds.x) {
18        dright = _data(i + 1, j, k) - center;
19    }
20
21    if (j > 0) {
22        ddown = center - _data(i, j - 1, k);
23    }
24    if (j + 1 < ds.y) {
25        dup = _data(i, j + 1, k) - center;
26    }
27
```

```
28      if (k > 0) {
29          dback = center - _data(i, j, k - 1);
30      }
31      if (k + 1 < cs.z) {
32          dfront = _data(i, j, k + 1) - center;
33      }
34
35      return (dright - dleft) / square(gs.x)
36          + (dup - ddown) / square(gs.y)
37          + (dfront - dback) / square(gs.z);
38  }
```

格子ベースの計算の最も基本的な演算子が分りました。次のセクションでは、これまでに探った基礎の上に、格子ベースの流体シミュレーションを構築する方法を調べます。

## 3.4　流体シミュレーション

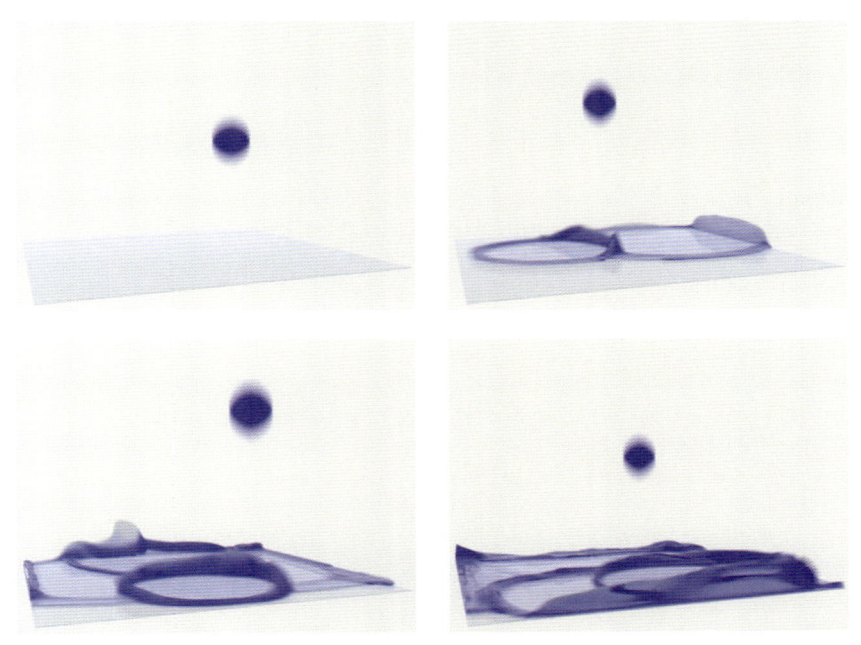

図 3.9: Kim と Ko [65] の格子ベースの流体シミュレーターからの単純な結果。ランダムに再生する水の球がタンクに落ちる。

これまでは基礎に焦点を合わせてきました。スカラー場とベクトル場を評価するための数学的操作と、格子点を格納して配置する方法を扱いました。このセクションで、ついに最初の格子ベースの流体シミュレーターを作ります。図 3.9 が格子ベースのソルバの例を示しています。問題を簡約化するため、系に 1 種類の流体しかない単相流体から始めます。

セクション 1.7 で述べたように、流体の流れを動かす 3 つの鍵となる成分が外力、粘性、圧力勾配です。粒子ベースのシミュレーションの場合には、重力と抗力を含む外力を計算しました。粘性力については、

速度場にラプラシアンを適用し、力のベクトルに加える前にスケールしました。圧力勾配の力を組み込むために、密度を計算し、圧力場に変換してから、場の勾配を力に蓄積しました。格子ベースの手法は大半の処理を共有しますが、もう一つ必要なものがあり、それが移流です。移流はセクション 3.4.2 で説明しますが、簡単に言うと、量や物質を流体の流れに沿って輸送する処理です。

格子ベースのシミュレーションでは、その 4 つのステップをフィルタのように適用します。どのステップも速度場を入力にとり、修正した速度場を出力します。このフィルタベースのアプローチは、すべての力を一度に適応する代わりに、同じ時間間隔で 1 度に 1 つの構成要素をシミュレートすることと考えられます。現実世界の流体の流れは力の影響を時分割しないので、これは明らかに近似ですが、分割統治アプローチはそれぞれの力、特に圧力をより効果的に解くのに役立ちます。本書で圧力を解くのに使う、そのようなテクニックの 1 つが分割ステップ法や圧力修正/投影法と呼ばれ [29,70]、有名な Stam の 1999 年の論文「Stable Fluids」[112] 以来、グラフィックスコミュニティで広く採用されています。この高レベルのロジックを実装するため、基底ソルバクラスを次で定義します。

```cpp
 1 class GridFluidSolver3 : public PhysicsAnimation {
 2  public:
 3     GridFluidSolver3();
 4
 5     virtual ~GridFluidSolver3();
 6
 7     ...
 8
 9  protected:
10     void onAdvanceTimeStep(double timeIntervalInSeconds) override;
11
12     virtual void computeExternalForces(double timeIntervalInSeconds);
13
14     virtual void computeViscosity(double timeIntervalInSeconds);
15
16     virtual void computePressure(double timeIntervalInSeconds);
17
18     virtual void computeAdvection(double timeIntervalInSeconds);
19
20     ...
21
22  private:
23     ...
24
25     void beginAdvanceTimeStep(double timeIntervalInSeconds);
26
27     void endAdvanceTimeStep(double timeIntervalInSeconds);
28 };
29
30 void GridFluidSolver3::onAdvanceTimeStep(double timeIntervalInSeconds) {
31     beginAdvanceTimeStep(timeIntervalInSeconds);
32
33     computeExternalForces(timeIntervalInSeconds);
```

```
34      computeViscosity(timeIntervalInSeconds);
35      computePressure(timeIntervalInSeconds);
36      computeAdvection(timeIntervalInSeconds);
37
38      endAdvanceTimeStep(timeIntervalInSeconds);
39 }
```

上のコードは格子ベースの流体シミュレーションアルゴリズムの基本的な機能を実装する基底クラスを示しています。この新しいクラスは PhysicsAnimation クラスを継承し、分割ステップ法を実装するため、メインの仮想関数 onAdvanceTimeStep をオーバーライドします。ParticleSystemSolver3 のように、GridSystemSolver3 も計算ロジックしか実装せず、すべてのデータモデルは GridSystemData3 に入ります。onAdvanceTimeStep が4つのサブルーチンを順に呼び出すことに注意してください。本章の残りで、それぞれの関数の詳細を調べることにします。

### 3.4.1 衝突処理

流体を粒子でシミュレートするときには、時間積分の後、コライダーの表面を貫通する粒子を検出し、それらを貫通しない位置に移すことにより衝突を処理しました(セクション2.5)。格子では、流体の流れを制約する処理は粒子のアプローチと似ています。それはコライダーを貫通しようとする流れを修正する、フィルタのようなテクニックです。

#### 3.4.1.1 コライダーから作る SDF

セクション2.5で、流体の流れの貫通を妨げる固体の障害物を表すクラス Collider3 を定義しました。格子ベースのフレームワークも同じクラスインスタンスを入力にとります。しかし内部で、そのコライダー表面を SDF (符号付き距離場)に変換すると便利です。この変換が便利になるのは、内側/外側テストと最短距離の測定が格子中にキャッシュでき、コライダーの問い合わせを高速化できるからです。次のコードを考えます:

```
 1 CellCenteredScalarGrid3 colliderSdf;
 2
 3 ...
 4
 5 Surface3Ptr surface = collider()->surface();
 6 ImplicitSurface3Ptr implicitSurface
 7     = std::dynamic_pointer_cast<ImplicitSurface3>(surface);
 8
 9 if (implicitSurface == nullptr) {
10     implicitSurface = std::make_shared<SurfaceToImplicit3>(surface);
11 }
12
13 colliderSdf.fill([&](const Vector3D& pt) {
14     return implicitSurface->signedDistance(pt);
15 });
```

時間ステップの先頭で、上のコードは入力コライダーが陰関数曲面かどうかを決定します。陰関数曲

面なら、この関数は符号付き距離の値を、曲面オブジェクトから SDF キャッシュ( `colliderSdf`)に直接代入します。陰関数曲面でなければ、コードはその表面への最近点と法線を測定してから、クラス `SurfaceToImplicit3` を使って符号付き距離を幾何学的に評価します。詳細はセクション 1.4.3 を参照してください。

### 3.4.1.2 境界条件

コライダー境界に近い流体の流れを制約する様々な条件は境界条件と呼ばれます。コライダーから生成した SDF に基づき、速度場や、流れに関連付けられた他のスカラー場やベクトル場に境界条件を適用します。どんな種類の境界条件を必要があり、どのようにしてその制約を場に適用できるかを調べましょう。

### ノーフラックス条件

まず、物体を貫通しないような制約はノーフラックス境界(無流束)条件と呼ばれます。コライダー表面での速度が面法線成分を持たず、平行でなければならないことを意味します。数学的に、この条件は:

$$\mathbf{u} \cdot \mathbf{n} = 0 \tag{3.15}$$

と書け、$\mathbf{u}$ は境界での流体の速度場、$\mathbf{n}$ は同じ位置の面法線です。

コライダーは動くことがあり、その境界での速度を式に組み込むと

$$(\mathbf{u} - \mathbf{u}_c) \cdot \mathbf{n} = \mathbf{u}_{rel} \cdot \mathbf{n} = 0 \tag{3.16}$$

になり、$\mathbf{u}_c$ はコライダーの速度で、$\mathbf{u}_{rel} = \mathbf{u} - \mathbf{u}_c$ が流体とコライダーの相対速度です。セクション 1.3.2 のベクトル投影

$$\mathbf{v}^* = \mathbf{v} - (\mathbf{v} \cdot \mathbf{n})\mathbf{n}, \tag{3.17}$$

を思い出し、ノーフラックス条件を満たす $\mathbf{u}_{rel}$ を表面に投影できます:

$$\begin{aligned} \mathbf{u}_{rel}^* &= \mathbf{u}_{rel} - (\mathbf{u}_{rel} \cdot \mathbf{n})\mathbf{n} \\ \mathbf{u}^* &= \mathbf{u}_{rel}^* + \mathbf{u}_c \end{aligned} \tag{3.18}$$

$\mathbf{u}_{rel}^*$ は投影された相対速度、$\mathbf{u}^*$ は最終的な流体の速度です。

この境界条件を速度場に適用するには、すべての格子点を反復し、点がコライダー境界にあれば投影の式 (3.18) を速度場に適応しなければなりません。格子点はコライダーの表面と完全には揃わないことが多いので、コライダー内部の速度を投影します。

面心格子の場合、コードは次のように書けます:

```
1  auto u = velocity->uAccessor();
2  auto uPos = velocity->uPosition();
3
4  velocity->parallelForEachUIndex([&](size_t i, size_t j, size_t k) {
5      Vector3D pt = uPos(i, j, k);
6      if (isInsideSdf(_colliderSdf.sample(pt))) {
7          Vector3D colliderVel = collider()->velocityAt(pt);
```

```
8         Vector3D vel = velocity->sample(pt);
9         Vector3D g = _colliderSdf.gradient(pt);
10        if (g.lengthSquared() > 0.0) {
11            Vector3D n = g.normalized();
12            Vector3D velr = vel - colliderVel;
13            Vector3D velt = projectAndApplyFriction(
14                velr, n, collider()->frictionCoefficient());
15
16            Vector3D velp = velt + colliderVel;
17            uTemp(i, j, k) = velp.x;
18        } else {
19            uTemp(i, j, k) = colliderVel.x;
20        }
21    } else {
22        uTemp(i, j, k) = u(i, j, k);
23    }
24 });
25
26 u.parallelForEachIndex([&](size_t i, size_t j, size_t k) {
27    u(i, j, k) = uTemp(i, j, k);
28 });
```

簡単にするため$u$成分の投影だけを示します。これを$v$と$w$成分で繰り返すのは簡単です。

ここまでの実装が単なるフィルタであることに注意してください。格子点からの速度を、点の位置の境界の形に基づいた修正します。それは局所的な情報のみに焦点を置いたローカルな処理です。しかし多くの場合、コライダーが占める速度場($SDF < 0$)は明確に定義されず、計算から省略されます。したがって、最初にコライダー境界の内側の速度場を架空の値で満たしてから、フィルタリングを行う必要があります。これは「コライダーの速度ではなく」、境界近くの流体速度の計算に使う仮想的な速度であることに注意してください。この領域を満たす最も一般的なやり方は、流体の速度場を境界面法線と逆方向に境界領域まで外挿することです。Batty et al. [14]の実装を採用すると、外挿コードは次のように書けます：

```
1 template <typename T>
2 void extrapolateToRegion(
3    const ConstArrayAccessor3<T>& input,
4    const ConstArrayAccessor3<char>& valid,
5    unsigned int numberOfIterations,
6    ArrayAccessor3<T> output) {
7    const Size3 size = input.size();
8    Array3<char> valid0(size);
9    Array3<char> valid1(size);
10
11    valid0.parallelForEachIndex([&](size_t i, size_t j, size_t k) {
12        valid0(i, j, k) = valid(i, j, k);
13        output(i, j, k) = input(i, j, k);
14    });
15
```

```
16    for (unsigned int iter = 0; iter < numberOfIterations; ++iter) {
17        valid0.forEachIndex([&](size_t i, size_t j, size_t k) {
18            T sum = 0;
19            unsigned int count = 0;
20
21            if (!valid0(i, j, k)) {
22                if (i + 1 < size.x && valid0(i + 1, j, k)) {
23                    sum += output(i + 1, j, k);
24                    ++count;
25                }
26
27                if (i > 0 && valid0(i - 1, j, k)) {
28                    sum += output(i - 1, j, k);
29                    ++count;
30                }
31
32                if (j + 1 < size.y && valid0(i, j + 1, k)) {
33                    sum += output(i, j + 1, k);
34                    ++count;
35                }
36
37                if (j > 0 && valid0(i, j - 1, k)) {
38                    sum += output(i, j - 1, k);
39                    ++count;
40                }
41
42                if (k + 1 < size.z && valid0(i, j, k + 1)) {
43                    sum += output(i, j, k + 1);
44                    ++count;
45                }
46
47                if (k > 0 && valid0(i, j, k - 1)) {
48                    sum += output(i, j, k - 1);
49                    ++count;
50                }
51
52                if (count > 0) {
53                    output(i, j, k)
54                        = sum / (T)count;
55                    valid1(i, j, k) = 1;
56                }
57            } else {
58                valid1(i, j, k) = 1;
59            }
60        });
61
62        valid0.swap(valid1);
63    }
64 }
```

この関数を投影の前に呼び出すことで、すべての場所の速度がノーフラックス境界条件に確実に適合します。

**スリップ（滑り）/ノースリップ条件**

ノーフラックス境界条件が面法線方向の流れを制約するなら、フリースリップ条件とノースリップ条件は流体速度の接線成分の振る舞いを記述するものです。フリースリップ（自由滑り）条件は表面の接線方向で流れが自由に動くことを許し、ノースリップ（滑りなし）条件は流体–固体界面の速度をゼロと仮定します。フリースリップ条件を適用するなら、外挿と投影の後に何もすることはありません。ノースリップ条件を実装する場合は、コライダー境界と内部の格子点にコライダーの速度を代入できます。しかしフリースリップとノースリップの間の場合はどうなるでしょう？

セクション2.5で粒子–コライダー摩擦を処理したのと同じように、摩擦の影響をスリップ条件にも適用できます。式2.19を書き直すと、摩擦のフィルタリングは

$$\mathbf{u}_t = \max\left(1 - \mu\frac{\max(-\mathbf{u}\cdot\mathbf{n}, 0)}{|\mathbf{u}_t|}, 0\right)\mathbf{u}_t, \tag{3.19}$$

と書くことができ、これはZhuとBridson[127]にもあります。投影コードを修正して等価なコードを書けます：

```
 1 auto u = velocity->uAccessor();
 2 auto uPos = velocity->uPosition();
 3
 4 velocity->parallelForEachU([&](size_t i, size_t j, size_t k) {
 5     Vector3D pt = uPos(i, j, k);
 6     if (colliderSdf.sample(pt) <= 0.0) {
 7         Vector3D colliderVel = collider()->velocityAt(pt);
 8         Vector3D vel = velocity->sample(pt);
 9         Vector3D g = colliderSdf.gradient(pt);
10         if (g.lengthSquared() > 0.0) {
11             Vector3D n = g.normalized();
12             Vector3D velr = vel - colliderVel;
13             Vector3D velt = velr.projected(n);
14             if (velt.lengthSquared() > 0) {
15                 double veln = std::max(-velr.dot(n), 0.0);
16                 double mu = collider()->frictionCoefficient();
17                 velt *= std::max(1 - mu * veln / velt.length(), 0.0);
18             }
19
20             Vector3D velp = velt + colliderVel;
21             u(i, j, k) = velp.x;
22         } else {
23             u(i, j, k) = colliderVel.x;
24         }
25     }
26 });
```

やはり簡単にするため$u$成分の投影だけを示します。

**ノイマン条件とディリクレ条件**

これまでは速度場の境界条件を扱ってきました。制約を他の場に一般化するため、2つのより高レベルな境界条件、ノイマン条件とディリクレ条件を考えることにします。

与えられた場$f$に対し、ノイマン境界条件は境界で$f$の微分を

$$\frac{\partial f}{\partial n} = c \tag{3.20}$$

と制約し、$n$は境界の面法線です。例えば$c$がゼロなら、$f$が境界で変化しないことを意味します。したがって、ノイマン境界条件はノーフラックス境界条件を含むことになります

一方、ディリクレ境界条件は、境界で$f$自体を次のように制約します：

$$f = c \tag{3.21}$$

$c$がゼロで速度場に適用される場合、ノースリップ条件と等価です。

## 3.4.2 移流

流体力学で「移流」という言葉は、流れに沿った物質の転送を意味します。例えば質量のない粒子を水流の上にまくと、流れに沿って流されます。粒子ベースのソルバでは、粒子が自分と一緒にデータを持ち運ぶので、移流の問題は自動的に解決します。一方、格子は空間中に固定され[*13]、流れを観察するだけです。そのためシミュレーションが進行するときに、データを1つの格子点から別の格子点に転送しなければなりません。

### 3.4.2.1 セミラグランジュ法

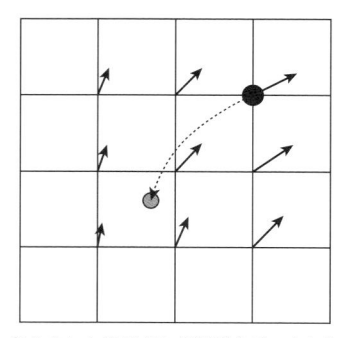

図3.10：基層の速度場を追うことにより、与えられた格子点から粒子をバックトレースする。次にバックトレース位置（灰色の点）から値をサンプルし、それを格子点（黒点）に代入する。

移流問題を解くには、ちょっとしたトリックが必要です。粒子の世界では、物理量の再配置は、単に粒子を動かすだけであることを思い出してください。既存の格子点が実際に過去の粒子移動の結果だとしま

---

[*13] 格子が空間中で動ける手法もあるが[60]、それらは効果的な格子の配置用で、個々の格子点が別々に流れを追うことはできない。

しょう。それらはどこかの位置から出発したけれども、たまたま整列した格子構造に完璧に着地したとします。したがって、トリックは後ろ向きにトレースして、以前にどんな値だったかを近隣の格子値の線形補間で調べることです。この概念が図3.10に示されています。この手法は：

$$f(\mathbf{x})^{n+1} = \tilde{f}(\mathbf{x} - \Delta t\mathbf{u})^n \tag{3.22}$$

とも書けます。ここで$f$は流れ沿いに転送したい量を表し、$\tilde{f}$は与えられた位置で線形補間された値です。ベクトル場$\mathbf{u}$が$f$を運ぶ流れで、上付きの$n$が$n$番目の時間ステップを示し、$\Delta t$は時間ステップのサイズです。したがって、式は補間された$f^n$をバックトレースされた位置$\mathbf{x} - \Delta t\mathbf{u}$を$f^{n+1}$に代入します。

このテクニックはセミラグランジュ法と呼ばれます。その理由は、粒子ベースのアプローチが「ラグランジュ」フレームワークと呼ばれることが多く、この手法が粒子と格子ベースの手法の中間にあるからです（格子ベースのアプローチもよく「オイラー」フレームワークと呼ばれます）。この手法は最初に大気モデルのシミュレータで人気になり[113]、Jos Stam[112]がコンピュータ グラフィックスに導入しました。

セミラグランジュ法は2つの特徴から、グラフィックスの分野で移流問題を解くのに最も人気のある手法の1つです。まず古い場から新しい場に線形補間でマップされるので、新しい場は必ず以前の場の最小と最大の値の間に制限されることが保障されます。これが重要な特徴であるのは、さもないと最終的にシミュレーションを「吹き飛ばす」振動や発散を続けるかもしれないからです。2つ目として、この手法はやはり系を発散させることなく、任意の時間ステップをとることができます。

他のFDMベースの手法は、セミラグランジュと異なり、その移流の式を近似するやり方のため、たいてい時間ステップに制約があります。これを詳しく理解するため、最も典型的な移流問題を解くFDM法である風上差分法を例として考えます。

まず移流方程式の元の近似しないバージョンです：

$$\frac{\partial f}{\partial t} + \mathbf{u} \cdot \nabla f = 0 \tag{3.23}$$

これは一目で理解するには込み入った式ですが、離散化バージョンに変換してしまえば、理解しやすくなります。簡単にするため、式を1次元の問題に落とします。

$$\frac{\partial f}{\partial t} + u\frac{\partial f}{\partial x} = 0 \tag{3.24}$$

同一の式が次で書けます：

$$\frac{\partial f}{\partial t} = -u\frac{\partial f}{\partial x} \tag{3.25}$$

風上差分法の考え方は、微分$\frac{\partial f}{\partial x}$に片側差分を適用することです。したがって上の式が次に変わります：

$$\frac{\partial f}{\partial t} = \begin{cases} -u\frac{f_i - f_{i-1}}{\Delta x}, & \text{if } u > 0 \\ -u\frac{f_{i+1} - f_i}{\Delta x}, & \text{otherwise} \end{cases} \tag{3.26}$$

風上方向から $f$ をとることにより、微分 $\frac{\partial f}{\partial x}$ を測定することに注意してください。$u$ が正なら $i-1$ 方向から差分をとり、負なら $i+1$ から $f$ を取得します。簡単にするため $u$ が正だとします。オイラー法を適用して $\frac{\partial f}{\partial t}$ を近似することもできます:

$$f_i^{t+\Delta t} = f_i^t - \Delta t u \frac{f_i^t - f_{i-1}^t}{\Delta x} \tag{3.27}$$

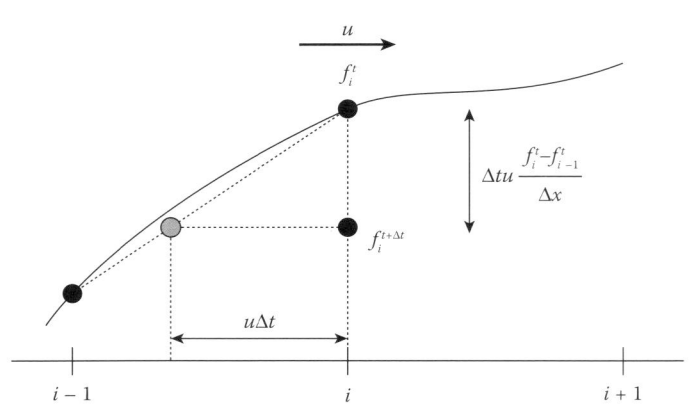

図 3.11:1 次元の風上差分法の図解。

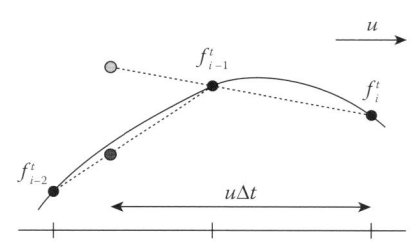

図 3.12:$u\Delta t$ が格子間隔 $\Delta x$ より大きいときの風上差分法とセミラグランジュ法の比較。明るい点は風上差分法で補間された値を表し、暗い点はセミラグランジュ法を表す。

この式の図解が図 3.11 です。1 次元で、$u\Delta t$ が格子間隔 $\Delta x$ より**小さければ**、風上差分法がセミラグランジュ法と一致することに注意してください。それを超えると、バックトレースした点（図のグレイの点）が $i-1$ 境界の外になることを意味します。セミラグランジュ法の場合、2 つの近隣の格子点の間で線形補間を行うので問題になりません。しかし風上差分法は差分 $\frac{f_i^t - f_{i-1}^t}{\Delta x}$ を使うことにより、図 3.12 に示すような範囲外の補間を引き起こす可能性があります。したがって、風上差分法は $u\Delta t/\Delta x < 1$ のときのみ安定だと言えます。この指標 $u\Delta t/\Delta x$ はクーラン数と呼ばれ、その条件はクーラント–フリードリッヒ–レヴィー（CFL）条件と呼ばれます。クーラン数はしばしば CFL 数とも呼ばれます。これは数値アルゴリズムで普遍的な指標で、風上スキームの場合、CFL 限界は 1 だと言えます。一方、セミラグランジュ法は無条件に安定です（正確さは別の話ですが）。

セミラグランジュ法を実装するため、まず移流ソルバ用の基底クラスを定義します。

```
1 class AdvectionSolver3 {
2  public:
```

```
3      AdvectionSolver3();
4
5      virtual ~AdvectionSolver3();
6
7      virtual void advect(
8          const FaceCenteredGrid3& input,
9          const VectorField3& flow,
10         double dt,
11         FaceCenteredGrid3* output);
12 };
```

クラスには、入力と出力の格子と入力場を運ぶ流れ場をとる、1つのメソッドしかありません。背景の流れには任意のベクトル場をとることができ、それが格子である必要はないことに注意してください。

セミラグランジュ ソルバを実装するため、次のコードを考えます:

```
1  class SemiLagrangian3 : public AdvectionSolver3 {
2   public:
3      SemiLagrangian3();
4
5      virtual ~SemiLagrangian3();
6
7      void advect(
8          const FaceCenteredGrid3& input,
9          const VectorField3& flow,
10         double dt,
11         FaceCenteredGrid3* output) final;
12
13  protected:
14      Vector3D backTrace(
15          const VectorField3& flow,
16          double dt,
17          double h,
18          const Vector3D& pt0);
19 };
20
21 void SemiLagrangian3::advect(
22      const FaceCenteredGrid3& input,
23      const VectorField3& flow,
24      double dt,
25      FaceCenteredGrid3* output,
26      const ScalarField3& boundarySdf) {
27      auto inputSamplerFunc = input.sampler();
28
29      double h = std::max(output->gridSpacing().x, output->gridSpacing().y);
30
31      auto uTargetDataPos = output->uPosition();
32      auto uTargetDataAcc = output->uAccessor();
33      auto uSourceDataPos = input.uPosition();
```

```
34
35     output->parallelForEachU([&](size_t i, size_t j, size_t k) {
36         Vector3D pt = backTrace(
37             flow, dt, h, uTargetDataPos(i, j, k));
38         uTargetDataAcc(i, j, k) = inputSamplerFunc(pt).x;
39     });
40
41     // 移流vとw
42     ...
43 }
```

簡単にするため、コードは$u$成分の移流だけを示します。スカラー格子やコロケート格子では、1つのループで移流ステップが完成しますが、面心格子は3つのループが必要です。いずれの場合も、上に与えたコードでは `inputSamplerFunc` が、内部で格子 `input` に対してトリリニア補間関数(セクション1.3.6)を呼び出す関数オブジェクトです。また関数 `uPosition` は、与えられた格子インデックス $(i, j, k)$ の$u$データの位置を返す関数オブジェクトを返し、`uAccessor` は $(i, j, k)$ のデータを取得・設定できる3次元配列ポインタのラッパーを返します。最後に、関数 `backTrace` はバックトレースした位置を返し:

```
1 Vector3D SemiLagrangian3::backTrace(
2     const VectorField3& flow,
3     double dt,
4     const Vector3D& startPt) {
5     // オイラー ステップ
6     return pt0 - dt * flow.sample(pt0);
7 }
```

のように実装できます。

上の実装は、仮想的な粒子をバックトレースする時間積分(セクション1.6.2.4)に単純なオイラー法を使います。

セミラグランジュ法の基本的な実装は完成しました。

### 3.4.2.2 バックトレースの正確さの改善

まずはバックトレースの部分に焦点を合わせます。バックトレースの考え方により、セミラグランジュは時間ステップに関して堅牢です。しかしこれは解が正確であることを保証しません。例えば図3.13に示すような円形の流れ場を想像してください。流れに沿ったバックトレースにオイラー時間積分法を使うと、手法の線形近似により、不正な位置からサンプルされます。ほとんどの流れは非線形なので、バックトレースも非線形な曲がった流れの形に適応できるべきです。

時間積分の正確さを改善する。多様なアプローチがあり[30]、その1つが中点法です。オイラー法が現在の位置から時間の差分を評価するとき、中点法はそれを現在の位置と新しい位置の中間点で測定します。その修正コードを次に示します。

```
1 Vector3D SemiLagrangian3::backTrace(
```

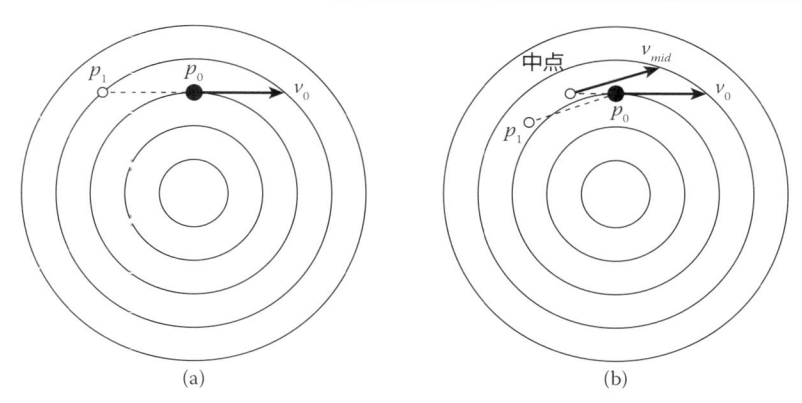

図 3.13： (a)オイラー法と(b)中点法の比較。

```
2        const VectorField3& flow,
3        double dt,
4        double h,
5        const Vector3D& startPt,
6        const ScalarField3& boundarySdf) {
7        // 中点法
8        Vector3D midPt = startPt - 0.5 * dt * vel0;
9        Vector3D midVel = flow.sample(midPt);
10       pt1 = startPt - dt * midVel;
11
12       return pt1;
13 }
```

見ての通り、まず半分の時間ステップで従来のオイラー法を実行し、中点での速度を評価します。次にサンプルした中点の速度を使い、最終的なオイラーステップを取ります。その処理を図3.13が示しています。2段階に分けてオイラーステップを実行するだけで、結果が大きく改善することがあります。

### 3.4.2.3 補間の正確さの改善

前のセクションで述べたように、セミラグランジュ法は線形補間を利用して、場の値を任意の位置でサンプルします。その線形アプローチは格子解像度が非常に高ければうまくいきます。しかし十分に高くないと、前に論じた線形オイラー時間積分と同じように近似誤差を被ります。時間積分の誤差により解が流れから遠ざかると、この近似誤差は解を拡散します。そのような数値的誤差による意図しない拡散は、数値拡散と呼ばれます。密度場の移流に適用すると、数値拡散によって場が消散し、元の分布が広がって局所的な詳細と正味の質量が失われます。速度場の場合、数値拡散は追加の粘性をもたらします。それによって流れは渦を失ったり、油のような重い印象になったりします。そのため、誤差が最終的な結果に強い影響を与えるのは極めて明らかです。

数値拡散を解決するための多様なアプローチが提案されています。1つの解決法は、移流ステップがない粒子ベースの手法を使うことです。このトピックは本章の最後に論じますが、格子ベースのアプローチのほうが粒子ベースのアプローチより適するケースがあります。それでも数値拡散が重要な懸念事項

なら、粒子ベースの手法を考慮する価値があります。別の解決法は、ハイブリッドに粒子を使って移流問題を解き、残りのステップで格子ベースの手法を適用することです。ハイブリッドな手法は4章で詳しく扱いますが、要約すると、よい解法であり産業用ソフトウェアパッケージで活発に使われています。最後に、移流ソルバの正確さの改善に焦点を合わせた純粋に格子ベースの解法があり、このアプローチをこのセクションの残りで説明します。

格子ベースの解法の中に、三次多項式などより高次の手法で線形補間を置き換えるテクニックがあります[42,67,110]。また移流問題を解決するときには、PCISPHの考え方と似た予測–修正アプローチも使えます[64,102]。それに加えて、速度場と渦に焦点を合わせ、乱流理論を採用したり[71,93]、単純に余分な渦を場に追加し直すことで[42]、格子単位より細かいディテールを再現しようとする手法もあります。

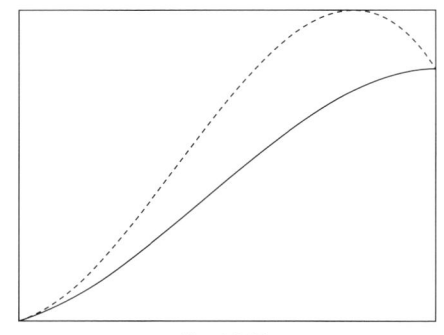

図 3.14：元の `Catmull‒Rom` 補間(破線)と、その単調バージョン(実線)。

このセクションでは、Fedkiw et al. [42]が提案した三次補間アプローチを実装します。この手法の基本的な考え方は、トリリニア補間の代わりに一連のCatmull–Rom補間を使うことです(Catmull–Romはセクション1.3.6を参照)。しかし、この高次の補間は元のセミラグランジュ法の重要な特徴の1つが保たれません。線形補間は近似に線形関数を使い、その関数は単調、すなわち関数の傾きが負と正のどちらか一方だけです。これにより、補間は元の場の最小と最大の間に制限された解を返します。しかし三次多項式は単調ではなく、それは解は制限されずオーバーシュートすることを意味します。図3.14(破線)が例を示しています。

単調性の問題を解決するため、Fedkiw et al. [42]は、オーバーシュートを作り出す場合、スプライン関数の終わりで微分を単純にゼロにクランプする手法を提案しました。図3.14 (実線)がクランプで制限されるスプライン関数を示しています。新しいクランプ付きのCatmull–Rom補間のコードを以下に示します。

```
1 template <typename T>
2 inline T monotonicCatmullRom(
3     const T& f0,
4     const T& f1,
5     const T& f2,
6     const T& f3,
7     T f) {
8     T d1 = (f2 - f0) / 2;
```

```
 9      T d2 = (f3 - f1) / 2;
10      T D1 = f2 - f1;
11
12      if (std::fabs(D1) < kEpsilonF) {
13          d1 = d2 = 0;
14      }
15
16      if (sign(D1) != sign(d1)) {
17          d1 = 0;
18      }
19
20      if (sign(D1) != sign(d2)) {
21          d2 = 0;
22      }
23
24      T a3 = d1 + d2 - 2 * D1;
25      T a2 = 3 * D1 - 2 * d1 - d2;
26      T a1 = d1;
27      T a0 = f1;
28
29      return a3 * cubic(f) + a2 * square(f) + a1 * f + a0;
30 }
```

上のコードで d1 と d2 は、中心差分を使った計算した補間区間の先頭と終わりの微分です。また図3.14b に示すように、D1 は 2 つの端点の差を表します。単調であるためには条件：

$$\begin{cases} sign(d1) = sign(d2) = sign(D1) & D1 \neq 0 \\ d1 = d2 = 0 & D1 = 0 \end{cases} \tag{3.28}$$

を満たさなければなりません。

上のコードの if 文が条件を満たさない場合にクランプを適用するので、単調性が実現します。トリリニア補間と同様に、多次元の単調三次補間は次元ごとの補間を再帰的に行えばよいです。2D と 3D のコードは include/jet/detail/array_sampler2-inl.h と include/jet/detail/array_sampler3-inl.h にあります。

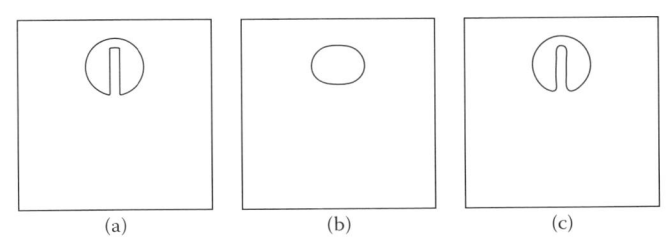

(a)　　　　　　　　　(b)　　　　　　　　　(c)

図 3.15：(a) 元の Zalesak 円盤場、(b) 線形セミラグランジュで 2 回転した後の結果、(c) 単調三次補間の結果。

図 3.15 には 2D での正確さを比べるため、線形と単調三次の両方のバージョンが示されています。この実験はスロット付き円盤の SDF を回転し、複数の回転後に選んだソルバが入力形状のシャープな特徴

を保存するかどうかを見るためのものです[*14]。明らかに、三次のほうが線形より高い性能を示しています。

### 3.4.2.4 境界処理

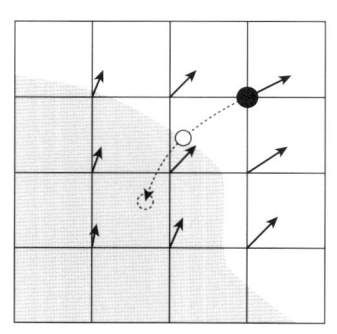

図 3.16：バックトレース中にコライダーが見つかったときは、トレースをコライダー境界でクランプする。

バックトレース中に、端点が境界の内側になることがあります。そのような場合は、図3.16に示すように、単純にトレースの線を流体–固体界面でクリップします[42]。対応するコードは次のように書けます：

```
 1 Vector3D SemiLagrangian3::backTrace(
 2     const VectorField3& flow,
 3     double dt,
 4     double h,
 5     const Vector3D& startPt,
 6     const ScalarField3& boundarySdf) {
 7
 8     // 中点法
 9     Vector3D midPt = startPt - 0.5 * dt * vel0;
10     Vector3D midVel = flow.sample(midPt);
11     pt1 = startPt - dt * midVel;
12
13     // 境界処理
14     double phi0 = boundarySdf.sample(startPt);
15     double phi1 = boundarySdf.sample(pt1);
16
17     if (phi0 * phi1 < 0.0) {
18         double w = std::fabs(phi1) / (std::fabs(phi0) + std::fabs(phi1));
19         pt1 = w * pt0 + (1.0 - w) * pt1;
20         break;
21     }
22
23     return pt1;
24 }
```

---

[*14] この実験は Zalesak の円盤テストと呼ばれる [39]。移流ソルバの性能を評価するのに使われる古典的な実験の 1 つ。

ここまで様々な側面でセミラグランジュ実装を改良してきました。コード例で示したのは面心格子の移流を解くことだけですが、同じアルゴリズムは簡単にスカラー格子とコロケートベクトル格子にも拡張できます。include/jet/semi_lagrangian3.h と include/jet/semi_lagrangian3.cpp の実装を参照してください。

最後に、移流ソルバが GridFluidSolver3 からどのように呼ばれるかを、次のコードが示しています。

```
1  void GridFluidSolver3::computeAdvection(double timeIntervalInSeconds) {
2      auto vel = velocity();
3      if (_advectionSolver != nullptr) {
4          // 速度の移流を解決
5          auto vel0 = std::dynamic_pointer_cast<FaceCenteredGrid3>(vel->clone());
6          _advectionSolver->advect(
7              *vel0,
8              *vel0,
9              timeIntervalInSeconds,
10             vel.get(),
11             _colliderSdf);
12         applyBoundaryCondition();
13     }
14 }
```

移流の前に、コードはまず現在の速度場をコピーし、移流ソルバに新しい値を元の速度格子に書き込ませます。移流を解決した後に関数 applyBoundaryCondition が呼び出されることにも注意してください。この関数はセクション 3.4.1 で扱った境界条件を適用します。

### 3.4.3 重力

重力を格子ベースのソルバに適用するのは簡単です。しかし、解こうとしているモデルは一定密度の単相流体で、それは重力の効果が圧力場で中和されることを意味し（セクション 1.7）、何も面白い動きは生じません。しかし、煙や空気–水のシミュレーションのような他のタイプのシミュレーションに進むにつれ、重力が支配的な役割を担うので、次のコードを GridFluidSolver3 に実装します：

```
1  void GridFluidSolver3::computeGravity(double timeIntervalInSeconds) {
2      if (_gravity.lengthSquared() > kEpsilonD) {
3          auto vel = _grids->velocity();
4          auto u = vel->uAccessor();
5          auto v = vel->vAccessor();
6          auto w = vel->wAccessor();
7
8          if (std::abs(_gravity.x) > kEpsilonD) {
9              vel->forEachU([&](size_t i, size_t j, size_t k) {
10                 u(i, j, k) += timeIntervalInSeconds * _gravity.x;
11             });
12         }
13
14         if (std::abs(_gravity.y) > kEpsilonD) {
15             vel->forEachV([&](size_t i, size_t j, size_t k) {
```

```
16                    v(i, j, k) += timeIntervalInSeconds * _gravity.y;
17                });
18          }
19
20          if (std::abs(_gravity.z) > kEpsilonD) {
21              vel->forEachW([&](size_t i, size_t j, size_t k) {
22                  w(i, j, k) += timeIntervalInSeconds * _gravity.z;
23              });
24          }
25
26          applyBoundaryCondition();
27      }
28 }
```

コードは単純に重力成分がそれぞれゼロでないかどうかを調べてから、それを速度場に加算します。

### 3.4.4 粘性

既にセクション1.7.3とSPHソルバ(セクションsec:粒子s-sph-dynamics-viscosity)でも取り上げたように、粘性は流体を厚く粘り気のあるものにする力です。SPHでは、粒子の速度をその近隣の粒子にぼかし出すことでこれを行いました。そのぼかす処理は拡散と呼ばれ、同じ考え方を格子ベースの流体シミュレーションに持ち込めます。

#### 3.4.4.1 前進オイラーで拡散を解く

式1.94から、粘性の式は：

$$\mathbf{a}_v = \mu \nabla^2 \mathbf{u} \tag{3.29}$$

と書け、$\mathbf{a}_v$ は粘性の力により生成する加速度、$\mu$ は粘性係数、$\mathbf{u}$ は速度です。オイラー時間積分法を使うと、式は：

$$\mathbf{u}^{n+1} = \mathbf{u}^n + \Delta t \mu \nabla^2 \mathbf{u}^n \tag{3.30}$$

と分解でき、$\mathbf{u}^n$ は $n$ 番目のフレームの速度で、$\Delta t$ は時間ステップです。これは直接コードに移せる単純明快な式です。実装の手初めに、まずは汎用拡散ソルバのための抽象基底クラスを定義します。

```
 1 class GridDiffusionSolver3 {
 2  public:
 3      GridDiffusionSolver3();
 4      virtual ~GridDiffusionSolver3();
 5
 6      virtual void solve(
 7          const ScalarGrid3& source,
 8          double diffusionCoefficient,
 9          double timeIntervalInSeconds,
10          ScalarGrid3* dest) = 0;
11
12      ...
13 };
```

仮想関数 solve は入力格子、拡散係数、出力格子をとります。式 3.30 の実装は、次に示すようにこの基底クラスを継承し、セクション 3.3.5 の中心差分を使って $\nabla^2 \mathbf{u}^n$ を計算できます。

```cpp
 1 class GridFowardEulerDiffusionSolver3 final : public GridDiffusionSolver3 {
 2 public:
 3     GridFowardEulerDiffusionSolver3();
 4
 5     void solve(
 6         const ScalarGrid3& source,
 7         double diffusionCoefficient,
 8         double timeIntervalInSeconds,
 9         ScalarGrid3* dest) override;
10
11     ...
12 };
13
14 void GridFowardEulerDiffusionSolver3::solve(
15     const ScalarGrid3& source,
16     double diffusionCoefficient,
17     double timeIntervalInSeconds,
18     ScalarGrid3* dest) {
19     Size3 size = source.dataSize();
20     source.forEachDataPoint(
21         [&](size_t i, size_t j, size_t k) {
22             (*dest)(i, j, k)
23                 = source(i, j, k)
24                 + diffusionCoefficient * timeIntervalInSeconds
25                 * source.laplacianAtDataPoint(i, j, k);
26         });
27 }
```

簡単にするため、ScalarGrid3 の solve 関数だけを示します。使っているオイラー法が現在の状態から前に進むため前進オイラーと呼ばれるので、クラスを GridFowardEulerDiffusionSolver3 と名付けたことにも注意してください。他の関数も簡単に拡張できます。そうするとソルバを次のように GridFluidSolver3 から使えます。

```cpp
 1 void GridFluidSolver3::computeViscosity(
 2     double timeIntervalInSeconds) {
 3     if (_diffusionSolver != nullptr
 4         && _viscosityCoefficient > kEpsilonD) {
 5         auto vel = velocity();
 6         auto vel0
 7             = std::dynamic_pointer_cast<FaceCenteredGrid3>(vel->clone());
 8
 9         _diffusionSolver->solve(
10             *vel0,
11             _viscosityCoefficient,
12             timeIntervalInSeconds,
13             vel.get(),
```

```
14                _colliderSdf,
15                *fluidSdf());
16            applyBoundaryCondition();
17        }
18 }
```

### 3.4.4.2 拡散ソルバの安定性

一見すると、前進オイラー実装は十分よいものに思えます。しかしこの手法は、大きな時間ステップで十分に堅牢ではありません。ある閾値より大きな時間ステップを使うと、非物理的な値で場は破綻してしまいます。その理由を調べてみましょう。

その問題をより詳しく理解するのに役立つように、簡約化した(前に見た前進オイラー実装から) 1D コードを下に示します。

```
1 double invGridSpacingSqr = 1.0 / square(grid.gridSpacing());
2
3 for(...) {
4     dest[i] = source[i]
5         + diffusionCoefficient * timeIntervalInSeconds
6         * (source[i + 1] - 2.0 * source[i] + source[i - 1])
7         * invGridSpacingSqr;
8 }
```

このコードは次のように再構成できます。

```
1 double invGridSpacingSqr = 1.0 / square(grid.gridSpacing());
2 double diffusionCoefficient = viscosityCoefficient * timeIntervalInSeconds;
3
4 for(...) {
5     double c = diffusionCoefficient * timeIntervalInSeconds * invGridSpacingSqr;
6     dest[i] = c*source[i+1] + (1.0-2.0*c) * source[i] + c * source[i-1]);
7 }
```

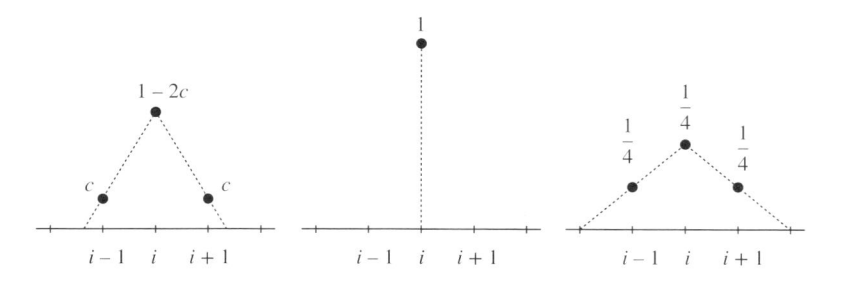

図 3.17：1D の拡散フィルタ：(a)一般の場合($1/2 < c < 1$)、(b)ディラックデルタ($c = 1$)、(c)最大幅($c = 1/2$)。

我々が書いた拡散コードが実は三角形フィルタだったことに注意してください。変数 c はフィルタカーネルの幅に比例するので、c が高くなるほどボケることを意味します。図3.17aが、このカーネルの形を示しています。さて c は時間ステップ timeIntervalInSeconds、拡散係数

`diffusionCoefficient`、格子間隔の逆二乗 `invGridSpacingSqr`の組み合わせです。これはカーネルの形がその3つのパラメータに依存することを意味します。問題は変数 `c`に制限があることです。可能な最小の値はゼロで(図3.17b)、最大の値は0.5です(図3.17c)。さもないと、カーネルに中心差分に無関係の格子点が包まれ、意図しない計算が発生します[15]。そのため可能な最大の拡散係数は `0.25 * gridSpacingSquare / dt`に制限されます。2Dと3Dの場合、その限界は `gridSpacingSquare / dt / 8.0`と `gridSpacingSquare / dt / 12.0`です。

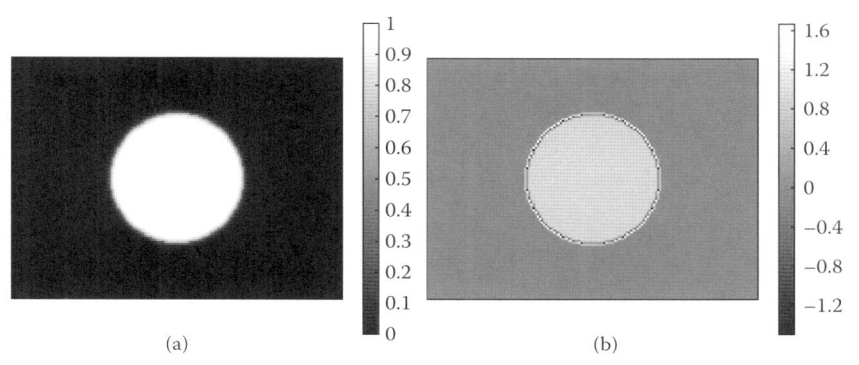

$$(a) \qquad\qquad\qquad (b)$$

図3.18: 安定(a)と高い $c$ による不安定(b)な拡散の結果。

この制限は濃い油や蜂蜜のような、非常に高い粘性のシミュレーションをしたいときに問題になることがあります。また解像度を増やすと、格子間隔が小さくなり、その限界は二次で減少します。図3.18は `c` が限界より大きいと何が起きるかを示しています。

前に手短に述べたように、これまで使ってきた時間積分は「前進」オイラー法と呼ばれ、この安定性問題は前進オイラーのよく知られた問題の1つです。PCISPHの予測子修正子(セクション2.4)とルンゲ-クッタ法(セクション3.4.2)は、正確さと安定性の両方に関して前進オイラーより性能がよい、別種の前進時間積分です。しかし、それらの手法も前進手法で、`c`の安定な範囲に制限があります。

### 3.4.4.3 拡散を後退オイラーで解く

この問題を解決するため、もう一度式3.30を見てみましょう:

$$f_{i,j,k}^{n+1} = f_{i,j,k}^n + \Delta t \mu L(f_{i,j,k}^n) \tag{3.31}$$

ここで $L$ は中心差分を表します。$L$ のカバー範囲が小さいため、情報の伝搬が隣接する近隣に制限され、1つの格子点の拡散が2つの格子点を超えられないことを我々は学びました。ここで1つの可能な試みは、$L$ のカバー範囲のサイズを増やすことでしょう。しかし、粘性係数が非常に高いと最終的に領域全体を覆うことになり、それは1つの格子点の $L$ の計算が $N$ を格子点の数として $O(N^2)$ かかることを意味するので、このアプローチで十分高速に処理することは困難です。

ではどうすれば、この情報伝達問題を解決できるのでしょう? 問題を少し違うやり方で考えてみましょう。問題は情報の伝搬に制限があることです。それは $\Delta t$ 後に何が起きるかわからず、格子点の変化に

---

[15] これは SPH シミュレーションで観察した情報伝搬問題と考えることもできる。

ついて、近隣の格子点に注意深く通知しなければならないからです。しかし、未来に何が起きるかを、すべての格子点が知っていたらどうでしょうか？再帰的なステートメントかもしれませんが、解が分かれば変化も既に分かっているので、変化をすべての格子点に通知することについて悩む必要はありません。

$f_{i,j,k}^{n+1}$ が既知だとすると、式3.31を次のように変えられます：

$$f_{i,j,k}^{n+1} = f_{i,j,k}^n + \Delta t \mu L(f_{i,j,k}^{n+1}). \tag{3.32}$$

式の右辺の第2項が $n$ から $n+1$ に変わったことに注意してください。これも有効な近似です。それは時間を前ではなく、後ろ向きに進むものと考えることができます。そのため、そのような時間積分は後退オイラーと呼ばれます。しかし、この小さな変更は、安定性に関して巨大な違いを作り出します。現在の状態を未来の状態で更新するので、情報の伝搬について心配する必要はなく、その解は無条件に安定になります。どんな時間ステップや格子間隔を使おうと、まだ残る疑問は「どうやって未来の状態を知るか」です。

今は後退オイラーを1Dに簡約化し、どのように式を解けるかを見ることにします。式3.32の項の位置をシャッフルして次を得ます：

$$f_i^{n+1} - \Delta t \mu L(f_i^{n+1}) = f_i^n \tag{3.33}$$

左辺のすべての項が未来の状態 $f^{n+1}$ を持つ一方、右辺には $f^n$ しかありません。知っているふりをしても、未来の状態は分からず、ここでの目標はそれを計算することです。しかし式全体は未来が分かっていることを前提に設計されているので、やはり無条件に安定です。式3.33から式を展開して：

$$f_i^{n+1} - \Delta t \mu \frac{f_{i+1}^{n+1} - 2f_i^{n+1} + f_{i-1}^{n+1}}{\Delta x^2} = f_i^n \tag{3.34}$$

が得られ、これは単純にセクション3.3.5の中心差分です。項を再編成すると：

$$-\frac{\Delta t \mu}{\Delta x^2}(f_{i+1}^{n+1} - \left(2 + \frac{\Delta x^2}{\Delta t \mu}\right) f_i^{n+1} + f_{i-1}^{n+1}) = f_i^n \tag{3.35}$$

が得られ、それはさらに簡約化できます：

$$-cf_{i+1}^{n+1} + (2c+1)f_i^{n+1} - cf_{i-1}^{n+1} = f_i^n \tag{3.36}$$

ここで $c = \Delta t \mu / \Delta x^2$ です。やはり $f^{n+1}$ は未知です。しかし他のすべては既知で、すべての $i$ について考えると、連立線形方程式が得られます。例えば、この1D系に3つしか格子点がなく $c = 1$ と仮定すると、次が得られます：

$$\begin{aligned} -f_0^{n+1} + 3f_1^{n+1} - f_2^{n+1} &= f_1^n \\ -f_1^{n+1} + 3f_2^{n+1} - f_3^{n+1} &= f_2^n \\ -f_2^{n+1} + 3f_3^{n+1} - f_4^{n+1} &= f_3^n \end{aligned} \tag{3.37}$$

式に$i = 0$や$i = 4$がないことに注意してください—それらは範囲の外です。セクション3.3.5のアプローチと同じように、単に端の値を$f_0$と$f_4$に対し拡張すると：

$$
\begin{aligned}
2f_1^{n+1} - f_2^{n+1} &= f_1^n \\
-f_1^{n+1} + 3f_2^{n+1} - f_3^{n+1} &= f_2^n \\
-f_2^{n+1} + 2f_3^{n+1} &= f_3^n
\end{aligned}
\tag{3.38}
$$

これで3つの未知の値（$f_1^{n+1}$, $f_2^{n+1}$, $f_3^{n+1}$）と3つの線形方程式となりました。右辺のすべての$f^n$sは既知の値です。セクション1.3.4で示したように、3つの式は次のように行列にできます：

$$
\begin{bmatrix} 2 & -1 & 0 \\ -1 & 3 & -1 \\ 0 & -1 & 2 \end{bmatrix} \cdot \begin{bmatrix} f_1^{n+1} \\ f_2^{n+1} \\ f_3^{n+1} \end{bmatrix} = \begin{bmatrix} f_1^n \\ f_2^n \\ f_3^n \end{bmatrix}
\tag{3.39}
$$

左辺の行列が対称なことに注意してください。これを逆行列を使って直接解くと、解は次になります：

$$
\begin{bmatrix} f_1^{n+1} \\ f_2^{n+1} \\ f_3^{n+1} \end{bmatrix} = \frac{1}{8} \begin{bmatrix} 5 & 2 & 1 \\ 2 & 4 & 2 \\ 1 & 2 & 5 \end{bmatrix} \cdot \begin{bmatrix} f_1^n \\ f_2^n \\ f_3^n \end{bmatrix}
\tag{3.40}
$$

これは何を意味するのでしょうか？真ん中の格子点$f_2^n$が1で他のすべてが0に設定されている場合について考えてみましょう。これは式の右辺に$[0, 1, 0]$のベクトルを形成し、それに上の逆行列を乗算すると$[1/4, 1/2, 1/4]$が得られ、それは元の場が近隣に広がることを意味します。端の値$f_1^n$が1に設定されていれば、$[5/8, 1/4, 1/8]$—端からの拡散プロファイル—が得られます。

この線形システムは任意の数の1D格子点の任意の$c$に一般化できます：

$$
\begin{bmatrix} c+1 & -c & 0 & \ldots & 0 & 0 \\ -c & 2c+1 & -c & \ldots & 0 & 0 \\ \vdots & \vdots & \ddots & \vdots & & \vdots \\ 0 & 0 & \ldots & -c & c+1 \end{bmatrix} \cdot \mathbf{f}^{n+1} = \mathbf{f}^n
\tag{3.41}
$$

後退オイラーの拡散問題は線形システムの問題になりました：

$$
\mathbf{A} \cdot \mathbf{x} = \mathbf{b}
\tag{3.42}
$$

したがって必要なことは、行列$\mathbf{A}$を構築して式を解くことに集中するだけです（セクション1.3.4）。

この考え方を2Dと3Dに拡張するのも簡単です。多次元配列をベクトル$\mathbf{f}$を展開する方法を知る必要があるだけで、その解き方は極めて単純で、ただ$(i, j, k)$の格子点を$i$から$k$について同様に処理し、格子の値をベクトルに加えるだけです。したがって格子点$(i, j, k)$の$f$はベクトルの$i$＋幅・$(j$＋高さ・$k)$番目の行に移ります。そうすると行列の行は隣接する格子点に対応する非対角列では$-c$、対角列では$kc + 1$（$k$は範囲外でない隣接点の数の数）を持ちます。

拡散問題で線形システムをどのように構築して解けるかを調べるため、まず `GridDiffusionSolver3` を継承する `GridBackwardEulerDiffusionSolver3` クラスを作成します。そのクラスのインターフェイスは、前に見た `GridForwardEulerDiffusionSolver3` クラスと似ています。

```
1  class GridBackwardEulerDiffusionSolver3 final : public GridDiffusionSolver3 {
2  public:
3      GridBackwardEulerDiffusionSolver3();
4
5      void solve(
6          const ScalarGrid3& source,
7          double diffusionCoefficient,
8          double timeIntervalInSeconds,
9          ScalarGrid3* dest) override;
10
11     ...
12
13 private:
14     FdmLinearSystem3 _system;
15     FdmLinearSystemSolver3Ptr _systemSolver;
16
17     void buildMatrix(
18         const Size3& size,
19         const Vector3D& c);
20
21     void buildVectors(const ConstArrayAccessor3<double>& f);
22 };
```

クラス FdmLinearSystem3 の定義は付録C.1を参照してください。手短に言うと、それは係数行列、右辺ベクトル (この場合、$\mathbf{f}^n$)、解ベクトル (この場合、$\mathbf{f}^{n+1}$) からなります。メンバー関数 GridBackwardEulerDiffusionSolver3::solve の実装を示します

```
1  void GridBackwardEulerDiffusionSolver3::solve(
2      const ScalarGrid3& source,
3      double diffusionCoefficient,
4      double timeIntervalInSeconds,
5      ScalarGrid3* dest) {
6      Vector3D h = source.gridSpacing();
7      Vector3D c = timeIntervalInSeconds * diffusionCoefficient / (h * h);
8
9      buildMatrix(source.dataSize(), c);
10     buildVectors(source.constDataAccessor());
11
12     if (_systemSolver != nullptr) {
13         // システムを解く
14         _systemSolver->solve(&_system);
15
16         // 解を代入
17         source.parallelForEachDataPoint(
18             [&](size_t i, size_t j, size_t k) {
19                 (*dest)(i, j, k) = _system.x(i, j, k);
20             });
21     }
22 }
```

ソースコードにはコロケートベクトル格子と面心格子用の solve関数も含まれます。しかし単に簡単にするため、例としてスカラー格子をとる関数を示します。いずれの場合も、上のコードは最初に行列とベクトルを構築してから、線形システムを解いて拡散が適用された場を計算します。システムを解くのには、任意の線形システムソルバを使えます。しかし拡散係数と時間ステップが大きかったり、格子間隔が小さい場合は、共役勾配型のソルバが好ましいでしょう。そうでなければ、ガウス–ザイデル法やヤコビ法でもいいかもしれません。しかし、実際には行列のサイズはかな大きいので[16]、それらのソルバの詳細は付録Cを参照してください。

係数行列とベクトルは以下のように構築できます:

```
1  void GridBackwardEulerDiffusionSolver3::buildMatrix(
2      const Size3& size,
3      const Vector3D& c) {
4      _system.A.resize(size);
5
6      // 線形システムを構築
7      _system.A.parallelForEachIndex(
8          [&](size_t i, size_t j, size_t k) {
9              auto& row = _system.A(i, j, k);
10
11             // 初期化
12             row.center = 1.0;
13             row.right = row.up = row.front = 0.0;
14
15             if (i + 1 < size.x) {
16                 row.center += c.x;
17                 row.right -= c.x;
18             }
19
20             if (i > 0) {
21                 row.center += c.x;
22             }
23
24             if (j + 1 < size.y) {
25                 row.center += c.y;
26                 row.up -= c.y;
27             }
28
29             if (j > 0) {
30                 row.center += c.y;
31             }
32
33             if (k + 1 < size.z) {
34                 row.center += c.z;
35                 row.front -= c.z;
36             }
```

---

[16] 行と列の数は格子点の数なので、格子解像度が $100 \times 100 \times 100$ なら要素の数は $1,000,000$ になる。

```
37
38              if (k > 0) {
39                  row.center += c.z;
40              }
41          });
42 }
43
44 void GridBackwardEulerDiffusionSolver3::buildVectors(
45     const ConstArrayAccessor3<double>& f) {
46     Size3 size = f.size();
47
48     _system.x.resize(size, 0.0);
49     _system.b.resize(size, 0.0);
50
51     // 線形システムを構築
52     _system.x.parallelForEachIndex(
53         [&](size_t i, size_t j, size_t k) {
54             _system.b(i, j, k) = _system.x(i, j, k) = f(i, j, k);
55         });
56 }
```

行列は行ごとに構築し、各行で隣接ごとに点が格子の範囲内なら対角成分に c が蓄積されます。非対角列では— c が代入されます。行列が対称であることに注意してください。したがって— c が代入されるのは $+x$、$+y$、$+z$ 方向だけです。

これで無条件に安定な拡散ソルバが実装されました。このソルバは高い格子解像度と大きな時間ステップの高粘度の流れを解くときに効率的です（3D では $\mu < \frac{\mu \Delta x^2}{12 \Delta t}$）。そうでなければ、線形システムを構築して解くオーバーヘッドが大きすぎ、前進オイラー法を使えば十分なことがあります。

### 3.4.4.4 境界処理
拡散方程式を解くときには、境界条件も考慮しなければなりません。一般の境界条件はセクション 3.4.1 を参照してください。

前進オイラー法の場合、以前のコードからそれほど変更はなく、以下のように格子点が境界の内側かどうかをチェックする1行だけです。

```
 1 void GridForwardEulerDiffusionSolver3::solve(
 2     const ScalarGrid3& source,
 3     double diffusionCoefficient,
 4     double timeIntervalInSeconds,
 5     ScalarGrid3* dest,
 6     const ScalarField3& boundarySdf) {
 7     auto pos = source.dataPosition();
 8
 9     source.parallelForEachDataPoint(
10         [&](size_t i, size_t j, size_t k) {
11             if (!isInsideSdf(boundarySdf.sample(pos(i, j, k)))) {
```

```
12                    (*dest)(i, j, k)
13                        = source(i, j, k)
14                        + diffusionCoefficient
15                        * timeIntervalInSeconds
16                        * source.laplacianAtDataPoint(i, j, k);
17                }
18            });
19 }
```

まず前のステップの applyBoundaryCondition 関数(セクション3.4.1)により、入力場がオブジェクト領域内に正しく設定されていると仮定します。次にソルバを適用して流体の格子点の新しい値を計算します。最後に applyBoundaryCondition を呼び出して境界条件を適用し、場をオブジェクト内に納めます。前に GridFluidSolver3::computeViscosity で見たように、これはすべて GridFluidSolver3 のレベルで管理されます

後退オイラー法での境界条件の適用は、もう少し複雑です。その手法は未知の値の行列を構築するので、暗黙的に境界条件を行列にエンコードする必要があります。さらに詳しく調べるため、1Dの例に戻ります：

$$\begin{bmatrix} 2 & -1 & 0 \\ -1 & 3 & -1 \\ 0 & -1 & 2 \end{bmatrix} \cdot \begin{bmatrix} f_1^{n+1} \\ f_2^{n+1} \\ f_3^{n+1} \end{bmatrix} = \begin{bmatrix} f_1^n \\ f_2^n \\ f_3^n \end{bmatrix} \tag{3.43}$$

固体オブジェクトが点3を占めているとします。その境界がノイマン型なら、点2を点3に外挿して $f_3^{n+1}$ を $f_2^{n+1}$ と同じにできます。これにより $(1,2)$ から-1、$(1,1)$ から1が引かれます。また3番目の行と列は計算に参加しないので不要になります。したがって行列は次のように変えられます：

$$\begin{bmatrix} 2 & -1 \\ -1 & 2 \end{bmatrix} \cdot \begin{bmatrix} f_1^{n+1} \\ f_2^{n+1} \end{bmatrix} = \begin{bmatrix} f_1^n \\ f_2^n \end{bmatrix} \tag{3.44}$$

境界条件がディリクレ型なら、$f_3^{n+1}$ の解は分かっています。前進オイラーと同様に、拡散を解く前に applyBoundaryCondition が既に呼び出されていると仮定すれば、解は $f_3^{n+1} = f_3^n$ になります。したがって、$f_3^{n+1}$ は左辺から右辺に移せます：

$$\begin{bmatrix} 2 & -1 \\ -1 & 3 \end{bmatrix} \cdot \begin{bmatrix} f_1^{n+1} \\ f_2^{n+1} \end{bmatrix} = \begin{bmatrix} f_1^n \\ f_2^n + f_3^n \end{bmatrix} \tag{3.45}$$

この考え方を3Dと任意の$c$に一般化して、境界条件は次のように実装できます：

```
1 const char kFluid = 0;
2 const char kBoundary = 1;
3
4 GridBackwardEulerDiffusionSolver3::GridBackwardEulerDiffusionSolver3(
5     BoundaryType boundaryType) : _boundaryType(boundaryType) {
6     ...
7 }
8
```

```
 9 void GridBackwardEulerDiffusionSolver3::buildMatrix(
10     const Size3& size,
11     const Vector3D& c) {
12     _system.A.resize(size);
13
14     bool isDirichlet = _boundaryType == Dirichlet;
15
16     // 線形システムを構築
17     _system.A.parallelForEachIndex([&](size_t i, size_t j, size_t k) {
18         auto& row = _system.A(i, j, k);
19
20         // 初期化
21         row.center = 1.0;
22         row.right = row.up = row.front = 0.0;
23
24         if (_markers(i, j, k) == kFluid) {
25             if (i + 1 < size.x) {
26                 if (isDirichlet || _markers(i + 1, j, k) == kFluid) {
27                     row.center += c.x;
28                 }
29
30                 if (_markers(i + 1, j, k) == kFluid) {
31                     row.right -=  c.x;
32                 }
33             }
34
35             if (i > 0 && (isDirichlet || _markers(i - 1, j, k) == kFluid)) {
36                 row.center += c.x;
37             }
38
39             // 同じ処理をj + 1, j - 1, k + 1, k - 1で繰り返す
40             ...
41         }
42     });
43 }
44 void GridBackwardEulerDiffusionSolver3::buildVectors(
45     const ConstArrayAccessor3<double>& f,
46     const Vector3D& c) {
47     Size3 size = f.size();
48
49     _system.x.resize(size, 0.0);
50     _system.b.resize(size, 0.0);
51
52     // 線形システムを構築
53     _system.x.parallelForEachIndex([&](size_t i, size_t j, size_t k) {
54         _system.b(i, j, k) = _system.x(i, j, k) = f(i, j, k);
55
56         if (_boundaryType == Dirichlet && _markers(i, j, k) == kFluid) {
57             if (i + 1 < size.x && _markers(i + 1, j, k) == kBoundary) {
```

```
58                    _system.b(i, j, k) += c.x * f(i + 1, j, k);
59            }
60
61            if (i > 0 && _markers(i - 1, j, k) == kBoundary) {
62                    _system.b(i, j, k) += c.x * f(i - 1, j, k);
63            }
64
65            // 同じ処理をj + 1, j - 1, k + 1, k - 1で繰り返す
66            ...
67        }
68    });
69 }
```

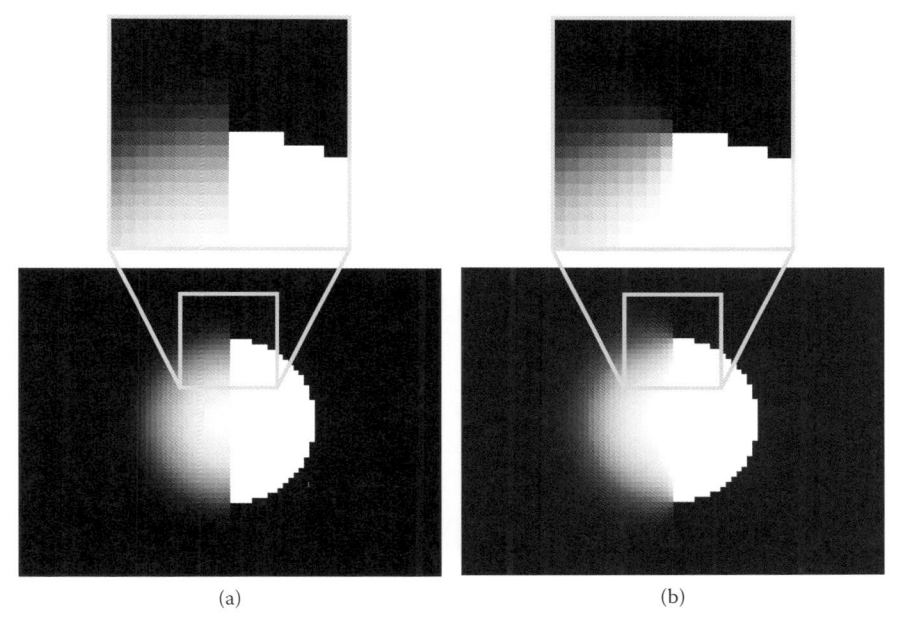

(a)　　　　　　　　　　　　　　　(b)

図 3.19：初期の場は円内にあれば白、そうでなければ黒。領域の右半分は固体領域に設定。(a)左はノイマン境界条件、(b)右はディリクレ境界条件が適用されている。

ここでフラグ _boundaryType は Neumann と Dirichlet のどちらかです。また _markers は、オブジェクトが点を占めていれば kFluid、点がオブジェクト内なら kBoundary とマークされる 3 次元配列です。図3.19に示すように、ノイマン境界条件は固体境界の端でも場を均等に拡散させます。しかしディリクレ境界条件では拡散は摩擦が起こり、界面近くの広がりが小さくなります。

### 3.4.5 圧力と非圧縮性

圧力とその勾配について話をしましょう。セクション 1.7.2 と 2 章の粒子ベースの流体ソルバで見たように、圧力勾配の力は流体力学の核となる構成要素の 1 つであり、密度と深く関連します。例えば流体を SPH でシミュレートするときには、密度プロファイルから圧力を計算しました。それから勾配の力を適用して密度をより均等に再分配しました。

格子でも似たアプローチ、つまり密度から圧力を計算してから勾配を適用することができます。しかし、そのアプローチはセクション3.4.4の前進オイラー拡散ソルバと同じく「前進」積分に基づきます。元のSPH法では、そのような積分は圧縮/発振の問題を顕にし、その問題を解決するため予測子-修正子を導入しました。しかしその手法もやはり前進法で、決して無条件に発振を逃れるわけではありません。しかし、同じセクションで既に取り上げたように、後退方式のアプローチを圧力を解くように定式化することはできるでしょうか?

セクション1.7.2の式を繰り返すと、圧力勾配で生じる加速度は:

$$\mathbf{a}_p = -\frac{\nabla p}{\rho} \tag{3.46}$$

と書けます。

加速度にオイラー法を適用して:

$$\mathbf{u}^{n+1} = \mathbf{u}^n - \Delta t \frac{\nabla p}{\rho} \tag{3.47}$$

が得られます。

式3.46で、密度$\rho$が一定だと仮定しましょう。また、時間ステップ$\Delta t$はすべての格子点で同じ定数値です。そうすると式は簡約化できます:

$$\mathbf{u}^{n+1} = \mathbf{u}^n - \nabla p^* \tag{3.48}$$

ここで$p^* = \Delta t \Delta p / \rho$です。後退オイラーと同様に圧力$p$は分かりません。前進方式の手法なら現在の密度誤差から圧力を計算するでしょう。したがって後ろ向きのセンスでは、まだ未知の圧力が密度誤差をゼロにすると言うことにより、圧力を推定することになります。ゼロ密度誤差は密度が一定を保たなければならないことを意味し、それはセクション1.7.4の式1.97につながります:

$$\nabla \cdot \mathbf{u}^{n+1} = 0 \tag{3.49}$$

$\mathbf{u}^n$は移流、重力、拡散の後の中間の速度場と考えることができます。したがって$\nabla \cdot \mathbf{u}^n$はゼロでないかもしれません。しかし$-\nabla p^*$は、最終的な速度場$\nabla \cdot \mathbf{u}^{n+1}$がゼロであるような発散を作り出す速度を投影する力です。

この仮定に基づき、式3.48に発散演算子を適用してみましょう。これにより式は:

$$\nabla \cdot \mathbf{u}^{n+1} = \nabla \cdot \mathbf{u}^n - \nabla \cdot \nabla p^* \tag{3.50}$$

に変わります。

式3.49の仮定により、左辺はゼロになります。またラプラシアン$\nabla \cdot \nabla = \nabla^2$の定義により、式は次のように書き直せます:

$$\nabla^2 p^* = \nabla \cdot \mathbf{u}^n \tag{3.51}$$

右辺が既知の値である一方、左辺は未知です。見覚えがありますね?そう、これは後退オイラー拡散ソルバのものと似た別の線形システムです。この新たな線形システムは圧力ポアソン方程式(PPE:

Pressure Poisson Equation)と呼ばれ、それを解くことにで速度場を無発散($\nabla \cdot \mathbf{u} = 0$)に保つ正しい圧力が得られます。例えば、中心差分を使う1DのPPEを示します:

$$\frac{p_{i+1}^* - 2p_i^* + p_{i-1}^*}{\Delta x^2} = \frac{u_{i+1/2}^n - u_{i-1/2}^n}{\Delta x} \tag{3.52}$$

$p_{i-1}^*$ や $p_{i+1}^*$ が境界外になり得ることに注意してください。そのような場合、$p_{i-1}^*$ が境界の外なら左辺が $\frac{p_{i+1}^* - p_i^*}{\Delta x^2}$ になるように、$p_i^*$ を隣に外挿できます。この外挿は圧力では、$p_i^*$ と $p_{i-1}^*$ の差がゼロであり、したがって領域境界の法線方向には圧力勾配が生じないことを意味するので、特に理にかないます。明示的にモデル化しない限り、常に領域境界からのソースを導入しないことが安全です。しかし、右辺が中心差分で格子の半分のサイズを使うことに注意してください。これは速度場で面心格子を使うことを暗に意味するので、そのような有限差分でより小さい格子間隔を使うことができ($2\Delta x$ 対 $\Delta x$)、それはより高い正確さを達成できることを意味します。式を行列形式で書き直すと、次になります:

$$\frac{1}{\Delta x^2} \begin{bmatrix} 1 & -1 & 0 & 0 & \cdots \\ -1 & 2 & -1 & 0 & \cdots \\ 0 & -1 & 2 & -1 & \cdots \\ \vdots & \vdots & \vdots & \vdots & \ddots \end{bmatrix} \begin{bmatrix} p_1^* \\ p_2^* \\ p_3^* \\ \vdots \end{bmatrix} = \frac{-1}{\Delta x} \begin{bmatrix} u_{3/2}^n - u_{1/2}^n \\ u_{5/2}^n - u_{3/2}^n \\ u_{7/2}^n - u_{5/2}^n \\ \vdots \end{bmatrix} \tag{3.53}$$

ここで注目すべき別の変更は、対角要素の符号を正にできるように行列の符号を反転したことです。これは共役勾配[17]など正の対角要素を仮定するシステムソルバを使う場合に必要です。いずれにせよ2Dと3Dに一般化するときには、対角要素が(境界外やコライダー内ではなく)の有効な近隣の数を持ちます。対角以外の列は無効ならば—1になります。

### 3.4.5.1 行列の構築

ではどのようにして圧力ソルバを実装できるかを見ることにします。拡散ソルバと同様に、まず行列を構築し、システムを解いてから、解を適用します。したがって、最初のコードは次のように書けます:

```cpp
1  class GridPressureSolver3 {
2   public:
3      GridPressureSolver3();
4
5      virtual ~GridPressureSolver3();
6
7      virtual void solve(
8          const FaceCenteredGrid3& input,
9          double timeIntervalInSeconds,
10         FaceCenteredGrid3* output,
11         const ScalarField3& boundarySdf) = 0;
12
13     ...
14  };
15
```

---

[17] より具体的には、共役勾配型のソルバでは係数行列が正定値行列でなければならない。正定値行列をさらに理解するには Klein[72]を参照。

```cpp
16 class GridSinglePhasePressureSolver3 : public GridPressureSolver3 {
17  public:
18     GridSinglePhasePressureSolver3();
19
20     virtual ~GridSinglePhasePressureSolver3();
21
22     void solve(
23         const FaceCenteredGrid3& input,
24         double timeIntervalInSeconds,
25         FaceCenteredGrid3* output,
26         const ScalarField3& boundarySdf) override;
27
28     ...
29
30  protected:
31     FdmLinearSystem3 _system;
32     FdmLinearSystemSolver3Ptr _systemSolver;
33     Array3<char> _markers;
34
35     void buildMarkers(
36         const Size3& size,
37         const std::function<Vector3D(size_t, size_t, size_t)>& pos,
38         const ScalarField3& boundarySdf);
39
40     virtual void buildSystem(const FaceCenteredGrid3& input);
41
42     virtual void applyPressureGradient(
43         const FaceCenteredGrid3& input,
44         FaceCenteredGrid3* output);
45 };
46
47 void GridSinglePhasePressureSolver3::solve(
48     const FaceCenteredGrid3& input,
49     double timeIntervalInSeconds,
50     FaceCenteredGrid3* output,
51     const ScalarField3& boundarySdf) {
52     auto pos = input.cellCenterPosition();
53     buildMarkers(
54         input.resolution(),
55         pos,
56         boundarySdf);
57     buildSystem(input);
58
59     if (_systemSolver != nullptr) {
60         // システムを解く
61         _systemSolver->solve(&_system);
62
63         // 圧力勾配を適用
64         applyPressureGradient(input, output);
```

```
65    }
66  }
```

これも後退オイラー拡散ソルバとよく似ています。メインの関数 solve は、まず格子点がコライダーに落ち込むかどうかを分類するマークを付けます。次に PPE 行列と発散ベクトルを次のように構築します：

```
1  const char kFluid = 0;
2  const char kBoundary = 1;
3
4  ...
5
6  void GridSinglePhasePressureSolver3::buildSystem(
7      const FaceCenteredGrid3& input) {
8      Size3 size = input.resolution();
9      _system.A.resize(size);
10      _system.x.resize(size);
11      _system.b.resize(size);
12
13      Vector3D invH = 1.0 / input.gridSpacing();
14      Vector3D invHSqr = invH * invH;
15
16      // 線形システムを構築
17      _system.A.parallelForEachIndex([&](size_t i, size_t j, size_t k) {
18          auto& row = _system.A(i, j, k);
19
20          // 初期化
21          row.center = row.right = row.up = row.front = 0.0;
22          _system.b(i, j, k) = 0.0;
23
24          if (_markers(i, j, k) == kFluid) {
25              // 発散をRHSベクトルに代入
26              _system.b(i, j, k) = input.divergenceAtCellCenter(i, j, k);
27
28              // 隣のi + 1のチェック
29              if (i + 1 < size.x && _markers(i + 1, j, k) != kBoundary) {
30                  row.center += invHSqr.x;
31                  row.right -= invHSqr.x;
32              }
33
34              if (i > 0 && _markers(i - 1, j, k) != kBoundary) {
35                  row.center += invHSqr.x;
36              }
37
38              // 同じ処理をj + 1, j - 1, k + 1, k - 1で繰り返す
39              ...
40
41          } else {
42              row.center = 1.0;
```

```
43          }
44      });
45  }
```

コードは単純に格子点のすべての近隣を走査し、kFluidタグが付けされた点の値を対角と対角外の列
（row.centerとそれ以外）に蓄積します。後退オイラー拡散行列と同様に、kBoundaryタグが付いた格
子点からの寄与の除外は界面をまたぐ場合、勾配がゼロになるように（ノイマン境界条件）、中心点とそ
のタグが付いた点に同じ圧力を設定することを意味します。また行列は対称で、値を代入するのは中心
と右と上の隣だけです。

システムを解くと圧力が得られます。処理を完了するため、次のように圧力の勾配を計算して速度場に
適用します。

```
 1  void GridSinglePhasePressureSolver3::applyPressureGradient(
 2      const FaceCenteredGrid3& input,
 3      FaceCenteredGrid3* output) {
 4      Size3 size = input.resolution();
 5      auto u = input.uConstAccessor();
 6      auto v = input.vConstAccessor();
 7      auto w = input.wConstAccessor();
 8      auto u0 = output->uAccessor();
 9      auto v0 = output->vAccessor();
10      auto w0 = output->wAccessor();
11
12      Vector3D invH = 1.0 / input.gridSpacing();
13
14      _system.x.parallelForEachIndex([&](size_t i, size_t j, size_t k) {
15          if (_markers(i, j, k) == kFluid) {
16              if (i + 1 < size.x && _markers(i + 1, j, k) != kBoundary) {
17                  u0(i + 1, j, k)
18                      = u(i + 1, j, k)
19                      + invH.x
20                      * (_system.x(i + 1, j, k) - _system.x(i, j, k));
21              }
22
23              // 同じ処理をj + 1, j - 1, k + 1, k - 1で繰り返す
24              ...
25          }
26      });
27  }
```

コライダー境界のエンコーディングがマーカーを使用することに注意してください。マーカーは true
と falseのいずれかなので、コライダーの形状をレゴブロックのセットとして解釈します。これはエイ
リアシングアーティファクトを引き起こすことがあり、マーカーではなく分数比を使うことで改善で
きます。例えば固体が格子セルの半分を占める場合、その分数比に0.5を使います。この分数法はBatty
et al.[13]が提案し、その研究[14]を採用した実装を以下に示します。

```
 1 class GridFractionalSinglePhasePressureSolver3
 2     : public GridPressureSolver3 {
 3  public:
 4     ...
 5
 6     void solve(
 7         const FaceCenteredGrid3& input,
 8         double timeIntervalInSeconds,
 9         FaceCenteredGrid3* output,
10         const ScalarField3& boundarySdf) override;
11
12     ...
13 };
14
15 template <typename T>
16 T isInsideSdf(T phi) {
17     return phi < 0;
18 }
19
20 template <typename T>
21 T fractionInsideSdf(T phi0, T phi1) {
22     if (isInsideSdf(phi0) && isInsideSdf(phi1)) {
23         return 1;
24     } else if (isInsideSdf(phi0) && !isInsideSdf(phi1)) {
25         return phi0 / (phi0 - phi1);
26     } else if (!isInsideSdf(phi0) && isInsideSdf(phi1)) {
27         return phi1 / (phi1 - phi0);
28     } else {
29         return 0;
30     }
31 }
32
33 void GridFractionalSinglePhasePressureSolver3::buildSystem(
34     const FaceCenteredGrid3& input) {
35     Size3 size = input.resolution();
36     _system.A.resize(size);
37     _system.x.resize(size);
38     _system.b.resize(size);
39
40     Vector3D invH = 1.0 / input.gridSpacing();
41     Vector3D invHSqr = invH * invH;
42
43     // 線形システムを構築
44     _system.A.parallelForEachIndex([&](size_t i, size_t j, size_t k) {
45         auto& row = _system.A(i, j, k);
46
47         // 初期化
48         row.center = row.right = row.up = row.front = 0.0;
49         _system.b(i, j, k) = 0.0;
```

```
50
51          double term;
52
53          if (i + 1 < size.x) {
54              term = _uWeights(i + 1, j, k) * invHSqr.x;
55              row.center += term;
56              row.right -= term;
57              _system.b(i, j, k)
58                  += _uWeights(i + 1, j, k)
59                  * input.u(i + 1, j, k) * invH.x;
60          } else {
61              _system.b(i, j, k) += input.u(i + 1, j, k) * invH.x;
62          }
63
64          if (i > 0) {
65              term = _uWeights(i, j, k) * invHSqr.x;
66              row.center += term;
67              _system.b(i, j, k)
68                  -= _uWeights(i, j, k)
69                  * input.u(i, j, k) * invH.x;
70          } else {
71              _system.b(i, j, k) -= input.u(i, j, k) * invH.x;
72          }
73
74          // 同じ処理をj + 1, j - 1, k + 1, k - 1で繰り返す
75          ...
76      });
77 }
78
79 void GridFractionalSinglePhasePressureSolver3::applyPressureGradient(
80      const FaceCenteredGrid3& input,
81      FaceCenteredGrid3* output) {
82      Size3 size = input.resolution();
83      auto u = input.uConstAccessor();
84      auto v = input.vConstAccessor();
85      auto w = input.vConstAccessor();
86      auto u0 = output->uAccessor();
87      auto v0 = output->vAccessor();
88      auto w0 = output->vAccessor();
89
90      Vector3D invH = 1.0 / input.gridSpacing();
91
92      _system.x.parallelForEachIndex([&](size_t i, size_t j, size_t k) {
93          if (i + 1 < size.x && _uWeights(i + 1, j, k) > 0.0) {
94              u0(i + 1, j, k)
95                  = u(i + 1, j, k)
96                  + invH.x
97                  * (_system.x(i + 1, j, k) - _system.x(i, j, k));
98          }
```

```
99
100        // 同じ処理をj + 1, j - 1, k + 1, k - 1で繰り返す
101        ...
102    });
103 }
```

上のコードでは、3次元配列 _uWeightsが流体とコライダーの分数比を格納します。流体が100%を
占める場合、その配列は1を返します。詳細はコードベースの GridFractionalSinglePhasePressure
Solver3を参照してください。

## 3.5 煙のシミュレーション

これまでに構築した格子ベースの流体シミュレーターは、中核的な流体の動力学の大半を実装していま
す。これを土台として、もっと面白い現象をシミュレートするようにソルバを以降のセクションで拡張
します。

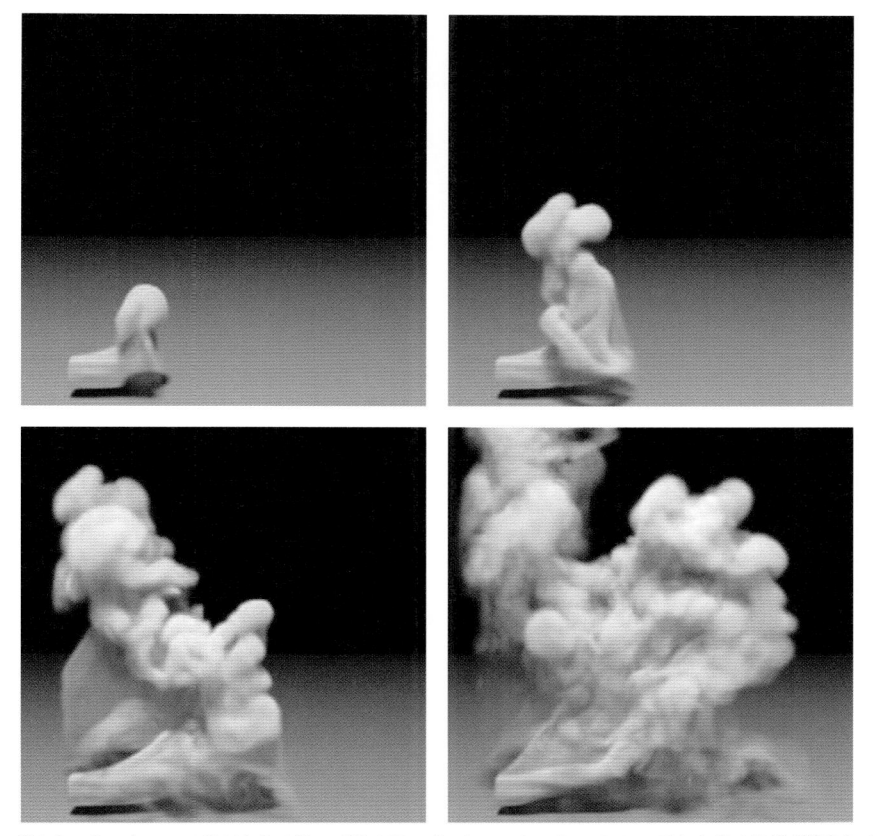

図3.20: 煙シミュレーションソルバからのサンプルのアニメーションシーケンス。ソースから発する煙が浮力により上昇す
る。シミュレーションは $150 \times 180 \times 75$ の解像度の格子を使って生成。

最も単純なソルバへの拡張の1つが煙シミュレーターです。映画の燃える燃料や大規模な爆発のシー

ンを想像してください。この新しいソルバの目標は、ソースから出る熱く暗い煙の雲をシミュレートすることです。煙シミュレーションエンジンの構築は、煙の密度と温度場を含む2つの追加部品と、温度/密度の分布により生じる浮力を加えるだけです。その結果、シミュレーターは障害物と相互作用して面白い渦を生成する上昇煙を生成できます。図3.20がソルバに期待されるいくつかの出力を示しています。サンプルのイメージはMitsubaレンダラー[59]を使ってレンダーされています。

まずは、汎用の格子ベースのシミュレーターを拡張し、煙シミュレーターを表す新たなクラスを追加します:

```
 1  class GridSmokeData3 : public GridSystemData3 {
 2   public:
 3      ...
 4
 5      ScalarGrid3Ptr smokeDensity() const;
 6      ScalarGrid3Ptr temperature() const;
 7
 8      ...
 9  }
10
11  class GridSmokeSolver3 : public GridFluidSolver3 {
12      ...
13
14   protected:
15      void computeBuoyancy(double timeIntervalInSeconds);
16
17      void computeSmokeAdvection(double timeIntervalInSeconds);
18  };
```

上のコードで、煙の密度と温度場を保持するデータモデルも定義することに注意してください。煙の上昇を駆動する浮力を計算する関数もあります。最後に、速度場に沿って密度と温度場を運搬する関数computeSmokeAdvectionもクラスに追加されています。

### 3.5.1 浮力

シミュレートする煙は、燃える燃料や爆発で生まれると仮定します。したがって煙の周りの空気は他の領域より熱く、暗い煙のエアロゾルが熱い領域を占めます。そのとき相対的に熱い気体は密度が下がるため軽くなり、上昇力を経験します。同時に、煙が占める領域は相対的に他より重く、下降力を生じます。この垂直の力は浮力と呼ばれます。浮力を計算する1つの手段は、そのような密度分布をPPEにエンコードすることです。密度場は定数ではないので、セクション3.4.5のPPEは

$$\nabla \cdot \frac{\nabla p}{\rho} = c \frac{\nabla \cdot \mathbf{u}}{\Delta t} \tag{3.54}$$

に変わり、$\rho$が密度場です。空気と水のように、密度の差が重要な意味を持ち、正確な解の計算が不可欠なときには、そのようなアプローチが必須です。しかし煙をシミュレートする場合、そのように複雑な係数行列を解くのはやり過ぎでしょう。現象学的に、浮力は垂直方向で支配的なことが分かっています。し

たがって、その力は

$$\mathbf{f}_{buoy} = -\alpha\rho\mathbf{y} + \beta(T - T_{amb})\mathbf{y} \qquad (3.55)$$

と近似でき、$\alpha$ と $\beta$ は煙の密度 ($\rho$) と温度 ($T$) の差を力にマップする倍率です。領域が空気だけで満たされていれば、煙の密度はゼロです。また、$T_{amb}$ は平均温度をとることによって計算できる環境温度です。したがって、この式は温度が環境領域より熱いときに上昇力を加えるだけでなく、煙の密度が正なら下降力も加えます。このモデルは最初に Fedkiw et al. [42] により紹介され、熱い煙のシミュレートに効果的であることが示されています。

浮力の式の実装は単純明快です。下のコードを見てください。

```
1  void GridSmokeData3::computeBuoyancy(double timeIntervalInSeconds) {
2      auto vel = _gridSet->velocity();
3      auto den = _gridSet->smokeDensity();
4      auto temp = _gridSet->temperature();
5      auto v = vel->v();
6      auto vPos = vel->vPosition();
7      Size3 numTempGridPoints = temp->dataSize().x * temp->dataSize().y *
8          temp->dataSize().z;
9
10     double Tamb = 0.0;
11     temp->forEachDataPoint([&](size_t i, size_t j, size_t k) {
12         Tamb += temp(i, j, k);
13         });
14     Tamb /= static_cast<double>(numTempGridPoints);
15
16     velocity->forEachV([&](size_t i, size_t j, size_t k) {
17         Vector3D pt = vPos(i, j, k);
18         v(i, j, k)
19             += timeIntervalInSeconds
20                 * (_densityBuoyancyFactor * den->sample(pt)
21                 + _temperatureBuoyancyFactor * (temp->sample(pt) - Tamb));
22         });
23 }
```

コードの1つ目の部分が平均温度を計算し、コードの2つ目の部分が浮力を適用します。

### 3.5.2 移流と拡散

密度場と温度場も速度場により運ばれます。これはセクション3.4.2の移流ソルバを再利用して解けます。煙エアロゾルと熱も拡散を経験します。したがってセクション3.4.4から同じソルバを使い、拡散を場に適用できます。

## 3.6 表面のある流体

これまでに、汎用の格子ベースの流体ソルバの作り方を調べ、さらに煙の振る舞いを空間で変化する温度場と密度場でモデル化することにより、コードベースを煙シミュレーターに拡張しました。このセク

ションでは、タンクの中で跳ねる水などの液体の動きをシミュレートするように、汎用ソルバを拡張する方法を取り上げます。

リアルな液体アニメーションの鍵は、流体表面の適切な取り扱いにあります。ぼけた煙の密度場と異なり、気体と液体の間には明確な境界があります。これが多くの興味深い問題を提起します。それらをどのように解決できるかを調べましょう。

### 3.6.1 格子上に面を定義する

液体を粒子でシミュレートするときには、液体–気体界面を明示的に定義する必要がありません。粒子の占める領域が液体がある場所なので、近くの粒子を調べることにより、領域が液体の中か外かを決定できます。

格子を使うときに行える直接的な試みは、液体が占める格子に着色することです。例えば、2種類の値として0と1で格子上に液体をエンコードできます[*18]。これは非常に明快な解決法に思えますが、バイナリ場で有限差分を計算すると問題になることがあります。場は界面で不連続であり、したがって微分できません。しかし表面張力など界面で生じる動力学の大部分や、法線の計算には適切な微分が必要なので、表面を表すには滑らかで連続な場が必要です。

そのような不連続性の問題を克服するための最も人気のあるアプローチの1つが、SDF[104]のような陰関数曲面を使うことです(陰関数曲面はセクション1.4.2を参照)。これまではSDFをコライダーや流体のソースを表すことだけに使っていましたが、液体–空気界面の成形にもこの場を使えます。

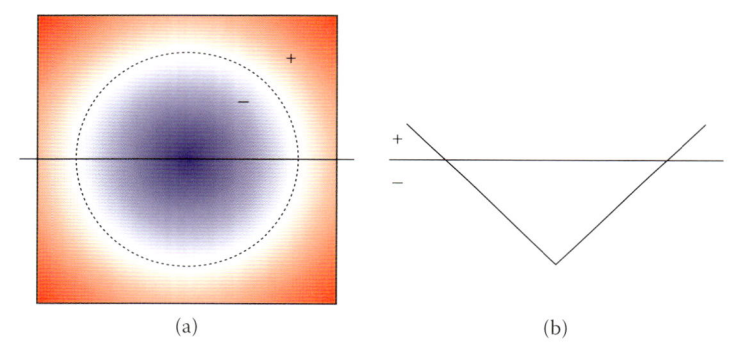

(a)                     (b)

図 3.21:円の SDF(a)とその断面図(b)。(a)では赤い領域が正の符号を持ち、青い領域が負の符号を持つ。

セクション1.4.2の定義によれば、SDFは点を表面上の最も近い点への距離にマップするスカラー場です。$\phi$がSDFとすると、この場も式

$$|\nabla\phi| = 1 \tag{3.56}$$

を満たします。またその符号は点がボリューム中にあるかどうかを知ることにより決定します。したがって、ゼロ等高線は暗黙的に表面、この場合は液体と空気の間の界面を定義します。図3.21がSDFの

---

[*18] これは密度場による煙エアロゾルのモデルかとよく似ている。その手法は液体ボリュームと液体–空気界面を表すため、空気の密度を0、液体の密度を1にマップする。

例を示しています。断面図から分かるように、SDFは界面の近くで間違いなく連続です。この特徴がバイナリ場の問題を解決します。それは連続で滑らかなので、表面の近くで微分可能です。

界面のモデル化にSDFを使うことは、レベルセット法[95,96]と呼ばれます。界面を符号付き距離関数にエンコードすることにより、レベルセット法は不連続性を被ることなく界面近くの幾何学的特性を簡単に計算できます。したがって、任意の不連続な特徴や現象をモデル化するとき、レベルセット法はよい解法法になり得ます。それゆえ、レベルセット法は流体力学シミュレーションをカバーするだけでなく、画像セグメンテーションや3Dモデル再構築などに幅広い用途があります。

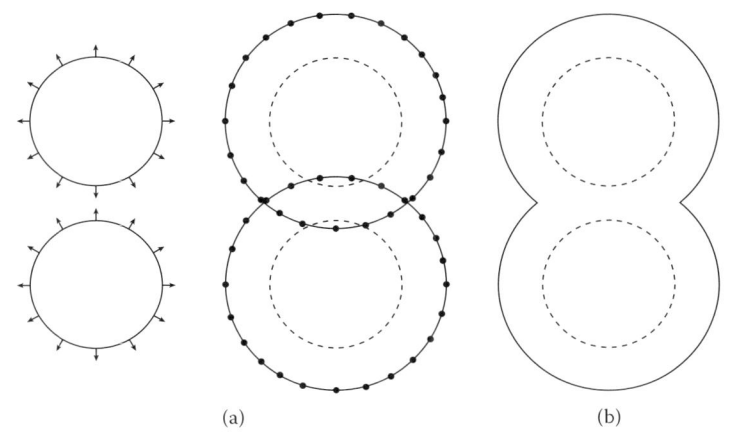

(a)　　　　　　　　　　　　　　　　　　　　　(b)

図3.22：メッシュ(a)と陰関数(b)表現の円の拡大。

レベルセット法のもう1つの重要な特徴は、トポロジーの変化を扱えることです。図3.22の例を見てください。図は陽関数曲面(メッシュ)と陰関数曲面両方による2つの拡大する球形の流体を示しています。陽関数メッシュでは、法線方向の表面の展開は個々の点を法線方向に動かすことで行えます。陰関数メッシュの場合、SDFから定数値を減じることにより同じ操作を行えます。時間が経つと、2つの球は互いに衝突し、注目すべきことが起こります。

まず、陽関数曲面で何ができるかについて考えてみます。2つの衝突する水滴について考えると、それらは互いと融合して単一の水滴を形成します。したがって2つの表面が衝突するときに、トポロジーの変化が見られることが期待されます。それがメッシュで起きるようにするには交点を求め、表面のその部分を除外し、メッシュ構造を適切に修正しなければなりません。これは簡単な作業ではなく、流体表面のジオメトリは非常に複雑なことが多いので、簡単に失敗する可能性があります。

陰関数曲面はどうでしょうか？　なんと何もする必要がありません。たとえ何が起きているかを知らなくても格子点の更新を続ければ、自動的にトポロジーの変化に対処します。これがレベルセット法の重要な強みの1つで、流体では融合と分裂(そう、分裂も簡単に扱えます)が頻繁に起きるので、流体シミュレーションに適用すると本当に輝きます。

レベルセット法を我々の流体ソルバに実装するためには、作らなければならない2つの主要な部品があります。1つ目は表面追跡モジュールで、単に移流の問題です。2つ目の構成部品は、場を歪めて符号付き距離の特性を壊す移流の後で、SDFが式3.56を満たし続けるようにする「再初期化」です。この2つ

のモジュールを液体シミュレーションエンジンにどう実装できるかを調べましょう。

### 3.6.1.1 流れの下で表面を追跡する

移流に関しては、SDFと他のスカラー場の間に違いはありません。ただSDFを移流ソルバに渡すだけです。しかし距離場は物理的な量ではないので、移流ソルバをSDFに適用してもよいのだろうかと思う人がいるかもしれません。移流をSDFに適用しても、符号付き距離の特性は保たれるでしょうか？

実は移流の適用が有効なのは表面のゼロ等高線だけで、表面から離れるにつれて歪みを示し始めます。

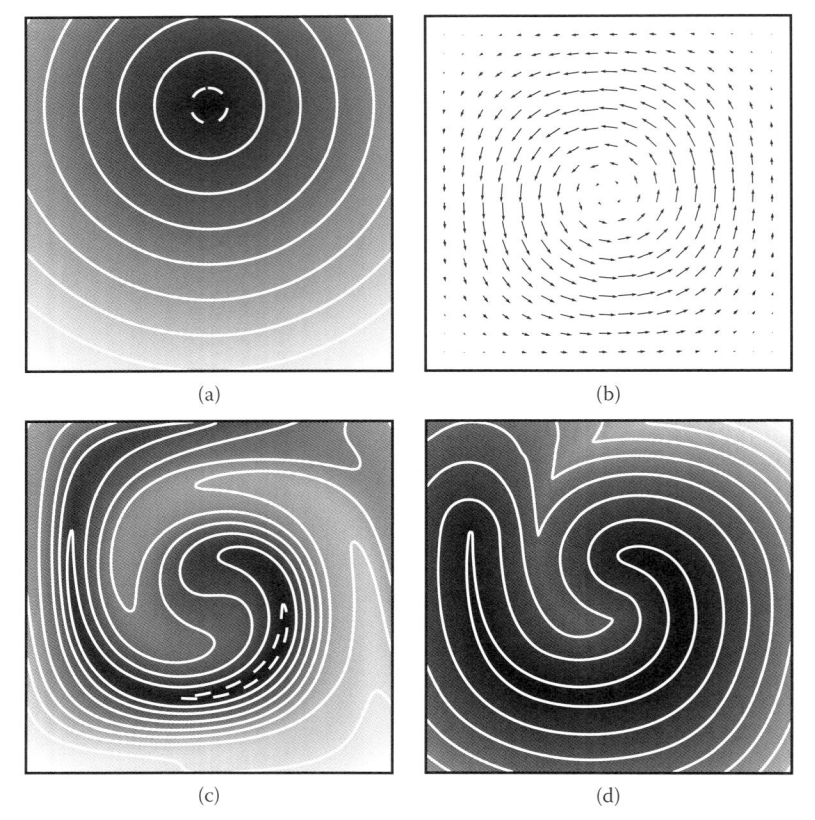

図 3.23：初期の SDF（a）から出発し、渦流（b）が歪んだ場を回転する（c）。再初期化を適用すると、符号付き距離の特性が復元される（d）。白い実線は正の等高線を表し、白い破線は負の等高線を示す。

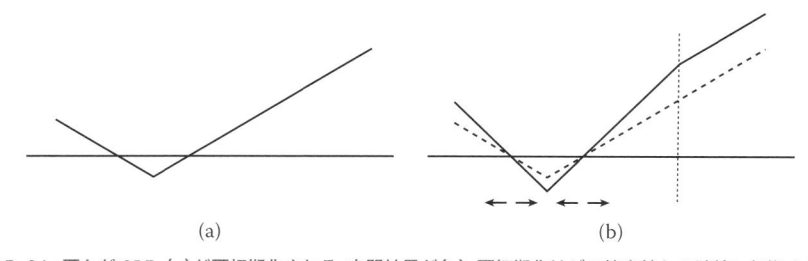

図 3.24：歪んだ SDF（a）が再初期化される。中間結果が（b）。再初期化はゼロ等高線から破線に伝搬する。

図3.23が分かりやすい例を示しています。渦流の下で、SDFは伸び始め、その値は表面への最も近い距離を表さなくなります。しかしその符号はまだ有効です。また、歪みの量は界面に近いほど小さくなり、今しがた述べたように、界面では移流の解が有効です。したがって符号付き距離の特性は歪んだ場から復元でき、それを次のセクションで説明します。

### 3.6.1.2 SDF の再初期化

移流を解決した後、SDFは歪みより最早$|\nabla\phi| = 1$を満たしていません。しかし前に述べたように、符号はまだ保存され、界面近くの場はやはり有効な距離関数です。領域全体でSDFを復元するため、格子点ごとに最も近い距離を再評価できます。しかし、すべての格子点を反復して、界面上の最も近い点を求めるのは容易ではなく、計算が面倒かもしれません。

格子点から距離を直接測定するのではなく、反対のアプローチをとります。例えば、1Dの歪んだSDFを考えます(図3.24)。ゼロ等高線の場は有効なので、界面近くの格子点から出発して、外側の格子点をトラバースし、進んだ距離を格子点に加えることができます。これは波を界面から離れた領域に伝搬し、その距離を蓄積するようなものです。伝搬の後、再初期化されたSDFが得られます。

移流の式(式3.23)と追加のソース項を使い、この伝搬問題をモデル化できます。これは

$$\frac{\partial \phi}{\partial \tau} + \mathbf{u} \cdot \nabla\phi = 1. \tag{3.57}$$

と書けます。

これは物理シミュレーションではなく、幾何学的な後処理のようなものなので、擬似時間$\tau$を使っていることに注意してください。式3.55と式3.23の違いは右辺にあります。右辺がゼロなら、$\phi$がベクトル場$\mathbf{u}$によってのみ運ばれることを意味します。定数$c$を割り当てれば、$\mathbf{u}$沿いに1距離単位進むときに$c$が$\phi$に加わることを意味します。したがって右辺を1にすることは、$\phi$に進む距離を割り当てることを意味します。

伝搬速度$\mathbf{u}$には、面法線を使えます。セクション1.4.2から、SDFを持つ陰関数曲面の法線は

$$\mathbf{n} = \frac{\nabla\phi(\mathbf{x})}{|\nabla\phi(\mathbf{x})|} \tag{3.58}$$

です。

この法線は場が歪んでいると不正確なことに注意してください、しかし今は誤差を受け入れ、次のステップに進みましょう。その問題は最後に論じます。いずれにせよ、$\mathbf{u}$を$\mathbf{n}$で置き換えると

$$\frac{\partial \phi}{\partial \tau} + \frac{\nabla\phi}{|\nabla\phi|} \cdot \nabla\phi = 1 \tag{3.59}$$

になり、さらに

$$\frac{\partial \phi}{\partial \tau} + (|\nabla\phi| - 1) = 0. \tag{3.60}$$

に簡約化できます。

この式は正の符号付き距離領域にしか当てはまらないことに注意してください。負の領域では、同じ式が

$$\frac{\partial \phi}{\partial \tau} - (|\nabla \phi| - 1) = 0. \tag{3.61}$$

と書けます。

2つの式を結合し、最終的は式は：

$$\frac{\partial \phi}{\partial \tau} + sign(\phi)(|\nabla \phi| - 1) = 0 \tag{3.62}$$

と書けます。

上の式を実装する前に、少し戻ってその意味を理解しましょう。完璧なSDFを供給すれば、$|\nabla \phi| = 1$ なので第2項はゼロになります。これは$\phi$が時間で変化しないことを意味し、それが起きるべきことです。入力場に歪みがあると、第2項はゼロになりません。$|\nabla \phi| - 1$を誤差の基準と考えると、式はそれを(擬似)時間とともに減じることで誤差を修正しようとすることになります。

ではコーディングを始めましょう。次が実装の中核部分です。

```
1  class IterativeLevelSetSolver3 : public LevelSetSolver {
2      ...
3  };
4
5  void IterativeLevelSetSolver3::reinitialize(...) {
6      ...
7
8      for (unsigned int n = 0; n < numberOfIterations; ++n) {
9          input.parallelForEachDataPoint(
10             [&](size_t i, size_t j, size_t k) {
11                 double s = sign(input, i, j, k);
12
13                 std::array<double, 2> dx, dy, dz;
14
15                 getDerivatives(input, gridSpacing, i, j, k, &dx, &dy, &dz);
16
17                 output(i, j, k) = input(i, j, k)
18                     - dtau * std::max(s, 0.0)
19                         * (std::sqrt(square(std::max(dx[0], 0.0))
20                                     + square(std::min(dx[1], 0.0))
21                                     + square(std::max(dy[0], 0.0))
22                                     + square(std::min(dy[1], 0.0))
23                                     + square(std::max(dz[0], 0.0))
24                                     + square(std::min(dz[1], 0.0))) - 1.0)
25                     - dtau * std::min(s, 0.0)
26                         * (std::sqrt(square(std::min(dx[0], 0.0))
27                                     + square(std::max(dx[1], 0.0))
28                                     + square(std::min(dy[0], 0.0))
29                                     + square(std::max(dy[1], 0.0))
```

```
30                                             + square(std::min(dz[0], 0.0))
31                                             + square(std::max(dz[1], 0.0))) - 1.0);
32                    });
33
34          std::swap(input, output);
35      }
36
37      ...
38 }
```

コードの先頭で、反復レベルセットソルバを表す新たなクラス `IterativeLevelSetSolver3`を定義します。簡単にするため、ここではコードの要点だけを示します。関数 `reinitialize`に、複数回サブコードブロックを反復する `fcr`ループがあることに注意してください。移流のような式を擬似時空間で解いているので、この `for`ループがどれだけ波を界面から伝搬したいかを決定します。反復が多いほど波は遠くまで動きます。

`for`ループ内には、別の格子点ごとの反復があります。点$i$、$j$、$k$に対し、まず関数 `sign`を使って場の符号を計算します。さて場の符号を点$(i, j, k)$で評価するのは簡単なはずです。しかし、そのような不連続な基準(-1または1)を計算に組み込むのではなく、**平滑化符号関数[98]**

$$sign = \frac{\phi}{\sqrt{\phi^2 + h^2}} \tag{3.63}$$

を使うほうがよく、$h$は格子間隔です。この式を使って符号を計算したら、`getDerivatives`を呼び出して$\nabla\phi$を計算します。この関数が2つの軸ごとの片側差分を返すことに注意してください。例えば`dx[0]`には$i-1$と$i$の差分、`dx[1]`には$i$と$i+1$の差分が入ります。中心差分を使わずに2つの片側差分を計算し、どちらを使うかを後で決めます。これはセクション3.4.2で論じた風上スキームです。

しかし差分を計算したら、最後にオイラー積分を計算して式3.62の

$$\phi = \phi_{old} - \Delta\tau \cdot sign(\phi)(|\nabla\phi| - 1) \tag{3.64}$$

を解きます。すべての$min/max$コードは風上スタイルの手法を解くやり方です。風上差分法の詳細もセクション3.4.2を参照してください。最終的なコードはsrc/jet/iterative_level_set_solver3.cppにあります。

$|\nabla\phi| - 1$を最小化することにより解を反復的に精緻化するので、本書では `UpwindLevelSetSolver3`と `EnoLevelSetSolver3`を反復レベルセットソルバに分類しました。クラス `IterativeLevelSetSolver3`には、1次精度のレベルセットソルバである `UpwindLevelSetSolver3`や、三次の本質的に非発振な(ENO)手法[108]として使われる `EnoLevelSetSolver3`など、`getDerivatives`からの差分を計算するやり方に応じたサブクラスがあります。高速マーチング法(FMM：Fast Marching Method)や高速スイーピング法(FSM：Fast Sweeping Method)など、$|\nabla\phi| = 1$の条件を直接解く他の手法もあります。興味のある読者はSethian[105]やZhao[124,125]を参照してください。

### 3.6.2 自由表面の流れ

流体の動きを格子でシミュレートするときには、移流、重力(と外力)、粘性、圧力という4つの鍵となる解くべきステップがあります。今や系に2つの異なる流体があるので、根底のモデルが変わり、この4つのステップを再訪しなければなりません。

系に複数種類の流体(個体、液体、気体)がある流体の動力学は多層流体の流れと呼ばれ、一般には式に異なる密度と粘性の係数を組み込んでシミュレートします[50,62,110]。泡立つ流れのように、どちらの流体の動力学も重要なときには、多相流体の流れを解く必要があります[50,69]。しかし1つの流体がシーンで支配的なら、他方の流体の動力学を簡約化できます。特に空気が支配的な流体でない空中のシーンをシミュレートするときには、空気を近似し、その水の流れへの寄与に与える考慮を減らせます。これは自由表面流体の流れと呼ばれ、そのモデルは圧力と粘性に関しては液体の動きに影響を与えないと仮定します。また、空気の圧力はしばしば定数値で近似されます。液体の動きをモデル化する多様な手法の中で、この自由表面流れモデルを採用するのは、それが最も単純な手法であるだけでなく、リアルな流体シミュレーションを生成するのに十分強力だからです。

まずは、格子ベースの液体シミュレーターがどのように見えるかを高いレベルから見てみましょう。

```
 1 class LevelSetLiquidSolver3 : public GridFluidSolver3 {
 2  public:
 3     LevelSetLiquidSolver3();
 4
 5     ...
 6
 7  protected:
 8     void onEndAdvanceTimeStep(double timeIntervalInSeconds) override;
 9
10     void computePressure(double timeIntervalInSeconds) override;
11
12  private:
13     size_t _signedDistanceFieldId;
14     LevelSetSolver3Ptr _levelSetSolver;
15     double _maxReinitializeDistance = 1.0;
16
17     void reinitialize();
18
19     ...
20 };
```

見ての通り、クラスは GridFluidSolver3を継承し、液体–空気界面を表すSDFを追加しています。前に論じたレベルセット法ソルバもあります。2つの仮想関数、onEndAdvanceTimeStepとcomputePressureをオーバーライドすることに注意してください。これはシミュレーション後のステップとカスタムの圧力ソルバを追加することを示しています。これらの関数の実装の一部は次のようなものです。

```
 1 LevelSetLiquidSolver3::LevelSetLiquidSolver3() {
 2     auto grids = gridSystemData();
```

```
3      _signedDistanceFieldId = grids->addAdvectableScalarData(
4          CellCenteredScalarGrid3::builder(), kMaxD);
5      _levelSetSolver = std::make_shared<EnoLevelSetSolver3>();
6  }
7
8  ...
9
10 void LevelSetLiquidSolver3::onEndAdvanceTimeStep(double timeIntervalInSeconds) {
11     reinitialize();
12     ...
13 }
14
15 void LevelSetLiquidSolver3::reinitialize() {
16     if (_levelSetSolver != nullptr) {
17         auto sdf = signedDistanceField();
18         auto sdf0 = sdf->clone();
19
20         _levelSetSolver->reinitialize(
21             *sdf0, _maxReinitializeDistance, sdf.get());
22         extrapolateIntoCollider(sdf.get());
23     }
24 }
```

コンストラクタで、移流可能な格子チャンネルとしてSDFを格子システムに追加します。したがって場の移流は親クラスで処理されます。また、EnoLevelSetSolver3をデフォルトのレベルセットソルバとして設定します。後処理ステップ( onEndAdvanceTimeStep)で、reinitialize関数を呼び出して歪んだSDFを修正します。

上のコードは主としてレベルセットソルバの格子ベースの流体シミュレーターへの組み込みを示しています。しかし動力学そのものはどうでしょうか？前に述べたように、液体のシミュレートには自由表面モデルを導入します。それは移流、重力、粘性、圧力に何を意味するでしょうか？

まずは最も単純なステップ、すなわち重力で始めましょう。重力は例外なく領域全体に適用され、それは空気と液体両方の領域に同じ一定の加速度が割り当てられることを意味します。したがってコードを変える必要はなく、親クラス GridFluidSolver3の実装のままにするだけです。

次に移流を考えます。前に述べたように、表面そのものの移流は移流ソルバに続けて再初期化を適用することで解けます。しかし根底の速度場はもう少し考える必要があります。自由表面流れモデルは空気領域の動力学を定義しません。そのため空中には適切な速度場がありません。しかし移流ソルバを動かすには、少なくとも液体表面の近くに速度場が必要です。図3.25に示すような空中の液体の球を想像してください。たとえ球の内側に速度場を割り当てても、移流ソルバのバックトレース性により、移流ソルバの適用はうまくいきません。その問題の解決には、セクション3.4.1の関数extrapolateToRegionを使って表面の液体速度を空気領域に外挿できます。以下のコードを見てください。

```
1 class LevelSetLiquidSolver3 : public GridFluidSolver3 {
```

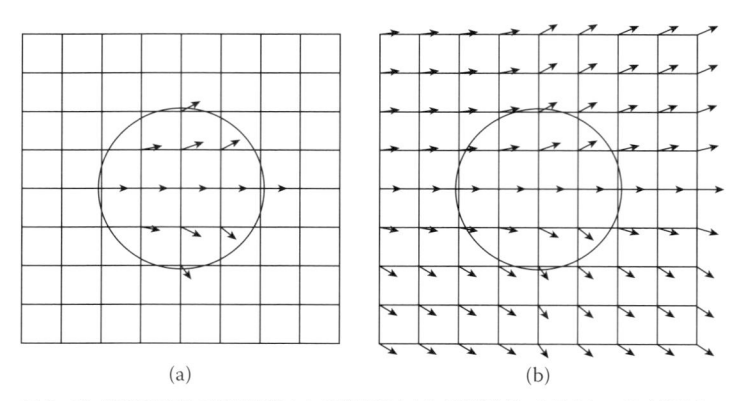

(a)                                    (b)

図 3.25：表面の内側でだけ定義される速度場(a)と外部領域に外挿される速度場(b)。

```
2      ...
3
4      void extrapolateVelocityToAir();
5 };
6
7 void LevelSetLiquidSolver3::extrapolateVelocityToAir() {
8      if (_levelSetSolver != nullptr) {
9          auto sdf = signedDistanceField();
10         auto vel = gridSystemData()->velocity();
11
12         auto u = vel->uAccessor();
13         auto v = vel->vAccessor();
14         auto w = vel->wAccessor();
15         auto uPos = vel->uPosition();
16         auto vPos = vel->vPosition();
17         auto wPos = vel->wPosition();
18
19         Array3<char> uMarker(u.size());
20         Array3<char> vMarker(v.size());
21         Array3<char> wMarker(w.size());
22
23         uMarker.parallelForEachIndex([&](size_t i, size_t j, size_t k) {
24             if (isInsideSdf(sdf->sample(uPos(i, j, k)))) {
25                 uMarker(i, j, k) = 1;
26             } else {
27                 uMarker(i, j, k) = 0;
28             }
29         });
30
31         vMarker.parallelForEachIndex([&](size_t i, size_t j, size_t k) {
32             if (isInsideSdf(sdf->sample(vPos(i, j, k)))) {
33                 vMarker(i, j, k) = 1;
34             } else {
35                 vMarker(i, j, k) = 0;
```

```
36                }
37            });
38
39        wMarker.parallelForEachIndex([&](size_t i, size_t j, size_t k) {
40            if (isInsideSdf(sdf->sample(wPos(i, j, k)))) {
41                wMarker(i, j, k) = 1;
42            } else {
43                wMarker(i, j, k) = 0;
44            }
45        });
46
47        unsigned int depth
48            = static_cast<unsigned int>(std::ceil(maxCfl()));
49        extrapolateToRegion(vel->uConstAccessor(), uMarker, depth, u);
50        extrapolateToRegion(vel->vConstAccessor(), vMarker, depth, v);
51        extrapolateToRegion(vel->wConstAccessor(), wMarker, depth, w);
52
53        applyBoundaryCondition();
54    }
55 }
```

コード自体はかなり単純です。まず点が液体内部にあれば格子点を1とマークし、そうでなければ0にします。次に$u$、$v$、$w$の各成分を非液体領域、つまり空中に外挿します。セクション3.4.1のコライダーへの場の外装と同様に、最大外挿距離は最大CFL数で決まります。

実はこの外挿処理により界面にノイマン境界条件が適用されます。速度は面法線方向で界面を越えて変化しません。したがってより正式には、$v$は速度で$n$は面法線として

$$\frac{\partial v}{\partial n} = 0 \tag{3.65}$$

と言えます。速度を法線方向に外挿することにより、移流問題の境界条件が解決しました。

では粘性について話しましょう。やはり自由表面モデルは空気と液体の相互作用を考慮しません。したがって液体ボリューム内の拡散しか解く必要がありません。これは単純に空気領域を計算から除外し、隣接格子点が空気領域になるときには、固体境界条件をノイマンとして扱うのと同じく、ノイマン境界条件を適用することにより達成できます。例えば、セクション3.4.4の後退オイラー実装を次のようにアップデートできます：

```
 1 const char kFluid = 0;
 2 const char kAir = 1;
 3 const char kBoundary = 2;
 4
 5 ...
 6
 7 void GridBackwardEulerDiffusionSolver2::buildMarkers(
 8     const Size2& size,
 9     const std::function<Vector2D(size_t, size_t)>& pos,
10     const ScalarField2& boundarySdf,
```

```
11      const ScalarField2& fluidSdf) {
12      _markers.resize(size);
13
14      _markers.parallelForEachIndex(
15          [&](size_t i, size_t j) {
16              if (isInsideSdf(boundarySdf.sample(pos(i, j)))) {
17                  _markers(i, j) = kBoundary;
18              } else if (isInsideSdf(fluidSdf.sample(pos(i, j)))) {
19                  _markers(i, j) = kFluid;
20              } else {
21                  _markers(i, j) = kAir;
22              }
23          });
24  }
25
26  void GridBackwardEulerDiffusionSolver3::buildMatrix(
27      const Size3& size,
28      const Vector3D& c) {
29      _system.A.resize(size);
30
31      bool isDirichlet = (_boundaryType == Dirichlet);
32
33      // 線形システムを構築
34      _system.A.parallelForEachIndex([&](size_t i, size_t j, size_t k) {
35          auto& row = _system.A(i, j, k);
36
37          // 初期化
38          row.center = 1.0;
39          row.right = row.up = row.front = 0.0;
40
41          if (_markers(i, j, k) == kFluid) {
42              if (i + 1 < size.x) {
43                  if ((isDirichlet && _markers(i + 1, j, k) != kAir)
44                          || _markers(i + 1, j, k) == kFluid) {
45                      row.center += c.x;
46                  }
47
48                  if (_markers(i + 1, j, k) == kFluid) {
49                      row.right -=  c.x;
50                  }
51              }
52
53              if (i > 0
54                      && ((isDirichlet && _markers(i - 1, j, k) != kAir)
55                          || _markers(i - 1, j, k) == kFluid)) {
56                  row.center += c.x;
57              }
58
59              ...
```

```
60          }
61      });
62 }
```

液体–空気界面を表す SDF が追加され、空気領域が別個に kAir とタグ付けされることに注意してください。行列を構築するときに、マーカーをチェックして隣の格子点が空気領域にあるかどうかを調べます。true なら、その寄与は行列から除外され、それはノイマン条件であることを意味します。行列の構築についての詳細はセクション 3.4.4 を参照してください。

最後に残るのは圧力要素です。自由表面モデルは空気の圧力が一定だと仮定します。より単純にするため、それがゼロだとしましょう。これはセクション 3.4.4 の例と似たディリクレ境界条件です。セクション 3.4.5 の 1D の圧力の式は：

$$\frac{p_{i+1}^* - 2p_i^* + p_{i-1}^*}{\Delta x^2} = \frac{u_{i+1/2}^n - u_{i-1/2}^n}{\Delta x} \tag{3.66}$$

と書けます。

ここで点 $i+1$ が空気領域にあるとします。$i+1$ の圧力がゼロであると言う仮定に基づき、式 3.66 は

$$\frac{-2p_i^* + p_{i-1}^*}{\Delta x^2} = \frac{u_{i+1/2}^n - u_{i-1/2}^n}{\Delta x}. \tag{3.67}$$

になります。

したがって単純に対角外行列要素の寄与を除外することにより、自由表面流体の流れの圧力の式を解けます。行列を構築するコードは以下のように書けます：

```
 1 const char kFluid = 0;
 2 const char kAir = 1;
 3 const char kBoundary = 2;
 4
 5 ...
 6
 7 void GridSinglePhasePressureSolver3::buildMarkers(
 8      const Size3& size,
 9      const std::function<Vector3D(size_t, size_t, size_t)>& pos,
10      const ScalarField3& fluidSdf,
11      const ScalarField3& boundarySdf) {
12      _markers.resize(size);
13      _markers.parallelForEachIndex([&](size_t i, size_t j, size_t k) {
14          Vector3D pt = pos(i, j, k);
15          if (isInsideSdf(boundarySdf.sample(pt))) {
16              _markers(i, j, k) = kBoundary;
17          } else if (isInsideSdf(fluidSdf.sample(pt))) {
18              _markers(i, j, k) = kFluid;
19          } else {
20              _markers(i, j, k) = kAir;
21          }
```

```
22          });
23  }
24
25  void GridSinglePhasePressureSolver3::buildSystem(
26      const FaceCenteredGrid3& input) {
27      ...
28
29      // 線形システムを構築
30      _system.A.parallelForEachIndex([&](size_t i, size_t j, size_t k) {
31          auto& row = _system.A(i, j, k);
32
33          // 初期化
34          row.center = row.right = row.up = row.front = 0.0;
35          _system.b(i, j, k) = 0.0;
36
37          if (_markers(i, j, k) == kFluid) {
38              _system.b(i, j, k) = input.divergenceAtCellCenter(i, j, k);
39
40              if (i + 1 < size.x && _markers(i + 1, j, k) != kBoundary) {
41                  row.center += invHSqr.x;
42                  if (_markers(i + 1, j, k) == kFluid) {
43                      row.right -= invHSqr.x;
44                  }
45              }
46
47              if (i > 0 && _markers(i - 1, j, k) != kBoundary) {
48                  row.center += invHSqr.x;
49              }
50
51              // 同じ処理をj + 1, j - 1, k + 1, k - 1で繰り返す
52              ...
53          }
54      }
55  }
```

粘性の問題と同様に、ここで格子点を流体、空気、境界の3つのカテゴリーに分類します。行列を作るとき、空気とマークされているかどうかをチェックして、対角外の要素をシステムから除外します(行42)。

セクション3.4.5のレゴブロック問題と同様に、そのSDFから符号を調べるだけで液体領域と解釈すると、エイリアシングを引き起こすことがあります。液体の表面は見えるので、エイリアシングノイズが外観に影響を与え、このアーティファクトはコライダー境界処理の問題よりもさらに深刻です。この問題を解決するため、Enright et al. [38]はGhost Fluid法(GFM)を使って自由表面の流れを解きました。GFMは、そのようなサブセル解像度現象を捉えるために発明され[43]、レゴ境界問題解決のための分数アプローチとよく似ています。

GFMを適用するため、前の1Dの例に戻りましょう。やはり式3.66から始め、界面が$i$と$i + 1$の格子

点の間にあり、$i$ から表面への距離が $\theta\Delta x$ で、$0 \leq \theta \leq 1$ と仮定します。式3.66を

$$\frac{\frac{p_{i+1}^*-p_i^*}{\Delta x} - \frac{p_i^*-p_{i-1}^*}{\Delta x}}{\Delta x} = \frac{u_{i+1/2}^n - u_{i-1/2}^n}{\Delta x} \tag{3.68}$$

と書き直します。

ここで $i$ から $\theta$ 離れた面上の格子点があるとします。そのとき

$$\frac{\frac{p_\theta^*-p_i}{\theta\Delta x} - \frac{p_i^*-p_{i-1}^*}{\Delta x}}{\Delta x} = \frac{u_{i+1/2}^n - u_{i-1/2}^n}{\Delta x} \tag{3.69}$$

と言えます。

$p_\theta^* = 0$ なので、最終的な式は次のように書けます：

$$\frac{-p_i^*}{\theta\Delta x^2} - \frac{p_i^* - p_{i-1}^*}{\Delta x^2} = \frac{u_{i+1/2}^n - u_{i-1/2}^n}{\Delta x} \tag{3.70}$$

$\theta$ が分母であり、$\theta = 0$ のときに問題になるとに注意してください。そのような場合には、$\theta$ を $0.01$ のような小さな値にクランプできます。

コードベースでは、GFMは以下のように分数境界処理コードと一緒に実装されています。

```
1  void GridFractionalSinglePhasePressureSolver3::buildSystem(
2      const FaceCenteredGrid3& input) {
3      Size3 size = input.resolution();
4      _system.A.resize(size);
5      _system.x.resize(size);
6      _system.b.resize(size);
7
8      Vector3D invH = 1.0 / input.gridSpacing();
9      Vector3D invHSqr = invH * invH;
10
11     // 線形システムを構築
12     _system.A.parallelForEachIndex([&](size_t i, size_t j, size_t k) {
13         auto& row = _system.A(i, j, k);
14
15         // 初期化
16         row.center = row.right = row.up = row.front = 0.0;
17         _system.b(i, j, k) = 0.0;
18
19         double centerPhi = _fluidSdf(i, j, k);
20
21         if (isInsideSdf(centerPhi)) {
22             double term;
23
24             if (i + 1 < size.x) {
25                 term = _uWeights(i + 1, j, k) * invHSqr.x;
26                 double rightPhi = _fluidSdf(i + 1, j, k);
```

```
27                 if (isInsideSdf(rightPhi)) {
28                     row.center += term;
29                     row.right -= term;
30                 } else {
31                     double theta = fractionInsideSdf(centerPhi, rightPhi);
32                     theta = std::max(theta, 0.01);
33                     row.center += term / theta;
34                 }
35                 _system.b(i, j, k)
36                     += _uWeights(i + 1, j, k)
37                     * input.u(i + 1, j, k) * invH.x;
38             } else {
39                 _system.b(i, j, k) += input.u(i + 1, j, k) * invH.x;
40             }
41
42             if (i > 0) {
43                 term = _uWeights(i, j, k) * invHSqr.x;
44                 double leftPhi = _fluidSdf(i - 1, j, k);
45                 if (isInsideSdf(leftPhi)) {
46                     row.center += term;
47                 } else {
48                     double theta = fractionInsideSdf(centerPhi, leftPhi);
49                     theta = std::max(theta, 0.01);
50                     row.center += term / theta;
51                 }
52                 _system.b(i, j, k)
53                     -= _uWeights(i, j, k) * input.u(i, j, k) * invH.x;
54             } else {
55                 _system.b(i, j, k) -= input.u(i, j, k) * invH.x;
56             }
57
58             // 同じ処理をj + 1, j - 1, k + 1, k - 1で繰り返す
59             ...
60
61         } else {
62             row.center = 1.0;
63         }
64     });
65 }
66
67 void GridFractionalSinglePhasePressureSolver3::applyPressureGradient(
68     const FaceCenteredGrid3& input,
69     FaceCenteredGrid3* output) {
70     Size3 size = input.resolution();
71     auto u = input.uConstAccessor();
72     auto v = input.vConstAccessor();
73     auto w = input.wConstAccessor();
74     auto u0 = output->uAccessor();
75     auto v0 = output->vAccessor();
```

```
76      auto w0 = output->wAccessor();
77
78      Vector3D invH = 1.0 / input.gridSpacing();
79
80      _system.x.parallelForEachIndex([&](size_t i, size_t j, size_t k) {
81          double centerPhi = _fluidSdf(i, j, k);
82
83          if (i + 1 < size.x
84              && _uWeights(i + 1, j, k) > 0.0
85              && (isInsideSdf(centerPhi)
86                  || isInsideSdf(_fluidSdf(i + 1, j, k)))) {
87              double rightPhi = _fluidSdf(i + 1, j, k);
88              double theta = fractionInsideSdf(centerPhi, rightPhi);
89              theta = std::max(theta, 0.01);
90
91              u0(i + 1, j, k)
92                  = u(i + 1, j, k)
93                  + invH.x / theta
94                  * (_system.x(i + 1, j, k) - _system.x(i, j, k));
95          }
96
97          // 同じ処理をj + 1, j - 1, k + 1, k - 1で繰り返す
98          ...
99      });
100 }
```

### 3.6.3 結果

図3.26が液体シミュレーターの例を示しています。水の塊がタンクに落ちるとき、レベルセット–ベースの自由表面流れシミュレーターはリアルな波と飛沫を生成します。同じ構成を使った、より高い粘性の異なるシミュレーション結果が図3.27に示されています。シミュレーションはセクション3.4.4の後退オイラー拡散ソルバを使って行いました。初期の形状が残る傾向があり、流体が蜂蜜や糊のように見えることに注意してください。サンプルイメージはMitsubaレンダラー[59]を使ってレンダーされています。

## 3.7 議論と参考文献

本章では、流体をシミュレートするための格子ベースのアプローチを、サブモジュール—移流、重力、粘性、圧力—を含めて取り上げました。より大きな時間ステップを可能にするため、セミラグランジュ移流スキームと後退オイラー拡散ソルバを実装しました。線形システムソルバを使ってPPEを計算することにより、非圧縮性も実現しました。この土台を基礎とし、その実装を煙ソルバに拡張しました。またレベルセット法と基底ソルバを組み合わせて、自由表面液体シミュレーションを構築しました。

格子ベースの流体シミュレーションの利点は、主にその構造化された離散化に由来します。粒子ベースの手法と比べると、数値演算子がきちんと定義され、その解は滑らかです。また他の非構造化あるいはメ

図 3.26：自由表面ソルバのシミュレーション結果の例。うさぎ型の水の塊が見えないタンクに落ちる。シミュレーションは $150^3$ 解像度の格子を使って乍成。

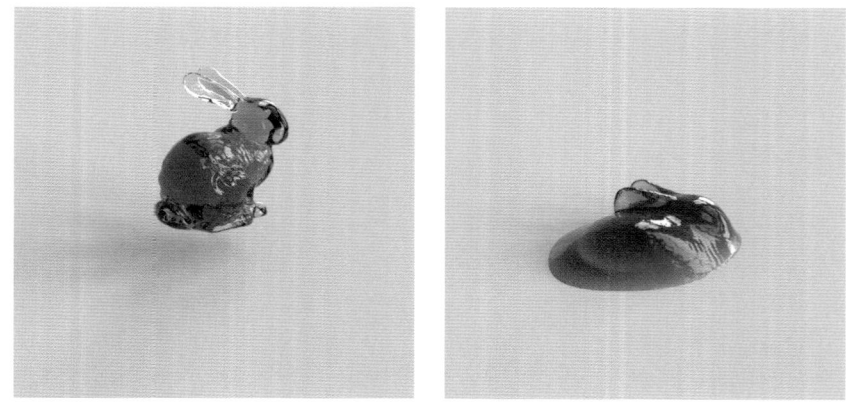

図 3.27：より高い粘性以外は、図 3.26 と同じ構成を使った自由表面流れのシミュレーション。

ッシュフリーな手法と比べ、よりよい数値安定性を可能にする線形システムの形成が容易です。

格子ベースのアプローチの欠点の1つは数値的散失です。粒子を使って物理的な量を運ぶ粒子ベースの手法と違い、格子ベースの手法は明示的に移流の式を解くことにより、1つの格子点から別の格子点に転送を行います。その処理では、図3.15に示すように、人為的な拡散を引き起こす補間を使います。その誤差が速度場に現れると、見かけの粘性が大きくなりすぎて、渦のような多くの面白い動きが失われます。レベルセットシミュレーションでは、ボリュームの損失が見られ、流体の薄い鋭い特徴が空中に消えます。また、流体がある場所に粒子点を必要とするだけの粒子ベースの手法と違い、格子ベースのシミュレーションは領域全体の離散が必要で、それは流体が占めることのない空の領域にも格子点が必要であることを意味します。

格子ベースのシミュレーションの制限を克服するため、広範囲の研究が行われてきました。八分木[11,77,123]、圧縮格子[53,57]、領域拡張[126]を使い、均一なデカルト格子の代わりに、注目すべき領域の近くにより多くの格子点を置く適応型のデータ構造が紹介されています。同じ格子解像度でソルバの精度を改善する手法も研究されています[49,64,67,102]。また、自由表面モデルは液体と空気の相互作用を捉えませんが、動力学を組み合わせて泡[28,50,110]や、複数の流体[78]や、固体オブジェクトとの相互作用のシミュレートも活発な研究領域です。格子ベースのフレームワークがシミュレートできる流体は、液体と気体だけではありません。格子ベースのフレームワークは火s[44,52,94]や爆発[94]も扱えます。

粒子ベースと格子ベース両方の手法の長所と短所を学びました。当然ながら、その2つを混ぜられないのかと思う人もいるでしょう。次の章では、2つの異質なフレームワークをハイブリッド化して、粒子と格子双方の強みを活かす方法を取り上げます。

# 4 ハイブリッドソルバ

## 4.1 なぜハイブリッドか

既に論じたように、従来の粒子ベースと格子ベースのアプローチには、それぞれの長所と短所があります。SPHのような粒子ベースの手法は、一般に格子ベースの手法よりも質量と運動量を保存します。その計算も比較的単純で、任意のジオメトリと極めて簡単に相互作用できます。その一方、結果にノイズが多くなりがちで、たいてい最大時間ステップに制限があります。格子ベースの手法のほうが滑らかな結果を生み出し、比較的大きな時間ステップが可能です。しかし、数値的拡散によって流体ボリュームが消散し、意図しない粘性をもたらします。それゆえ、この2つの異質なフレームワークを組み合わせ、ハイブリッドなフレームワークを考案したいと思うのは極めて当然です。本章では、純粋に粒子ベースや格子ベースのアプローチでの問題を克服する、多くのハイブリッド手法を取り上げます。

## 4.2 セル内粒子法

その名が示唆するように、セル内粒子(PIC：Particle in Cell)法は格子セル中で粒子を追跡するフレームワークです[41,46,47]。これまでにセクション3.6でレベルセットベースのアプローチを取り上げました。それらの手法は純粋に格子に基づくので、詳細とボリュームの損失を引き起こす数値的拡散を被ります。それに対し、PIC法はラグランジュ方式で流体ボリュームを追跡し、セミラグランジュ法による補間誤差を生じません。セクション2.3のSPHと同じように聞こえるかもしれませんが、重要な違いはSPHが粒子ごとに相互作用を考慮するのに対し、PICは粒子が格子セルを占めるかどうかをマークするためだけに粒子を使い、格子セル内の粒子同士で相互作用を考慮しないことです。これは粒子単位の衝突を解決しないので、凝集粒子を生じるかもしれません。しかし同時にPICは、流体を非圧縮にする圧力を格子により計算し、数値的不安定性をもたらす可能性がある振動や圧縮を回避します。

図4.1が、PICアルゴリズムの高レベルの概要を示しています。粒子のみからスタートし、ソルバは重み付き線形補間により粒子から格子に速度を転写し、粒子が占める格子セルをマークします。次に格子ベースのソルバの重力、粘性、圧力を含む非移流ステップを計算します。格子側での処理が完了したら、速度を逆に格子から粒子へ転写します。最後に格子からの基本的な流れに従い、粒子の位置を更新します。その処理をカプセル化する物理ソルバクラスを以下に示します。

```
1 class PicSolver3 : public GridFluidSolver3 {
2  public:
3     PicSolver3();
4
5     virtual ~PicSolver3();
6
```

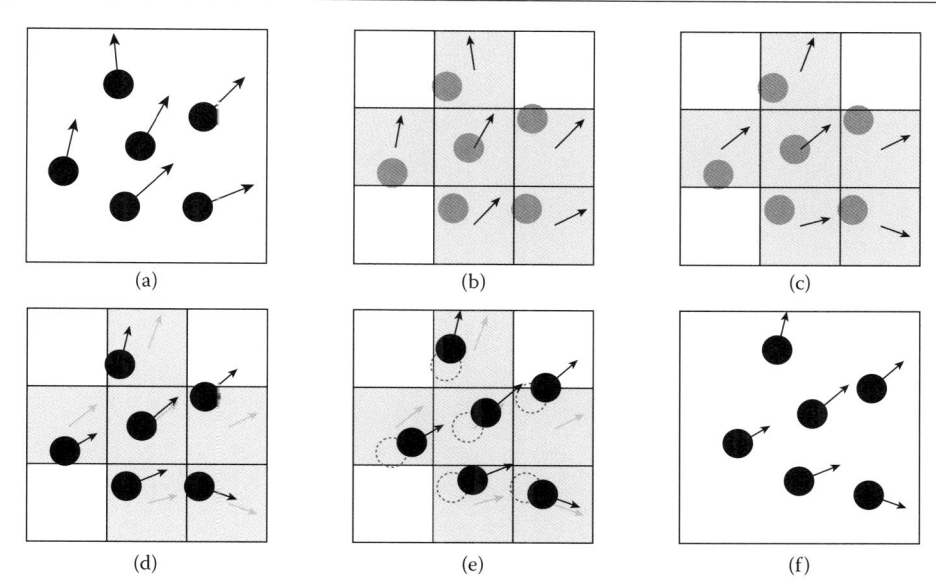

図 4.1：PIC 法の概要。PIC ステップは粒子で開始する(a)。各粒子の速度を格子に転送(b)、移流以外の力を計算(c)、速度を粒子に逆転送(d)、そして粒子を動かし(e)、最終状態に次の PIC ステップを実行する(f)。

```
 7      ScalarGrid3Ptr signedDistanceField() const;
 8
 9      const ParticleSystemData3Ptr& particleSystemData() const;
10
11  protected:
12      void onBeginAdvanceTimeStep(double timeIntervalInSeconds) override;
13
14      void computeAdvection(double timeIntervalInSeconds) override;
15
16      ...
17
18      virtual void transferFromParticlesToGrids();
19
20      virtual void transferFromGridsToParticles();
21
22      virtual void moveParticles(double timeIntervalInSeconds);
23
24  private:
25      ...
26
27      void extrapolateVelocityToAir();
28
29      void buildMarkers();
30  };
31
32  ...
33
```

```
34 void PicSolver3::onBeginAdvanceTimeStep(double timeIntervalInSeconds) {
35     transferFromParticlesToGrids();
36     buildMarkers();
37     extrapolateVelocityToAir();
38     applyBoundaryCondition();
39 }
40
41 void PicSolver3::computeAdvection(double timeIntervalInSeconds) {
42     extrapolateVelocityToAir();
43     applyBoundaryCondition();
44     transferFromGridsToParticles();
45     moveParticles(timeIntervalInSeconds);
46 }
```

概要図が示すように、前処理ステップ `onBeginAdvanceTimeStep` でソルバは粒子の速度を転送し、粒子が占める格子をマークし、その速度を空気としてマークされた領域に外挿し、境界条件を適用します。速度外挿の部分から、この新しいソルバが、セクション 3.6 の自由表面の流れをシミュレートすることに気付くかもしれません。粒子を使う利点の 1 つは質量の保存なので、それを利用して消散のない液体アニメーションをシミュレートします。

クラスは移流ステップ `computeAdvection` も粒子の更新でオーバーライドします。そのルーチンは非移流ステップの後に呼び出されます。したがって、まず最初に速度を空気領域に再び延長してから、速度を境界条件で制約します。それから格子から粒子に速度を転送し、粒子を動かします。

コードの PIC 固有の部分は `transfer...` 関数の呼び出しです。各関数の詳細を調べましょう。

### 4.2.1 粒子から格子への転送

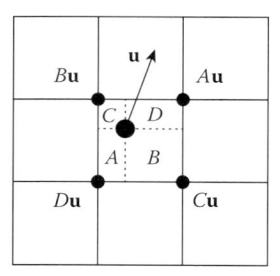

図 4.2：与えられた速度 **u** の粒子に対し、その値を面積に基づく重み $A$、$B$、$C$、$D$ で近くの格子点に分配する。

まず粒子から格子への転送を考えます。図 4.2 は、粒子の速度を近くの格子へ分配する方法を視覚的に示すため単純化した 2D の例です。重み $A$、$B$、$C$、$D$ は格子セル内の面積（3D では体積）で決まります。すべての重みの和は 1 です。それらの重みはセクション 1.3.6 のバイリニア（3D ではトリリニア）補間で見たものと同じ重みですが、この場合には補間ではなく分配を行います。

実装は次のようになります：

```
1 void PicSolver3::transferFromParticlesToGrids() {
```

```
 2     ...
 3
 4     // 速度をゼロクリア
 5     flow->fill(Vector3D());
 6
 7     ...
 8
 9     // 加重平均速度
10     for (size_t i = 0; i < numberOfParticles; ++i) {
11         std::array<Point3UI, 8> indices;
12         std::array<double, 8> weights;
13
14         uSampler.getCoordinatesAndWeights(
15             positions[i], &indices, &weights);
16         for (int j = 0; j < 8; ++j) {
17             u(indices[j]) += velocities[i].x * weights[j];
18             uWeight(indices[j]) += weights[j];
19         }
20
21         // vとwで同様の処理
22     }
23
24     uWeight.forEachIndex([&](size_t i, size_t j) {
25         if (uWeight(i, j) > 0.0) {
26             u(i, j) /= uWeight(i, j);
27             _uMarkers(i, j) = 1;
28         }
29     });
30
31     // vとwで同様の処理
32 }
```

関数は最初に速度の格子場をゼロクリアします。次に、粒子ごとに近くの格子に重みを蓄積します。コードはinclude/jet/array_samplers3.hの LinearArraySampler3 クラスにあるユーティリティ関数 getCoordinatesAndWeights を使います。速度の格納には面心格子を使うので $u$、$v$、$w$ ごとに蓄積を処理します。蓄積を終えたら重みを正規化します。また重みがゼロでない格子点をマークします。マークされた格子セルは図4.1で灰色になっています。格子セルが液体と空気のどちらにあるかの判定で、それらのマーカーを使います。

## 4.2.2 格子から粒子への転送

重力、粘性、圧力を計算したら、速度を粒子に逆転送します。この処理はかなり簡単で単なる線形補間です。次のコードを見てください。

```
1 void PicSolver3::transferFromGridsToParticles() {
2     ...
3
```

```
4      parallelFor(kZeroSize, numberOfParticles, [&](size_t i) {
5          velocities[i] = flow->sample(positions[i]);
6      });
7  }
```

単純明快なので、次のトピックに移ります。

### 4.2.3 粒子の移動

粒子の位置を更新するため、セミラグランジュ法(セクション3.4.2)と似た、しかし逆向きの処理を行います。粒子ごとに、その新しい位置を中点則を使って計算します。その中間速度は、格子の速度を与えられた位置で評価して決定します。時間ステップが大きすぎる(つまり、CFL数が高い)場合にサブステップをとることもできます[127]。対応するコードを以下に示します。

```
1  void PicSolver2::moveParticles(double timeIntervalInSeconds) {
2      ...
3
4      parallelFor(kZeroSize, numberOfParticles, [&](size_t i) {
5          Vector2D pt0 = positions[i];
6          Vector2D pt1 = pt0;
7
8          // 適応型時間ステップ処理
9          unsigned int numSubSteps
10             = static_cast<unsigned int>(std::max(maxCfl(), 1.0));
11         double dt = timeIntervalInSeconds / numSubSteps;
12         for (unsigned int t = 0; t < numSubSteps; ++t) {
13             Vector2D vel0 = flow->sample(pt0);
14
15             // 中点則
16             Vector2D midPt = pt0 + 0.5 * dt * vel0;
17             Vector2D midVel = flow->sample(midPt);
18             pt1 = pt0 + dt * midVel;
19
20             pt0 = pt1;
21         }
22
23         // 衝突を処理
24     });
25 }
```

見て分かるように、サブステップの数は最大のCFL数で決まります。繰り返しになりますが、CFL数は情報が伝搬できる格子セルの最大数を表します。したがって、時間ステップを最大CFL数で除算するのは、イテレーションあたり1つの格子セルしか移動して欲しくないことを意味します。セミラグランジュのバックトラックと同じく、これによりソルバは回転する流れをサブステップなしのバージョンよりうまく扱えます。

### 4.2.4 結果

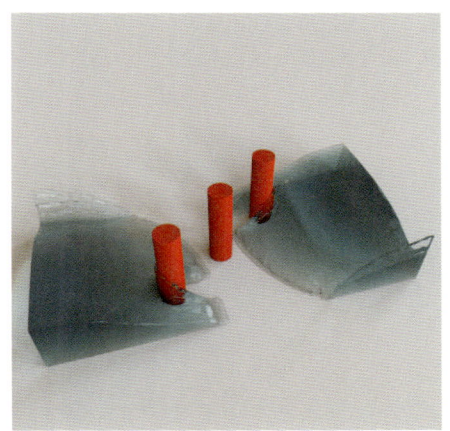
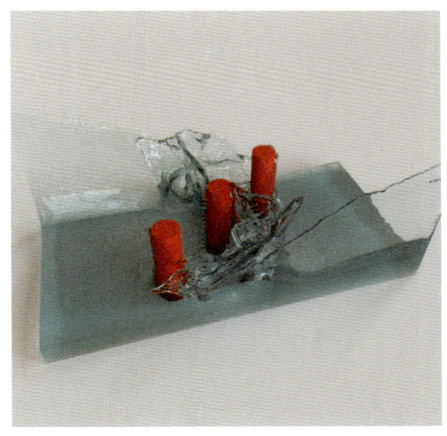

図 4.3：サンプルの PIC ソルバのシミュレーション結果。崩れる水が固体障害物と相互作用して飛沫を作り出す。シミュレーションは 875k の粒子と $150 \times 100 \times 75$ 解像度の格子で実行。

シミュレーションの結果の例が、予測修正非圧縮SPH（PCISPH）の例（図2.13）と同じダム崩壊実験の構成で生成した図4.3に示されています。シミュレーションが薄い水の構造をうまく捉えていることがわかります。これは粒子を使う手法の強みの1つです。しかし同時に、数値的消散をもたらす補間に基づく格子と粒子の間の転送により、シミュレーションは粘性が比較的高く見えます。次のセクションで見るFLIP（Fluid Implicit Particle）法と呼ばれる手法を使うと、そのような減衰を減らせます。

## 4.3 FLIP 法

PIC法の意図しない粘性の主な原因は、格子と粒子の間を行き来する補間にあります。これは異質の離散化フレームワークを混ぜ合わせる、ハイブリッド手法の性質から不可避に思えるかもしれません。Catmull–Romスプライン（セクション3.4.2.3）のような高次の補間法も考えられますが、その性能が純粋に格子ベースの手法を超えることはありません。PICは格子の質量保存の問題を改善できましたが、粒子ベースの手法の低消散の流れを採用することも可能でしょうか？　幸い、1つの解決法があ

ります。

最初に Brackbill et al. [20]が計算物理の世界に導入し、Zhu と Bridson [127]がグラフィックスコミュニティに採用した FLIP 法の速度消散は、PIC 法よりもずっと小さくなります。FLIP 法は PIC の拡張で、実際に数行のコードを加えるだけで PIC ソルバは FLIP シミュレーターになります。

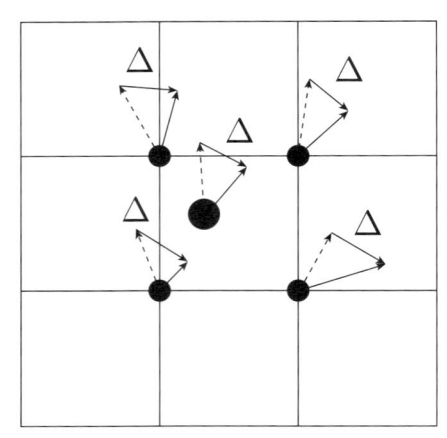

図 4.4：格子から粒子に速度を転送するとき、FLIP 法は完全な速度ではなく更新されたデルタだけを補間する。

格子から速度を転写するとき、PIC は単純に補間を実行します。注意すべきことは、PIC の考え方が非移流 (重力、粘性、圧力) 計算を粒子から格子に任せることです。したがって、非移流ステップの間、前、後に速度変化を粒子に転送すれば目標を達成できます。この場合、完全な速度場ではなく、実際のベクトル場よりずっと小さな速度変化を補間するだけで済みます。変化のみを転写することによって補間誤差は減り、それは速度消散が減ることを意味します。これが図 4.4 に示す FLIP 法の鍵となる考え方です。

述べたように、FLIP の実装は極めて単純です。次のコードを見てください。

```
1  class FlipSolver3 : public PicSolver2 {
2   public:
3      FlipSolver3();
4
5      virtual ~FlipSolver3();
6
7   protected:
8      void transferFromParticlesToGrids() override;
9
10     void transferFromGridsToParticles() override;
11
12  private:
13     FaceCenteredGrid3 _delta;
14 };
```

新しいクラス `FlipSolver3` は、前のセクションで作った `PicSolver3` を拡張します。速度転送をカスタマイズする 2 つの新たな関数と、速度変化を格納する 1 つのメンバーデータしかありません。各関数の実装を示します。

```
 1 void FlipSolver3::transferFromParticlesToGrids() {
 2     PicSolver3::transferFromParticlesToGrids();
 3
 4     // スナップショットを格納
 5     _delta.set(*gridSystemData()->velocity());
 6 }
 7
 8 void FlipSolver3::transferFromGridsToParticles() {
 9     auto flow = gridSystemData()->velocity();
10     auto positions = particleSystemData()->positions();
11     auto velocities = particleSystemData()->velocities();
12     size_t numberOfParticles = particleSystemData()->numberOfParticles();
13
14     // デルタを計算
15     flow->parallelForEachU([&](size_t i, size_t j, size_t k) {
16         _delta.u(i, j, k) = flow->u(i, j, k) - _delta.u(i, j, k);
17     });
18
19     ...
20
21     // デルタを粒子に転送
22     parallelFor(kZeroSize, numberOfParticles, [&](size_t i) {
23         velocities[i] += _delta.sample(positions[i]);
24     });
25 }
```

transferFromParticlesToGridsから、粒子から格子への転送の後に格子上の速度のスナップショットをとります。次に transferFromGridsToParticlesから、速度変化を計算して粒子に適用します。

### 4.3.1 結果

図4.5がFLIPソルバからの例を示しています。同じ構成でPICの結果(図4.3)と比べて、FLIPの結果が示す速度消散は減っていいます。このサンプルイメージもMitsubaレンダラー[59]でレンダーしました。

安定でありながら消散が少ないことにより、FLIP法はRealFlow[5]、Houdini[2]、Naiad[17]など、商用ソフトウェアパッケージの流体ソルバで最もよく使われる解法の1つです。

## 4.4 その他の手法

PIC方式の手法を取り上げてきました。コードベースでは現在のことろ実装されていませんが、2つの著名なハイブリッド手法—粒子レベルセットと渦粒子法を本章の残りで手短に述べます。

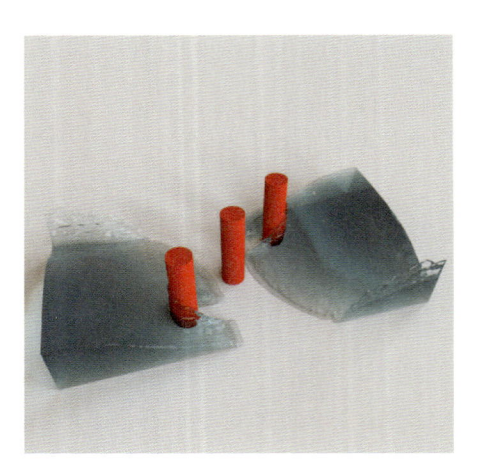

図 4.5：サンプルの FLIP ソルバのシミュレーション結果。崩れる水が固体障害物と相互作用して、PIC ソルバの結果より大きい飛沫を作り出す。シミュレーションは 875k の粒子と $150 \times 100 \times 75$ 解像度の格子で実行。

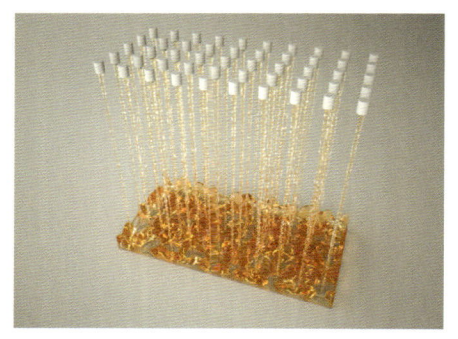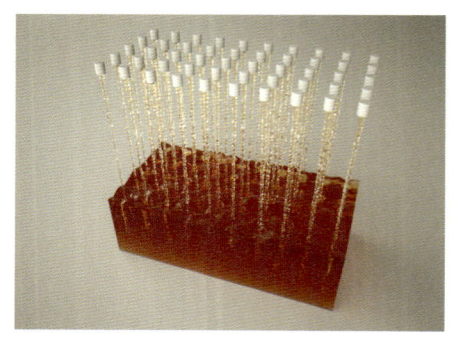

図 4.6：Kim et al. [68] からの粒子レベルセット法を使ったシミュレーションの結果。放射器が細い液体の噴霧をタンクに注入している。

### 4.4.1 粒子レベルセット法

PIC法とFLIP法は速度の転送に焦点を置きますが、粒子レベルセット法はジオメトリの修正に注力します。3章で論じたように、レベルセットを使う流体シミュレーターは、主として格子ベースの移流と再初期化による質量消散の問題を被ります。粒子レベルセット法は、符号付き距離を持つ粒子を使ってレベルセットの解を修正することにより、その問題を解決します。粒子が移流や再初期化の後に界面の反対側にあれば、数値的拡散があった可能性があります。そのような場合、粒子が球であると仮定し、粒子でSDFを幾何学的に修正します。その考え方は、最初にEnright et al. [36,37]が、ひどい歪みの下でも粒子-格子ハイブリッドレベルセットを使って高詳細な幾何学的特徴を解決するために提案しました。図4.6が粒子レベルセット法を使ったシミュレーションの例の1つを示しています。噴霧の細い構造が保存されていることに注意して下さい。

界面の反対側にある「逃げた」粒子は、二次的な噴霧や泡の作成にも利用できます。当然ながら多くの研究[79,110]が示すように、単純なフリーフライトモデルやさらには完全なSPHのような粒子ベースの手法を噴霧を解くのに適用できます。同様に、逃げた**空気**粒子をシミュレートすることによって泡立つ流れをシミュレートする多くの研究も紹介されています[51,69]。

粒子レベルセット法が体積の保存に焦点を置く一方、渦粒子法は速度場の渦度を保つように努めます。その手法の背後にある基本的な考え方を見てみましょう。

### 4.4.2 渦粒子法

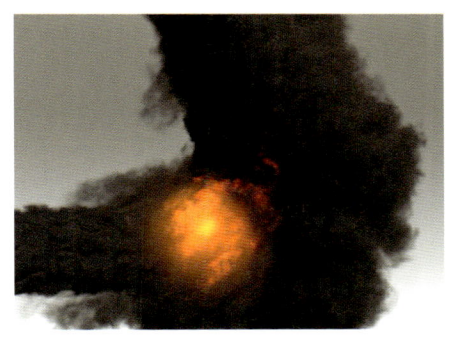

図4.7: 渦粒子法を使った例(D. Kim, S.W. Lee, O.-Y. Song, and H.-S. Ko. Baroclinic 密度と温度が変化する乱流。*IEEE Transactions on Visualization and Computer Graphics*, 18(9):1488–1495, © (2012) IEEE.)

流体の流れを活発に見せる特性の1つが渦度です。それは速度場に適用する渦度演算子(セクション3.3)により評価され、流体の回転流れを表します。そのような渦度は現実的なな乱流のようなアニメーションを作り出しますが、移流ステップを解くときの数値的消散により失われがちです。そのため、多くの研究文献が渦度を保存したり復元する様々な種類のアプローチ[42]を論じ、そのような手法の1つが渦粒子法と呼ばれるものです[66,97,103,121]。図4.7が渦粒子シミュレーションの例です。

特定の物理量を運搬することで粒子に移流問題を解かせる他のハイブリッド手法と同じく、渦粒子法はその名が示唆するように、渦度を粒子に転送させます。PICやFLIPのように粒子を動かした後、渦度

から積分した速度を近くの格子点に蓄積します。直感的には、粒子が持ち運ぶ大きさと回転軸に基づき、着地する場所で流れをかき混ぜる(渦度を加える)こととみなせます。

## 4.5 議論と参考文献

本章では、どちらも粒子と格子を組み合わせるPICとFLIPアルゴリズムを取り上げました。PIC法は粒子を使って移流問題を解き、他の重力、粘性、圧力などの力を格子を使って計算します。このアプローチには質量や体積を保存する利点がありますが、より多くの意図しない粘性を系にもたらします。PICの改良であるFLIPは、粒子と格子の間で完全な速度場ではなく、速度変化を転送することで数値的拡散を解決します。

ハイブリッド手法は粒子や格子のいくつかのアーティファクトを解決しますが、ハイブリッドが純粋にラグランジュやオイラー-ベースのアプローチより「よい」とは言えません。PIC型の手法は流体ボリュームを表すのに粒子を使うので、他の粒子ベースの手法が持つ凸凹の表面を逃れられません。また背景の格子がやはり必要で、それは粒子が空間に広がるにつれて計算領域と離散化点の数が増すことを意味します。それゆえハイブリッド手法は粒子と格子両方の短所のいくつかを継承します。

ターゲットの流体現象に応じて、シミュレーションの手法を注意深く選ぶべきです。例えば、一般に噴霧や飛沫をシミュレートするときに好ましいのは、SPH法やFLIP法です。煙や火のシミュレーションでは、滑らかな結果を生成できる格子ベースの手法のほうがよい選択でしょう。中規模から大規模な水の本体をアニメートするなら、レベルセット法が現実的な波を作り出します。泥や流砂のような高い粘性の流れの場合、PIC法が効率よくアニメーションを生成できます[127]。

他にも本書で取り上げることができなかった多くの面白いトピックがあります。例えば、液体表面の陽三角形メッシュによるシミュレート[120]、石鹸の泡膜[33,63]、海洋規模の流体の動力学の高さ場を使うシミュレート[115]は、さらなる調査の価値があります。より多くの分野について学び、流体アニメーションに関する最先端の研究を追いかけるなら、ACM SIGGRAPH、Eurographics、Symposium on Computer Animationなどのコンピュータ グラフィックスカンファレンスの発表や論文を調べてください。多くのカンファレンスや学校の講義録も素晴らしい資料です。Bridsonの流体シミュレーションに関する本[21]も、数値流体力学のコンピュータグラフィックスの応用で洞察に富んだ説明を提供します。

# A. 基本

## A.1 CG と PCG の実装

Shewchuk 1994 [107] によれば、PCG アルゴリズムは次のように書けます：

```
 1 void pcg(A, x, b) {
 2     Build preconditioner M from A
 3
 4     Compute r = b − Ax
 5
 6     Solve d = M⁻¹r
 7
 8     Solve σⁿᵉʷ = r · d
 9
10     while (σⁿᵉʷ > tolerance² && i < maxIter) {
11         q = Ad
12
13         α = σⁿᵉʷ/d · q
14
15         x = x + αd
16
17         if (i % 50 == 0) {
18             r = b − Ax
19         } else {
20             r = r − αq
21         }
22
23         s = M⁻¹r
24
25         σᵒˡᵈ = σⁿᵉʷ
26
27         σⁿᵉʷ = r · s
28
29         β = σⁿᵉʷ/σᵒˡᵈ
30
31         d = s + βd
32     }
33 }
```

上のアルゴリズムを実装するには2つの追加モジュール—線形代数ルーチンと前処理行列が必要です。線形代数ルーチンモジュールはセット、コピー、乗算、内積、ノルムといった基本的な行列とベクトルの操作を提供します。次のインターフェイスを考えてみましょう：

```
 1 template <typename S, typename V, typename M>
 2 struct Blas {
 3     typedef S ScalarType;
 4     typedef V VectorType;
 5     typedef M MatrixType;
 6
 7     // 出力ベクトルに与えられたスカラー値をセット
 8     static void set(ScalarType s, VectorType* result);
 9
10     // 出力ベクトルに与えられたベクトルをセット
11     static void set(const VectorType& v, VectorType* result);
12
13     // 出力行列与えられたスカラー値をセット
14     static void set(ScalarType s, MatrixType* result);
15
16     // 出力行列に与えられた行列をセット
17     static void set(const MatrixType& m, MatrixType* result);
18
19     // 内積を実行
20     static ScalarType dot(const VectorType& a, const VectorType& b);
21
22     // a*x + yを計算
23     static void axpy(
24         ScalarType a,
25         const VectorType& x,
26         const VectorType& y,
27         VectorType* result);
28
29     // 行列-ベクトル乗算を実行
30     static void mvm(
31         const MatrixType& m,
32         const VectorType& v,
33         VectorType* result);
34
35     // b - A*xを計算
36     static void residual(
37         const MatrixType& a,
38         const VectorType& x,
39         const VectorType& b,
40         VectorType* result);
41
42     // ベクトルの長さを返す
43     static ScalarType l2Norm(const VectorType& v);
44
45     // ベクトル要素の中から絶対最大値を返す
```

```
46     static ScalarType lInfNorm(const VectorType& v);
47 };
```

上のコードは線形代数ルーチンの一覧です。構造体の名前 Blas は BLAS（Basic Linear Algebra Subprograms）[75]に由来しますが、ずっと単純化されています。

そして前処理行列オブジェクトは CG を解くときに係数行列から前処理行列を計算するのに使います。次のコードを考えてみます：

```
 1 template <typename BlasType>
 2 struct NullCgPreconditioner final {
 3     void build(const typename BlasType::MatrixType&) {}
 4
 5     void solve(
 6         const typename BlasType::VectorType& b,
 7         typename BlasType::VectorType* x) {
 8         BlasType::set(b, x);
 9     }
10 };
```

上の構造体はヌル前処理行列を構築するので $\mathbf{M} = \mathbf{I}$ です。この前処理行列は build 関数が呼び出されるとき何もしません。関数 solve は $x = \mathbf{M}^{-1}\mathbf{b}$ を計算し、この特定の場合は単純に b を x にコピーします。

これらのインフラ―線形代数ルーチンと前処理行列―を使うと、CG を次のように実装できます。

```
 1 template <typename BlasType>
 2 void cg(
 3     const typename BlasType::MatrixType& A,
 4     const typename BlasType::VectorType& b,
 5     unsigned int maxNumberOfIterations,
 6     double tolerance,
 7     typename BlasType::VectorType* x,
 8     typename BlasType::VectorType* r,
 9     typename BlasType::VectorType* d,
10     typename BlasType::VectorType* q,
11     typename BlasType::VectorType* s,
12     unsigned int* lastNumberOfIterations,
13     double* lastResidual) {
14     typedef NullCgPreconditioner<BlasType> PrecondType;
15     PrecondType precond;
16     pcg<BlasType, PrecondType>(
17         A,
18         b,
19         maxNumberOfIterations,
20         tolerance,
21         &precond,
22         x,
23         r,
```

```
24          d,
25          q,
26          s,
27          lastNumberOfIterations,
28          lastResidual);
29 }
```

関数 cg がヌル前処理行列で pcg を呼び出すことに注意してください。このセクションの先頭で示した
アルゴリズムを基に、関数 pcg は次のように書けます：

```
 1 template <
 2     typename BlasType,
 3     typename PrecondType>
 4 void pcg(
 5     const typename BlasType::MatrixType& A,
 6     const typename BlasType::VectorType& b,
 7     unsigned int maxNumberOfIterations,
 8     double tolerance,
 9     PrecondType* M,
10     typename BlasType::VectorType* x,
11     typename BlasType::VectorType* r,
12     typename BlasType::VectorType* d,
13     typename BlasType::VectorType* q,
14     typename BlasType::VectorType* s,
15     unsigned int* lastNumberOfIterations,
16     double* lastResidual) {
17     BlasType::set(0, r);
18     BlasType::set(0, d);
19     BlasType::set(0, q);
20     BlasType::set(0, s);
21
22     M->build(A);
23
24     BlasType::residual(A, *x, b, r);
25
26     M->solve(*r, d);
27
28     double sigmaNew = BlasType::dot(*r, *d);
29     double sigma0 = sigmaNew;
30
31     unsigned int iter = 0;
32     while (sigmaNew > square(tolerance) * sigma0
33            && iter < maxNumberOfIterations) {
34         BlasType::mvm(A, *d, q);
35
36         double alpha = sigmaNew / BlasType::dot(*d, *q);
37
38         BlasType::axpy(alpha, *d, *x, x);
39
```

```
40          if (iter % 50 == 0 && iter > 0) {
41              BlasType::residual(A, *x, b, r);
42          } else {
43              BlasType::axpy(-alpha, *q, *r, r);
44          }
45
46          M->solve(*r, s);
47
48          double sigmaOld = sigmaNew;
49
50          sigmaNew = BlasType::dot(*r, *s);
51
52          double beta = sigmaNew / sigmaOld;
53
54          BlasType::axpy(beta, *d, *s, d);
55
56          ++iter;
57      }
58
59      *lastNumberOfIterations = iter;
60      *lastResidual = sigmaNew;
61 }
```

## A.2 適応型時間ステップ

セクション1.6で、updateサイクルの間PhysicsAnimationクラスがどのようにonAdvanceTimeStepを呼び出さなければならないかを論じました。そこでは時間ステップがフレーム時間間隔と同一だと仮定しましたが、これはシミュレーション結果が本物の物理現象とかけ離れる大きな数値誤差をもたらすことがあります。そのため一般に使うフレームレートは1/24、1/30、1/60でも、さらに短い時間間隔にしたいことがよくあります。例えば、物体の動きが速すぎて30や60FPSがディテールを捉えるのに大きすぎる場合、フレームより小さいサブフレームに分割したいことがあります。時間間隔の再分割の量を固定することもでき、現在のシミュレーションの状態を基に時間ステップを適応的に精緻化することも可能です。実行中のシミュレーションのアニメーション全体で、より小さい時間ステップが必要なことが明白なら、固定の時間ステップが望ましいでしょう。しかしシミュレーションが大きな時間ステップを処理でき、特別な環境下でだけ小さなステップが必要なら、適応型アプローチが大きな計算コストの節約になります。そのようなサブステップ処理はPhysicsAnimaionクラスの関数advanceTimeStepに実装可能で、高レベルの実装を示します。

```
1 void PhysicsAnimation::advanceTimeStep(double timeIntervalInSeconds) {
2     if (_isUsingFixedSubTimeSteps) {
3         // 固定時間ステップ処理を行う
4         ...
5     } else {
6         // 適応型時間ステップ処理を行う
7         ...
8     }
```

```
9 }
```

メンバー変数 _isUsingFixedSubTimeSteps に応じ、このコードは与えられた時間間隔を複数の固定
された小さな時間ステップに均等に分割したり、適応型サンプリングを行います。まず単純なほうの固
定時間ステップは、次のように書けます:

```
 1 void PhysicsAnimation::advanceTimeStep(double timeIntervalInSeconds) {
 2     if (_isUsingFixedSubTimeSteps) {
 3         // 固定時間ステップ処理を行う
 4         const double actualTimeInterval
 5             = timeIntervalInSeconds
 6             / static_cast<double>(_numberOfFixedSubTimeSteps);
 7         for (unsigned int i = 0; i < _numberOfFixedSubTimeSteps; ++i) {
 8             onAdvanceTimeStep(actualTimeInterval);
 9         }
10     } else {
11         // 適応型時間ステップ処理を行う
12         ...
13     }
14 }
```

これは単純明快で、与えられた時間間隔を小さなサブ間隔に分割し、複数回進めるだけです。しかし適応
型時間ステップはもう少し複雑です。素直にコードに落とし込むと、次のようになるでしょう:

```
 1 void PhysicsAnimation::advanceTimeStep(double timeIntervalInSeconds) {
 2     if (_isUsingFixedSubTimeSteps) {
 3         // 固定時間ステップ処理を行う
 4         ...
 5     } else {
 6         // 適応型時間ステップ処理を行う
 7
 8         double remainingTime = timeIntervalInSeconds;
 9         while (remainingTime > kEpsilonD) {
10             unsigned int numSteps = numberOfSubTimeSteps(remainingTime);
11             double actualTimeInterval
12                 = remainingTime / static_cast<double>(numSteps);
13
14             onAdvanceTimeStep(actualTimeInterval);
15
16             remainingTime -= actualTimeInterval;
17         }
18     }
19 }
```

コードは与えられたフレームの時間間隔全体で開始し、その時間間隔で必要なサブステップを測定しま
す。その測定は仮想関数の numberOfSubTimeSteps で行います。PhysicsAnimation クラスを継承す
るサブクラスは、この関数をオーバーライドし、モデル特有のロジックを実装できます。サブステップの

数が決定したら、コードはサブステップを 1 つ進め、そのサブ時間間隔を時間間隔全体から減じて残り時間を得ます。そして残り時間がゼロに近づくまでこの処理を繰り返します。

# B. 粒子

## B.1 SPH カーネル関数

有効なカーネル関数の体積分はどれも

$$\int W(r) = 1 \qquad (B.1)$$

を満たさなければなりません。

例えば標準の 3D の SPH カーネル関数は

$$W_{std}(r) = \frac{315}{64\pi h^3} \begin{cases} (1 - \frac{r^2}{h^2})^3 & 0 \le r \le h \\ 0 & otherwise \end{cases} \qquad (B.2)$$

です。

球面座標の体積分は次で書けます：

$$\iiint_V W(r) r^2 \sin\theta dr d\theta d\phi \qquad (B.3)$$

標準 SPH カーネル関数をはめ込むと、式は次になります：

$$\iiint_V \frac{315}{64\pi h^3} (1 - \frac{r^2}{h^2})^3 r^2 \sin\theta dr d\theta d\phi \qquad (B.4)$$

上の式を評価すると 1 になります。同様に極座標の 2D の面積分は次で書けます；

$$\iint_A W(r) r\theta dr d\theta \qquad (B.5)$$

したがって、標準の 2D の SPH カーネル関数は上の積分から導出できます：

$$W_{std}(r) = \frac{4}{\pi h^2} \begin{cases} (1 - \frac{r^2}{h^2})^3 & 0 \le r \le h \\ 0 & otherwise \end{cases} \qquad (B.6)$$

同様に、スパイキーな 3D の SPH カーネル関数は

$$W_{spiky}(r) = \frac{15}{\pi h^3} \begin{cases} (1 - \frac{r}{h})^3 & 0 \le r \le h \\ 0 & otherwise \end{cases} \qquad (B.7)$$

で、その 2D バージョンは

$$W_{spiky}(r) = \frac{10}{\pi h^2} \begin{cases} (1 - \frac{r}{h})^3 & 0 \leq r \leq h \\ 0 & otherwise \end{cases} \qquad (B.8)$$

です。

## B.2 PCISPH の導出

PCISPH の予測–修正ステップの主目的は、予測位置と結果の密度誤差から修正圧力を計算することです。Solenthaler と Pajarola 2007 [109] の導出を示します。

まず、粒子の位置に小さな摂動があるときの密度の変化を計算してみます。$\Delta t$ の後、密度が

$$\begin{aligned} \rho_i(t + \Delta t) &= m \sum_j W\big(\mathbf{x}_i(t + \Delta t) - \mathbf{x}_j(t + \Delta t)\big) \\ &= m \sum_j W\big(\mathbf{x}_i(t) + \Delta x_i(t) - \mathbf{x}_j(t) - \Delta \mathbf{x}_j(t)\big) \\ &= m \sum_j W\big(\mathbf{r}_{ij}(t) + \Delta \mathbf{r}_{ij}(t)\big) \\ &\simeq m \sum_j W\big(\mathbf{r}_{ij}(t)\big) + \nabla W\big(\mathbf{r}_{ij}(t)\big) \cdot \Delta \mathbf{r}_{ij}(t) \\ &= \rho_i(t) + \Delta \rho_i(t) \end{aligned} \qquad (B.9)$$

で近似できると仮定します。ここで $\mathbf{r}_{ij} = \mathbf{x}_i - \mathbf{x}_j$ です。これにより

$$\begin{aligned} \Delta \rho_i(\bar{\iota}) &= m \sum_j \nabla W\big(\mathbf{r}_{ij}(t)\big) \cdot \Delta \mathbf{r}_{ij}(t) \\ &= m \left( \sum_j \nabla W_{ij} \Delta \mathbf{x}_i(t) - \sum_j \nabla W_{ij} \Delta \mathbf{x}_j(t) \right) \\ &= m \left( \Delta \mathbf{x}_i(t) \sum_j \nabla W_{ij} - \sum_j \nabla W_{ij} \Delta \mathbf{x}_j(t) \right) \end{aligned} \qquad (B.10)$$

が導かれます。

ここで $\tilde{p}$ が修正圧力だと仮定し、その結果の $\tilde{p}$ による密度の変化がどうなるかを見てみます。Solenthaler と Pajarola の元の論文 [109] は、Leap-Frog 法（蛙飛び法）を使って圧力勾配の力による位置の変化を計算します：

$$\Delta \mathbf{x}_i = \Delta t^2 \frac{\mathbf{F}_i^p}{m} \qquad (B.11)$$

ここで $\mathbf{F}_i^p$ $(\mathbf{F}_{j \to i}^p)$ は、すべての隣接粒子 $j$ からの圧力の和です。近隣の圧力の違いが小さく、その密度

がターゲットの密度 $\rho_0$ に近いと仮定すると：

$$
\begin{aligned}
\mathbf{F}_i^p = \mathbf{F}_{j\to i}^p &= -m^2 \sum_j \left( \frac{\tilde{p}_i}{\rho_i^2} + \frac{\tilde{p}_j}{\rho_j^2} \right) \nabla W_{ij} \\
&\simeq -m^2 \left( \frac{\tilde{p}_i}{\rho_0^2} + \frac{\tilde{p}_i}{\rho_0^2} \right) \sum_j \nabla W_{ij} \\
&= -m^2 \frac{2\tilde{p}_i}{\rho_0^2} \sum_j \nabla W_{ij}
\end{aligned}
\tag{B.12}
$$

が得られます。

したがって、圧力の変化による粒子 $i$ の位置の変化を計算できます：

$$
\Delta \mathbf{x}_i = -\Delta t^2 m \frac{2\tilde{p}_i}{\rho_0^2} \sum_j \nabla W_{ij}
\tag{B.13}
$$

粒子 $j$ の粒子 $i$ への圧力の寄与は、粒子 $i$ が粒子 $j$ に寄与する力と同じです。したがって：

$$
\Delta \mathbf{x}_j = -\Delta t^2 m \frac{2\tilde{p}_i}{\rho_0^2} \nabla W_{ij}
\tag{B.14}
$$

が得られます。

$\Delta x_i$ と $\Delta x_j$ を式 6.10 から減じると、次を得ます：

$$
\begin{aligned}
\Delta \rho_i(t) &= m \left( \Delta \mathbf{x}_i(t) \sum_j \nabla W_{ij} - \sum_j \nabla W_{ij} \Delta \mathbf{x}_j(t) \right) \\
&= \Delta t^2 m^2 \frac{2\tilde{p}_i}{\rho_0^2} \left( -\sum_j \nabla W_{ij} \cdot \sum_j \nabla W_{ij} - \sum_j (\nabla W_{ij} \cdot \nabla W_{ij}) \right)
\end{aligned}
\tag{B.15}
$$

かくして密度の変化 $\Delta \rho$ は圧力の変化 $\tilde{p}$ にマップされます：

$$
\tilde{p}_i = \frac{\Delta \rho_i(t)}{\beta \left( -\sum_j \nabla W_{ij} \cdot \sum_j \nabla W_{ij} - \sum_j (\nabla W_{ij} \cdot \nabla W_{ij}) \right)}
\tag{B.16}
$$

ここで

$$
\beta = \Delta t^2 m^2 \frac{2}{\rho_0^2}
\tag{B.17}
$$

したがって、予測位置からの密度誤差 $\rho_{err}^*$ があれば、その誤差を打ち消す圧力は：

$$
\tilde{p}_i = \frac{-\rho_{err,i}^*}{\beta \left( -\sum_j \nabla W_{ij} \cdot \sum_j \nabla W_{ij} - \sum_j (\nabla W_{ij} \cdot \nabla W_{ij}) \right)}
\tag{B.18}
$$

で計算できます。

単純化により：

$$\tilde{p}_i = \delta \rho^*_{err,i} \qquad (B.19)$$

が得られ、ここで

$$\delta = \frac{-1}{\beta(-\sum_j \nabla W_{ij} \cdot \sum_j \nabla W_{ij} - \sum_j (\nabla W_{ij} \cdot \nabla W_{ij}))} \qquad (B.20)$$

です。

これがセクション 2.4 のコードのスカラー delta です。この delta ($\delta$) は事前に計算できます：

```
1  double PciSphSolver3::computeDelta(double timeStepInSeconds) {
2      auto particles = sphSystemData();
3      const double kernelRadius = particles->kernelRadius();
4
5      Array1<Vector3D> points;
6      BccLatticePointsGenerator pointsGenerator;
7      Vector3D origin;
8      BoundingBox3D sampleBound(origin, origin);
9      sampleBound.expand(1.5 * kernelRadius);
10
11     pointsGenerator.generate(
12         sampleBound, particles->targetSpacing(), &points);
13
14     SphSpikyKernel3 kernel(kernelRadius);
15
16     double denom = 0;
17     Vector3D denom1;
18     double denom2 = 0;
19
20     for (size_t i = 0; i < points.size(); ++i) {
21         const Vector3D& point = points[i];
22         double distanceSquared = point.lengthSquared();
23
24         if (distanceSquared < kernelRadius * kernelRadius) {
25             double distance = std::sqrt(distanceSquared);
26             Vector3D direction =
27                 (distance > 0.0) ? point / distance : Vector3D();
28
29             // grad(Wij)
30             Vector3D gradWij = kernel.gradient(distance, direction);
31             denom1 += gradWij;
32             denom2 += gradWij.dot(gradWij);
33         }
34     }
35
36     denom += -denom1.dot(denom1) - denom2;
37
38     return (std::fabs(denom) > 0.0) ?
```

```
39          -1 / (computeBeta(timeStepInSeconds) * denom) : 0;
40 }
41
42 double PciSphSolver3::computeBeta(double timeStepInSeconds) {
43     auto particles = sphSystemData();
44     return 2.0 * square(particles->mass() * timeStepInSeconds
45         / particles->targetDensity());
46 }
```

上のコードは小さな境界ボックス中に均一に分布した点を生成し、境界ボックスの中心からすべての粒子を反復して$\delta$を計算します。クラス BccLatticePointsGenerator のインスタンスは体心立方体パターンの点を生成します。このパターンは単位立方体の中心に1つ、角に8つの点があります、

# C. 格子

## C.1 格子のベクトルと行列

セクション 3.4.4 と 3.4.5 で論じたように、安定な拡散と圧力のポワソン方程式を計算するため、格子ベースのソルバには線形システムと、そのソルバが必要です。線形システムの形成には、格子のベクトルと行列データ構造が必要です。特に、行列は疎行列でなければなりません（セクション 1.3.3）。

格子のベクトルの構築は単純で、セクション 3.4.4 で述べたように、格子点 $(i, j, k)$ がベクトルの $i + 幅 \cdot (j + 高さ \cdot k)$ 番目の要素に位置付けられます。したがってベクトル用の型を次のように定義します：

```
1 typedef Array3<double> FdmVector3;
```

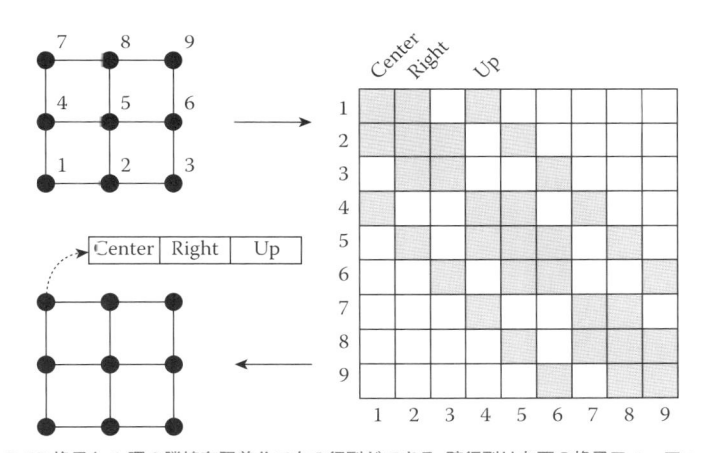

図 C.1：$3 \times 3$ の 2D 格子と 1 環の隣接有限差分で右の行列ができる。疎行列は左下の格子フォーマットに格納できる。

接頭辞 Fdm は、それが FDM（有限差分法）計算用のベクトルであることを意味します。行列の定義はもう少し複雑ですが、同じマッピングを使い、格子点 $(i, j, k)$ は行列の $i + 幅 \cdot (j + 高 \cdot k)$ 番目の行/列に位置付けられます。これは FDM 用の行列で、本書の FDM の大半は直隣しか必要としないので（中心差分など）、行列の行は最大で 3D で 7 列（中心、左、右、下、上、後、前）、2D で 5 列しか持たないと仮定します。また本書とコードベースで行うもう 1 つの仮定は、行列が対称なことです（$A_{ij} = A_{ji}$）。したがって、1 行に 4 列（中心、右、上、前）を格納するだけでよく、他の 3 つは隣の格子点からアクセスできます。図 7.1 が行列の構築の仕方を示しています。行は格子点に格納され、各行がその隣に対応する列を格納します。次のコードがそのデータ構造を実装します：

```
1 struct FdmMatrixRow3 {
```

```
2        double center = 0.0;
3        double righ⁻ = 0.0;
4        double up = 0.0;
5        double front = 0.0;
6 };
7
8 typedef Array3<FdmMatrixRow3> FdmMatrix3;
```

FdmVector3と FdmMatrix3を使い、行列−ベクトル積を次のように行えます：

```
1 void FdmBlas3::mvm(
2     const FdmMatrix3& m,
3     const FdmVector3& v,
4     FdmVector3* result) {
5     Size3 size = m.size();
6
7     m.parallelFo⁻EachIndex([&](size_t i, size_t j, size_t k) {
8         (*result)(i, j, k)
9             = m(i. j, k).center * v(i, j, k)
10            + ((i > 0) ? m(i - 1, j, k).right * v(i - 1, j, k) : 0.0)
11            + ((i + 1 < size.x) ? m(i, j, k).right * v(i + 1, j, k) : 0.0)
12            + ((j > 0) ? m(i, j - 1, k).up * v(i, j - 1, k) : 0.0)
13            + ((j + 1 < size.y) ? m(i, j, k).up * v(i, j + 1, k) : 0.0)
14            + ((k > 0) ? m(i, j, k - 1).front * v(i, j, k - 1) : 0.0)
15            + ((k + 1 < size.z) ? m(i, j, k).front * v(i, j, k + 1) : 0.0);
16    });
17 }
```

コードが他の行の right列、m(i - 1, j, k).rightを参照することで、左隣 $(i-1, j, k)$ に対応する列にアクセスすることに注意して下さい。明示的に格納しない下隣と後隣にも同じことが当てはまります。型 FdmBlas3は行列−ベクトル積のような基本的な線形代数の操作を提供するラッパークラスです（付録A.1の Blasを参照）。FdmBlas3が提供する主な関数を示します：

```
1 struct FdmBlas3 {
2     typedef double ScalarType;
3     typedef FdmVector3 VectorType;
4     typedef FdmMatrix3 MatrixType;
5
6     // 出力ベクトルに与えられたスカラー値をセット
7     static void set(double s, FdmVector3* result);
8
9     // 出力ベクトルに与えられたベクトルをセット
10    static void set(const FdmVector3& v, FdmVector3* result);
11
12    // 出力行列に与えられたスカラー値をセット
13    static void set(double s, FdmMatrix3* result);
14
15    // S出力行列に与えられた行列をセット
16    static void se⁻(const FdmMatrix3& m, FdmMatrix3* result);
```

```
17
18      // 内積を実行
19      static double dot(const FdmVector3& a, const FdmVector3& b);
20
21      // a*x + yを計算
22      static void axpy(
23          double a,
24          const FdmVector3& x,
25          const FdmVector3& y,
26          FdmVector3* result);
27
28      // 行列-ベクトル乗算を行う
29      static void mvm(
30          const FdmMatrix3& m, const FdmVector3& v, FdmVector3* result);
31
32      // b - A*xを計算
33      static void residual(
34          const FdmMatrix3& a,
35          const FdmVector3& x,
36          const FdmVector3& b,
37          FdmVector3* result);
38
39      // ベクトルの長さを返す
40      static double l2Norm(const FdmVector3& v);
41
42      // ベクトル要素の中から絶対最大値を返す
43      static double lInfNorm(const FdmVector3& v);
44 };
```

線形システムを解くときには、一般に $\mathbf{Ax} = \mathbf{b}$ の行列 $\mathbf{A}$、ベクトル $\mathbf{x}$ と $\mathbf{b}$ はすべて同時に必要です。そこで、次のように束ねる単純なクラスを定義します：

```
1 struct FdmLinearSystem3 {
2      FdmMatrix3 A;
3      FdmVector3 x, b;
4 };
```

## C.2 反復システムソルバ

セクション1.3.4で多くの線形システム ソルバについて論じました。FdmVector3 と FdmMatrix3 を使って実装できる手法を見ることにします。

### C.2.1 ヤコビ法

セクション1.3.4.2で示したように、ヤコビ法は次のステップを反復します：

$$\mathbf{x}^{k+1} = \mathbf{D}^{-1}(\mathbf{b} - \mathbf{R}\mathbf{x}^k) \tag{$C$.1}$$

FDM最適化されたベクトルと行列のデータ構造を使うと、上の式は次で実装できます：

```
 1 void FdmJacobiSolver3::relax(
 2     FdmLinearSystem3* system, FdmVector3* xTemp) {
 3     Size3 size = system->x.size();
 4     FdmMatrix3& A = system->A;
 5     FdmVector3& x = system->x;
 6     FdmVector3& b = system->b;
 7
 8     A.parallelForEachIndex([&](size_t i, size_t j, size_t k) {
 9         double r
10         = ((i > 0) ? A(i - 1, j, k).right * x(i - 1, j, k) : 0.0)
11         + ((i + 1 < size.x) ? A(i, j, k).right * x(i + 1, j, k) : 0.0)
12         + ((j > 0) ? A(i, j - 1, k).up * x(i, j - 1, k) : 0.0)
13         + ((j + 1 < size.y) ? A(i, j, k).up * x(i, j + 1, k) : 0.0)
14         + ((k > 0) ? A(i, j, k - 1).front * x(i, j, k - 1) : 0.0)
15         + ((k + 1 < size.z) ? A(i, j, k).front * x(i, j, k + 1) : 0.0);
16
17         (*xTemp)(i, j, k) = (b(i, j, k) - r) / A(i, j, k).center;
18     });
19 }
```

次のように書いて上の反復を繰り返すことができます：

```
 1 class FdmLinearSystemSolver3 {
 2  public:
 3     virtual bool solve(FdmLinearSystem3* system) = 0;
 4 };
 5
 6 class FdmJacobiSolver3 final : public FdmLinearSystemSolver3 {
 7  public:
 8     ...
 9
10     bool solve(FdmLinearSystem3* system) override;
11
12     ...
13
14  private:
15     unsigned int _maxNumberOfIterations;
16     unsigned int _lastNumberOfIterations;
17     unsigned int _residualCheckInterval;
18     double _tolerance;
19     double _lastResidual;
20
21     FdmVector3 _xTemp;
22     FdmVector3 _residual;
```

```
23
24     void relax(FdmLinearSystem3* system, FdmVector3* xTemp);
25 };
26
27 bool FdmJacobiSolver3::solve(FdmLinearSystem3* system) {
28     _xTemp.resize(system->x.size());
29     _residual.resize(system->x.size());
30
31     for (unsigned int iter = 0; iter < _maxNumberOfIterations; ++iter) {
32         relax(system, &_xTemp);
33
34         _xTemp.swap(system->x);
35
36         if (iter != 0 && iter % _residualCheckInterval == 0) {
37             FdmBlas3::residual(
38                 system->A, system->x, system->b, &_residual);
39
40             if (FdmBlas3::l2Norm(_residual) < _tolerance) {
41                 break;
42             }
43         }
44     }
45
46     FdmBlas3::residual(system->A, system->x, system->b, &_residual);
47     _lastResidual = FdmBlas3::l2Norm(_residual);
48
49     return _lastResidual < _tolerance;
50 }
```

ここではクラス FdmJacobiSolver3 が線形システムソルバインターフェイスを表す抽象基底クラス FdmLinearSystemSolver3 を継承します。(与えられた線形システムを解く) solve 関数の中で、コードは以前に定義した relax 関数を呼び出してから、剰余とその L2 ノルムを評価して反復を終了できるかどうかを調べます。剰余は：

$$\mathbf{r} = \mathbf{b} - \mathbf{A}\mathbf{x} \qquad (C.2)$$

と定義され、L2 ノルムはベクトルの長さです。したがって剰余ベクトルの長さが十分に小さければ、反復は終了します。

## C.2.2 ガウス・ザイデル法

ガウス・ザイデル法の反復の式は：

$$x_i^{k+1} = \frac{1}{a_{ii}} \left( b_i - \sum_{j>i} a_{ij} x_j^{k+1} - \sum_{j>i} a_{ij} x_j^k \right) \qquad (C.3)$$

と書けます。

対応する実装はヤコビ法と似ています：

```
1 void FdmGaussSeidelSolver3::relax(FdmLinearSystem3* system) {
2     Size3 size = system->x.size();
3     FdmMatrix3& A = system->A;
4     FdmVector3& x = system->x;
5     FdmVector3& b = system->b;
6
7     A.forEachIndex([&](size_t i, size_t j, size_t k) {
8         double r
9           = ((i > 0) ? A(i - 1, j, k).right * x(i - 1, j, k) : 0.0)
10          + ((i + 1 < size.x) ? A(i, j, k).right * x(i + 1, j, k) : 0.0)
11          + ((j > 0) ? A(i, j - 1, k).up * x(i, j - 1, k) : 0.0)
12          + ((j + 1 < size.y) ? A(i, j, k).up * x(i, j + 1, k) : 0.0)
13          + ((k > 0) ? A(i, j, k - 1).front * x(i, j, k - 1) : 0.0)
14          + ((k + 1 < size.z) ? A(i, j, k).front * x(i, j, k + 1) : 0.0);
15
16         x(i, j, k) = (b(i, j, k) - r) / A(i, j, k).center;
17     });
18 }
```

このコードは他の格子点に依存するので、ループ forEach が逐次処理であることに注意してください。

## C.2.3 共役勾配法

付録A.1で述べたように、線形代数ルーチン FdmBlas3 を CG ソルバにはめ込むことにより格子ベースの CG ソルバを実装できます。次のコードを考えます:

```
1 bool FdmCgSolver3::solve(FdmLinearSystem3* system) {
2     FdmMatrix3& matrix = system->A;
3     FdmVector3& solution = system->x;
4     FdmVector3& rhs = system->b;
5
6     Size3 size = matrix.size();
7     _r.resize(size);
8     _d.resize(size);
9     _q.resize(size);
10    _s.resize(size);
11
12    system->x.set(0.0);
13    _r.set(0.0);
14    _d.set(0.0);
15    _q.set(0.0);
16    _s.set(0.0);
17
18    cg<FdmBlas3>(
19        matrix,
20        rhs,
21        _maxNumberOfIterations,
22        _tolerance,
```

```
23            &solution,
24            &_r,
25            &_d,
26            &_q,
27            &_s,
28            &_lastNumberOfIterations,
29            &_lastResidual);
30
31      return _lastResidual <= _tolerance
32          || _lastNumberOfIterations < _maxNumberOfIterations;
33 }
```

このコードのPCGソルバへの拡張は、次のように前処理行列を実装することにより行えます：

```
 1 class FdmIccgSolver3 final : public FdmLinearSystemSolver3 {
 2  public:
 3     ...
 4
 5     bool solve(FdmLinearSystem3* system) override;
 6
 7     ...
 8
 9  private:
10     struct Preconditioner final {
11         ConstArrayAccessor3<FdmMatrixRow3> A;
12         FdmVector3 d;
13         FdmVector3 y;
14
15         void build(const FdmMatrix3& matrix);
16
17         void solve(
18             const FdmVector3& b,
19             FdmVector3* x);
20     };
21
22     ...
23 };
24
25 bool FdmIccgSolver3::solve(FdmLinearSystem3* system) {
26     FdmMatrix3& matrix = system->A;
27     FdmVector3& solution = system->x;
28     FdmVector3& rhs = system->b;
29
30     Size3 size = matrix.size();
31     _r.resize(size);
32     _d.resize(size);
33     _q.resize(size);
34     _s.resize(size);
35
```

```
36      system->x.set(0.0);
37      _r.set(0.0);
38      _d.set(0.0);
39      _q.set(0.0);
40      _s.set(0.0);
41
42      _precond.build(matrix);
43
44      pcg<FdmBlas3, Preconditioner>(
45          matrix,
46          rhs,
47          _maxNumberOfIterations,
48          _tolerance,
49          &_precond,
50          &solution,
51          &_r,
52          &_d,
53          &_q,
54          &_s,
55          &_lastNumberOfIterations,
56          &_lastResidual);
57
58      return _lastResidual <= _tolerance
59          || _lastNumberOfIterations < _maxNumberOfIterations;
60 }
```

次に示すように、コードベースは前処理行列 Preconditioner のための修正不完全コレスキー分解 [24] を実装します。

```
 1 void FdmIccgSolver3::Preconditioner::build(const FdmMatrix3& matrix) {
 2     Size3 size = matrix.size();
 3     A = matrix.constAccessor();
 4
 5     d.resize(size, 0.0);
 6     y.resize(size, 0.0);
 7
 8     matrix.forEachIndex([&](size_t i, size_t j, size_t k) {
 9         double denom
10             = matrix(i, j, k).center
11             - ((i > 0) ?
12                 square(matrix(i - 1, j, k).right) * d(i - 1, j, k) : 0.0)
13             - ((j > 0) ?
14                 scuare(matrix(i, j - 1, k).up)    * d(i, j - 1, k) : 0.0)
15             - ((k > 0) ?
16                 square(matrix(i, j, k - 1).front) * d(i, j, k - 1) : 0.0);
17
18         if (std::fabs(denom) > 0.0) {
19             d(i, j, k) = 1.0 / denom;
20         } else {
```

```
21                    d(i, j, k) = 0.0;
22            }
23      });
24 }
25
26 void FdmIccgSolver3::Preconditioner::solve(
27      const FdmVector3& b,
28      FdmVector3* x) {
29      ssize_t sx = static_cast<ssize_t>(size.x);
30      ssize_t sy = static_cast<ssize_t>(size.y);
31      ssize_t sz = static_cast<ssize_t>(size.z);
32
33      b.forEachIndex([&](size_t i, size_t j, size_t k) {
34          y(i, j, k)
35              = (b(i, j, k)
36              - ((i > 0) ? A(i - 1, j, k).right * y(i - 1, j, k) : 0.0)
37              - ((j > 0) ? A(i, j - 1, k).up    * y(i, j - 1, k) : 0.0)
38              - ((k > 0) ? A(i, j, k - 1).front * y(i, j, k - 1) : 0.0))
39              * d(i, j, k);
40      });
41
42      for (ssize_t k = sz - 1; k >= 0; --k) {
43          for (ssize_t j = sy - 1; j >= 0; --j) {
44              for (ssize_t i = sx - 1; i >= 0; --i) {
45                  (*x)(i, j, k)
46                      = (y(i, j, k)
47                      - ((i + 1 < sx) ?
48                          A(i, j, k).right * (*x)(i + 1, j, k) : 0.0)
49                      - ((j + 1 < sy) ?
50                          A(i, j, k).up    * (*x)(i, j + 1, k) : 0.0)
51                      - ((k + 1 < sz) ?
52                          A(i, j, k).front * (*x)(i, j, k + 1) : 0.0))
53                      * d(i, j, k);
54              }
55          }
56      }
57 }
```

# 参考文献

1. ASCII art.
   https://en.wikipedia.org/wiki/ASCII_art.
2. Houdini 14.0 documentation.
   http://www.sidefx.com/docs/houdini14.0/.
3. RealFlow 2015 documentation.
   http://support.nextlimit.com/display/rf2015docs/RealFlow+2015+Documentation.
4. RealFlow 2015 documentation - dyverso fluids (DY).
   http://support.nextlimit.com/pages/viewpage.action?pageId=38111978.
5. RealFlow 2015 documentation - hybrido fluids (HyFLIP).
   http://support.nextlimit.com/pages/viewpage.action?pageId=38111289.
6. The Stanford 3D scanning repository.
   http://graphics.stanford.edu/data/3Dscanrep/.
7. B. Adams and M. Wicke.
   Meshless approximation methods and applications in physics based modeling and animation. In *Eurographics 2009 Tutorials*, pages 213 – 239. 2009.
8. J. A. Bærentzen and H. Aanæs.
   Generating signed distance fields from triangle meshes. *Informatics and Mathematical Modeling, Technical University of Denmark, DTU*, 20, 2002.
9. D. Baraff and A. Witkin.
   Large steps in cloth simulation. In *Proceedings of the 25th Annual Conference on Computer Graphics and Interactive Techniques*, SIGGRAPH ' 98, pages 43 – 54. 1998.
10. D. Baraff and A. Witkin.
    Physically based modeling. Online SIGGRAPH 2001 Course Notes, 2001.
11. A. W. Bargteil, T. G. Goktekin, J. F. O' brien, and J. A. Strain.
    A semi-Lagrangian contouring method for fluid simulation. *ACM Trans. Graph.*, 25(1):19 – 38, 2006.
12. A. W. Bargteil, C. Wojtan, J. K. Hodgins, and G. Turk.
    A finite element method for animating large viscoplastic flow. *ACM transactions on graphics (TOG)*, 26(3):16, 2007.
13. C. Batty, F. Bertails, and R. Bridson.
    A fast variational framework for accurate solid-fluid coupling. In *ACM Transactions on Graphics (TOG)*, volume 26, page 100. ACM, 2007.
14. C. Batty, F. Bertails, and R. Bridson.
    A fast variational framework for accurate solid-fluid coupling - sample code.
    http://www.cs.ubc.ca/labs/imager/tr/2007/Batty_VariationalFluids/, 2007.
15. M. Becker and M. Teschner.
    Weakly compressible sph for free surface flows. In *Proceedings of the 2007 ACM SIGGRAPH/Eurographics symposium on Computer animation*, pages 209 – 217. Eurographics Association, 2007.
16. P. Besl.

A case study comparing AoS (arrays of structures) and SoA (structures of arrays) data layouts for a compute-intensive loop run on Intel® Xeon® processors and Intel® Xeon Phi™ product family coprocessors. Technical report, Intel, 2013.

17. D. Bodenstein.
*Fluid Simulations in an Independent Visual Effects Pipeline*. Ph.D. thesis, Drexel University, 2012.

18. C. D. Boor.
*A practical guide to splines*, volume 27. Springer-Verlag New York, 1978.

19. P. Bourke.
Interpolation methods.
http://paulbourke.net/miscellaneous/interpolation/, 1999.

20. J. U. Brackbill, D. B. Kothe, and H. M. Ruppel.
FLIP: A low-dissipation, particle-in-cell method for fluid flow. *Computer Physics Communications*, 48(1):25 – 38, 1988.

21. R. Bridson.
*Fluid simulation for computer graphics*. CRC Press, 2015.

22. R. Bridson, C. Batty, et al.
Computational physics in film. *Science*, 330(6012):1756 – 1757, 2010.

23. R. Bridson, R. Fedkiw, and J. Anderson.
Robust treatment of collisions, contact and friction for cloth animation. In *ACM Transactions on Graphics (ToG)*, volume 21, pages 594 – 603. ACM, 2002.

24. R. Bridson and M. Müller-Fischer.
Fluid simulation: Siggraph 2007 course notes. In *ACM SIGGRAPH 2007 courses*, pages 1 – 81. ACM, 2007.

25. R. Butt.
Introduction to Numerical Analysis Using MATLAB®. Jones & Bartlett Learning, 2009.

26. V. Casulli and R. A. Walters.
An unstructured grid, three-dimensional model based on the shallow water equations. *International journal for numerical methods in fluids*, 32(3):331 – 348, 2000.

27. E. Catmull and R. Rom.
A class of local interpolating splines. In R. Barnhill and R. Riesenfeld, editors, *Computer aided geometric design*, pages 317 – 326. Academic Press, 1974.

28. J. Cho and H.-S. Ko.
Geometry-aware volume-of-fluid method. In *Computer Graphics Forum*, volume 32, pages 379 – 388. Wiley Online Library, 2013.

29. A. J. Chorin.
Numerical solution of the navier-stokes equations. *Mathematics of computation*, 22(104):745 – 762, 1968.

30. T. J. Chung.
*Computational Fluid Dynamics*. Cambridge University Press, 2 edition, 2014.

31. W. Commons.
A sunday on la grande jatte, 1884.

32. S. J. Cummins and M. Rudman.
An SPH projection method. *Journal of computational physics*, 152(2):584 – 607, 1999.

33. F. Da, C. Batty, C. Wojtan, and E. Grinspun.
Double bubbles sans toil and trouble: discrete circulation-preserving vortex sheets for soap films and foams. *ACM Transactions on Graphics (TOG)*, 34(4):149, 2015.

34. M. Desbrun and M.-P. Cani.
Smoothed particles: A new paradigm for highly deformable bodies. In *6th Eurographics*

*Workshop on Animation and Simulation.* 1994.

35. G. A. Dilts.
    Moving-least-squares-particle hydrodynamics—i. consistency and stability. *International Journal for Numerical Methods in Engineering*, 44(8):1115 – 1155, 1999.

36. D. Enright, R. Fedkiw, J. Ferziger, and I. Mitchell.
    A hybrid particle level set method for improved interface capturing. *Journal of Computational physics*, 183(1):83 – 116, 2002.

37. D. Enright, S. Marschner, and R. Fedkiw.
    Animation and rendering of complex water surfaces. *ACM Trans. Graph.*, 21(3):736 – 744, 2002.

38. D. Enright, D. Nguyen, F. Gibou, and R. Fedkiw.
    Using the particle level set method and a second order accurate pressure boundary condition for free surface flows. In *ASME/JSME 2003 4th Joint Fluids Summer Engineering Conference*, pages 337 – 342. American Society of Mechanical Engineers, 2003.

39. D. P. Enright.
    *Use of the Particle Level Set Method for Enhanced Resolution of Free Surface Flows.* Ph.D. thesis, Stanford University, 2002.

40. C. Ericson.
    *Real-time collision detection.* CRC Press, 2004.

41. M. W. Evans, F. H. Harlow, and E. Bromberg.
    The particle-in-cell method for hydrodynamic calculations. Technical report, DTIC Document, 1957.

42. R. Fedkiw, J. Stam, and H. W. Jensen.
    Visual simulation of smoke. *Computer Graphics (Proc. ACM SIGGRAPH 2001)*, 35:15 – 22, 2001.

43. R. P. Fedkiw, T. Aslam, B. Merriman, and S. Osher.
    A non-oscillatory eulerian approach to interfaces in multimaterial flows (the ghost fluid method). *Journal of computational physics*, 152(2):457 – 492, 1999.

44. B. E. Feldman, J. F. O' brien, and O. Arikan.
    Animating suspended particle explosions. In *ACM Trans. Graph.*, volume 22, pages 708 – 715. ACM, 2003.

45. P. Goswami and C. Batty.
    Regional Time Stepping for SPH.
    In E. Galin and M. Wand, editors, *Eurographics 2014 - Short Papers*. The Eurographics Association, 2014.
    ISSN 1017-4656. `10.2312/egsh.20141011`.

46. F. H. Halow.
    Fluid dynamics in group T-3 los alamos national laboratory. *J. Comp. Phys.*, 195(2):414 – 433, April 2004.

47. F. H. Harlow.
    A machine calculation method for hydrodynamic problems. *Los Alamos Scientific Laboratory report LAMS-1956*, 1955.

48. F. H. Harlow, J. E. Welch, et al.
    Numerical calculation of time-dependent viscous incompressible flow of fluid with free surface. *Physics of fluids*, 8(12):2182, 1965.

49. N. Heo and H.-S. Ko.
    Detail-preserving fully-eulerian interface tracking framework. *ACM Trans. Graph.*, 29(6):176, 2010.

50. J.-M. Hong and C.-H. Kim.

Discontinuous fluids. *ACM Trans. Graph.*, 24(3):915 – 920, 2005.

51. J.-M. Hong, H.-Y. Lee, J.-C. Yoon, and C.-H. Kim.
Bubbles alive. *ACM Trans. Graph.*, 27(3):48, 2008.

52. J.-M. Hong, T. Shinar, and R. Fedkiw.
Wrinkled flames and cellular patterns. In *ACM Trans. Graph.*, volume 26, page 47. ACM, 2007.

53. B. Houston, M. B. Nielsen, C. Batty, O. Nilsson, and K. Museth.
Hierarchical rle level set: A compact and versatile deformable surface representation. *ACM Trans. Graph.*, 25(1):151 – 175, 2006.

54. J. Hunter.
Matplotlib: A 2d graphics environment, computing in science & engineering 9, 90 (2007).

55. M. Ihmsen, N. Akinci, M. Becker, and M. Teschner.
A parallel SPH implementation on multi-core CPUs. *Computer Graphics Forum*, 30(1):99 – 112, 2011.

56. M. Ihmsen, J. Orthmann, B. Solenthaler, A. Kolb, and M. Teschner.
Sph fluids in computer graphics. 2014.

57. G. Irving, E. Guendelman, F. Losasso, and R. Fedkiw.
Efficient simulation of large bodies of water by coupling two and three dimensional techniques. In *ACM Trans. Graph.*, volume 25, pages 805 – 811. ACM, 2006.

58. A. M. Jaffe.
The millennium grand challenge in mathematics. *Notices of the AMS*, 53(6), 2006.

59. W. Jakob.
Mitsuba renderer, 2010.
`Http://www.mitsuba-renderer.org`.

60. S. G. Jonathan M. Cohen, Sarah Tariq.
Interactive fluid-particle simulation using translating eulerian grids. In *Interactive 3D Graphics and Games (I3D)*. 2010.

61. K. Käfer.
Drawing text with signed distance fields in mapbox gl.
`https://www.mapbox.com/blog/text-signed-distance-fields/`, June 2014.

62. M. Kang, R. P. Fedkiw, and X.-D. Liu.
A boundary condition capturing method for multiphase incompressible flow. *Journal of Scientific Computing*, 15(3):323 – 360, 2000.

63. B. Kim, Y. Liu, I. Llamas, X. Jiao, and J. Rossignac.
Simulation of bubbles in foam with the volume control method. In *ACM Transactions on Graphics (TOG)*, volume 26, page 98. ACM, 2007.

64. B. Kim, Y. Liu, I. Llamas, and J. Rossignac.
FlowFixer: Using BFECC for fluid simulation. In *Eurographics Workshop on Natural Phenomena 2005*. 2005.

65. D. Kim and H.-S. Ko.
Eulerian motion blur. In *Eurographics Workshop on Natural Phenomena*. 2007.

66. D. Kim, S. W. Lee, O.-y. Song, and H.-S. Ko.
Baroclinic turbulence with varying density and temperature. *IEEE Transactions on Visualization and Computer Graphics*, 18(9):1488 – 1495, 2012.

67. D. Kim, O.-y. Song, and H.-S. Ko.
A semi-Lagrangian CIP fluid solver without dimensional splitting. *Comput. Graph. Forum*, 27(2):467 – 475, 2008.

68. D. Kim, O.-Y. Song, and H.-S. Ko.

Stretching and wiggling liquids. *ACM Transactions on Graphics*, 28(5):120, 2009.

69. D. Kim, O.-y. Song, and H.-S. Ko.
    A practical simulation of dispersed bubble flow. In *ACM Trans. Graph.*, volume 29, page 70. ACM, 2010.

70. J. Kim and P. Moin.
    Application of a fractional-step method to incompressible navier-stokes equations. *J. Comp. Phys.*, 59(2):308 – 323, 1985.

71. T. Kim, N. Thürey, D. James, and M. Gross.
    Wavelet turbulence for fluid simulation. *ACM Trans. Graph.*, 27(3):1 – 6, 2008.

72. P. N. Klein.
    *Coding the Matrix: Linear Algebra through Applications to Computer Science*. Newtonian Press, 2013.

73. S. Knight, C. Austin, C. Crain, S. Leblanc, and A. Roach.
    Scons software construction tool, 2011.

74. A. Knoll.
    A survey of implicit surface rendering methods, and a proposal for a common sampling framework. In *Visualization of Large and Unstructured Data Sets*, volume S-7 of *LNI*, pages 164 – 177. GI, 2007.

75. C. L. Lawson, R. J. Hanson, D. R. Kincaid, and F. T. Krogh.
    Basic linear algebra subprograms for fortran usage. *ACM Transactions on Mathematical Software (TOMS)*, 5(3):308 – 323, 1979.

76. W. E. Lorensen and H. E. Cline.
    Marching cubes: A high resolution {3D} surface construction algorithm. *SIGGRAPH Comput. Graph.*, 21(4):163 – 169, 1987.

77. F. Losasso, F. Gibou, and R. Fedkiw.
    Simulating water and smoke with an octree data structure. In *ACM Trans. Graph.*, volume 23, pages 457 – 462. ACM, 2004.

78. F. Losasso, T. Shinar, A. Selle, and R. Fedkiw.
    Multiple interacting liquids. In *ACM Trans. Graph.*, volume 25, pages 812 – 819. ACM, 2006.

79. F. Losasso, J. O. Talton, N. Kwatra, and R. Fedkiw.
    Two-way coupled {SPH} and particle level set fluid simulation. *IEEE Transactions on Visualization and Computer Graphics*, 14(4):797 – 804, 2008.

80. M. Macklin and M. Müller.
    Position based fluids. *ACM Trans. Graph.*, 32(4):104, 2013.

81. S. Marschner and P. Shirley.
    *Fundamentals of Computer Graphics*. A K Peters/CRC Press, 4 edition, 2015.

82. P. C. Matthews.
    *Vector Calculus*. Springer, 2000.

83. S. McKee, M. Tom{'e}, V. Ferreira, J. Cuminato, A. Castelo, F. Sousa, and N. Mangiavacchi.
    The mac method. *Computers & Fluids*, 37(8):907 – 930, 2008.

84. S. Meyers.
    *Effective Modern C++*. O' Reilly Media, 2014.

85. J. Monaghan and A. Kocharyan.
    SPH simulation of multi-phase flow. *Computer Physics Communications*, 87(1):225 – 235, 1995.

86. J. J. Monaghan.
    Smoothed particle hydrodynamics. *Ann. Rev. Astron. Astrophys.*, 30:543 – 74, 1992.

87. J. J. Monaghan.
Simulating free surface flows with SPH. *J. Comp. Phys.*, 110(2):399 – 406, 1994.

88. J. J. Monaghan.
Smoothed particle hydrodynamics. *Reports on Progress in Physics*, 68(8):1703, 2005.

89. M. Müller, D. Charypar, and M. Gross.
Particle-based fluid simulation for interactive applications. In *Proceedings of the 2003 ACM SIGGRAPH/Eurographics Symposium on Computer Animation*, pages 154 – 159. 2003. ISBN 1-58113-659-5.

90. M. Müller, B. Heidelberger, M. Hennix, and J. Ratcliff.
Position based dynamics. *Journal of Visual Communication and Image Representation*, 18(2):109 – 118, 2007.

91. M. Müller, S. Schirm, M. Teschner, B. Heidelberger, and M. Gross.
Interaction of fluids with deformable solids. *Computer Animation and Virtual Worlds*, 15(3-4):159 – 171, 2004.

92. M. Müller, B. Solenthaler, R. Keiser, and M. Gross.
Particle-based fluid-fluid interaction. In *Proceedings of the 2005 ACM SIGGRAPH/Eurographics symposium on Computer animation*, pages 237 – 244. ACM, 2005.

93. R. Narain, J. Sewall, M. Carlson, and M. C. Lin.
Fast animation of turbulence using energy transport and procedural synthesis. *ACM Trans. Graph.*, 27(5):1 – 8, 2008.

94. D. Q. Nguyen, R. Fedkiw, and H. W. Jensen.
Physically based modeling and animation of fire. *ACM Trans. Graph.*, 21(3):721 – 728, 2002.

95. S. Osher and R. Fedkiw.
*The Level Set Method and Dynamic Implicit Surfaces*. Springer-Verlag, New York, 2002.

96. S. Osher and J. A Sethian.
Fronts propagating with curvature-dependent speed: algorithms based on hamilton-jacobi formulations. *Journal of computational physics*, 79(1):12 – 49, 1988.

97. S. I. Park and M. J. Kim.
Vortex fluid for gaseous phenomena. In *Proceedings of the 2005 ACM SIGGRAPH/Eurographics symposium on Computer animation*, pages 261 – 270. ACM, 2005.

98. D. Peng, B. Merriman, S. Osher, H. Zhao, and M. Kang.
A pde-based fast local level set method. *J. Comp. Phys.*, 155(2):410 – 438, 1999.

99. Y. Saad.
Sparskit: A basic tool kit for sparse matrix computations. 1990.

100. Y. Saad.
*Iterative methods for sparse linear systems*. Siam, 2003.

101. H. M. Schey.
*Div, Grad, Curl, and All That: An Informal Text on Vector Calculus*. W. W. Norton & Company, 2004.

102. A. Selle, R. Fedkiw, B. Kim, Y. Liu, and J. Rossignac.
An unconditionally stable MacCormack method. *J. Sci. Comput.*, 35(2-3):350 – 371, 2008. ISSN 0885-7474. 10.1007/s10915-007-9166-4.

103. A. Selle, N. Rasmussen, and R. Fedkiw.
A vortex particle method for smoke, water and explosions. In *ACM Trans. Graph.*, volume 24, pages 910 – 914. ACM, 2005.

104. J. Sethian and P Smereka.
Level set methods for fluid interfaces. *Annual Review of Fluid Mechanics*, 35:341 – 372, 2003.

105. J. A. Sethian.
*Level set methods and fast marching methods: evolving interfaces in computational geometry, fluid mechanics, computer vision, and materials science*, volume 3. Cambridge university press, 1999.

106. C. Shen, J. F. O' Brien, and J. R. Shewchuk.
Interpolating and approximating implicit surfaces from polygon soup. In *Proceedings of ACM SIGGRAPH 2004*, pages 896 – 904. aug 2004.

107. J. R. Shewchuk.
An introduction to the conjugate gradient method without the agonizing pain, 1994.

108. C.-W. Shu.
*Essentially non-oscillatory and weighted essentially non-oscillatory schemes for hyperbolic conservation laws*. Springer, 1998.

109. B. Solenthaler and R. Pajarola.
Predictive-corrective incompressible SPH. *ACM Trans. Graph.*, 28(3):1 – 6, 2009.

110. O.-y. Song, H. Shin, and H.-S. Ko.
Stable but non-dissipative water. *ACM Trans. Graph.*, 24(1):81 – 97, 2005.

111. M. Souli, A. Ouahsine, and L. Lewin.
Ale formulation for fluid – structure interaction problems. *Computer methods in applied mechanics and engineering*, 190(5):659 – 675, 2000.

112. J. Stam.
Stable fluids.
*Computer Graphics (Proc. ACM SIGGRAPH ' 99)*, 33(Annual Conference Series):121 – 128, 1999.

113. A. Staniforth and J. Côté.
Semi-Lagrangian integration schemes for atmospheric models – a review. *Montly Weather Review*, 119:2206 – 2223, 1991.

114. B. Stroustrup.
C++11 - the new ISO C++ standard.
`http://www.stroustrup.com/C++11FAQ.html`, 9 2015.

115. J. Tessendorf et al.
Simulating ocean water. *Simulating Nature: Realistic and Interactive Techniques. SIGGRAPH*, 1(2):5, 2001.

116. J. F. Thompson.
Grid generation techniques in computational fluid dynamics. *AIAA Journal*, 22(11):1505 – 1523, 1984.

117. A. M. Turing.
Rounding-off errors in matrix processes. *The Quarterly Journal of Mechanics and Applied Mathematics*, 1(1):287 – 308, 1948.

118. S. Van Der Walt, S. C. Colbert, and G. Varoquaux.
The numpy array: a structure for efficient numerical computation. *Computing in Science & Engineering*, 13(2):22 – 30, 2011.

119. E. W. Weisstein.
Coordinate system.
`http://mathworld.wolfram.com/CoordinateSystem.html`.

120. C. Wojtan, M. Müller-Fischer, and T. Brochu.
Liquid simulation with mesh-based surface tracking.
In *ACM SIGGRAPH 2011 Courses*, page 8. ACM, 2011.

121. J.-C. Yoon, H. R. Kam, J.-M. Hong, S. J. Kang, and C.-H. Kim.
Procedural synthesis using vortex particle method for fluid simulation. *Comput. Graph.*

*Forum*, 28(7):1853 – 1859, 2009.

122. J. Yu and G. Turk.
Reconstructing surfaces of particle-based fluids using anisotropic kernels. *ACM Trans. Graph.*, 32(1):5, 2013.

123. Y. Yu and L. Shi.
Visual smoke simulation with adaptive octree refinement. In *Proceedings of IASTED International Conference on Computer Graphics and Imaging, Kauai, Hawaii, USA*, pages 13 – 19. 2004.

124. H. Zhao.
A fast sweeping method for eikonal equations. *Mathematics of computation*, 74(250):603 – 627, 2005.

125. H. Zhao.
Parallel implementations of the fast sweeping method. *Journal of Computational Mathematics*, 25(4):421, 2007.

126. B. Zhu, W. Lu, M. Cong, B. Kim, and R. Fedkiw.
A new grid structure for domain extension. *ACM Trans. Graph.*, 32(4):63, 2013.

127. Y. Zhu and R. Bridson.
Animating sand as a fluid. *ACM Trans. Graph.*, 24(3):965 – 972, 2005.

128. C++ 日本語リファレンス
https://cpprefjp.github.io/index.html

# 索引

# 流体エンジンアーキテクチャ

2025年 3月25日　　初版第1刷 発行

| | | |
|---|---|---|
| 著　　　者 | Doyub Kim | |
| 発　行　人 | 新 和也 | |
| 監　　訳 | 高瀬 紗月 | |
| 翻　　訳 | 中本 浩 | |
| 編　　集 | 加藤 諒 | |
| 発　　行 | 株式会社 ボーンデジタル | |

〒102-0074
東京都千代田区九段南 1-5-5
九段サウスサイドスクエア
Tel：03-5215-8671　　Fax：03-5215-8667
www.borndigital.co.jp/book/
お問い合わせ先：https://www.borndigital.co.jp/contact

表紙カバー　　中江 亜紀（株式会社 Bスプラウト）
印刷・製本　　株式会社シナノ書籍印刷

ISBN：978-4-86246-636-5
Printed in Japan

Fluid Engine Development by Doyub Kim
© 2017 by Taylor & Francis Group, LLC
All Rights Reserved.
Authorised translation from the English language edition published by A K Peters/CRC Press,
a member of the Taylor & Francis Group LLC, through Japan UNI Agency, Inc., Tokyo.